Digitale Transformation der Arbeitswelt: Interventionen und Evaluationskriterien

Von der Philosophischen Fakultät
der Rheinisch-Westfälischen Technischen Hochschule Aachen
zur Erlangung des akademischen Grades
eines Doktors der Philosophie genehmigte Dissertation

vorgelegt von
Julian Romeo Hildebrandt

Berichter*innen:
Univ.-Prof. Dr. Martina Ziefle
Univ.-Prof. Dr. Sven Kommer

Tag der mündlichen Prüfung: 21.03.2024

Julian Romeo Hildebrandt

Digitale Transformation der Arbeitswelt:
Interventionen und Evaluationskriterien

Herausgeber:
HCI Center der RWTH Aachen

Band DIS19

Bibliografische Information der Deutschen Nationalbibliothek
Die Deutsche Nationalbibliothek verzeichnet diese Publikation in der Deutschen Nationalbibliografie; detaillierte bibliografische Daten sind im Internet über https://portal.dnb.de abrufbar.

Julian Romeo Hildebrandt:

Digitale Transformation der Arbeitswelt: Interventionen und Evaluationskriterien

1. Auflage, 2024

Gedruckt auf holz- und säurefreiem Papier, 100% chlorfrei gebleicht.

Wissenschaftsverlag des Instituts für Industriekommunikation und Fachmedien
an der RWTH Aachen
Steinbachstr. 25, 52074 Aachen
Internet: www.apprimus-verlag.de, E-Mail: info@apprimus-verlag.de

Druck: CPI Druckdienstleistungen GmbH, Ferdinand-Jühlke-Straße 7 I 99095 Erfurt

ISBN 978-3-98555-215-3

D 82 (Diss. RWTH Aachen University, 2024)

Zusammenfassung

Die digitale Transformation der Arbeitswelt beschreibt einen dynamischen und komplexen Veränderungsprozess, der inmitten globaler Herausforderungen wie demografischem Wandel, Klimawandel und Globalisierung stattfindet. Dabei rückt nicht nur die technologische Vernetzung ins Zentrum, sondern auch die Vernetzung sämtlicher Organisationsebenen und Lebensbereiche. Die Einbindung aller am Transformationsprozess beteiligten Arbeitspersonen stellt hierbei ein wesentliches Gelingenskriterium dar, um gesellschaftliche Potenziale der digitalen Transformation zu verwirklichen, ohne dass fundierte Prognosen wie die Automatisierung aller kognitiven Routineaufgaben mittels künstlicher Intelligenz (KI) zu einem Risiko werden.

Die vorliegende Forschungsarbeit adressiert drei zentrale Dimensionen: Job Crafting auf der Ebene des individuellen Arbeitsverhaltens, transformationale Führung auf organisationaler Ebene und Work-Life-Balance auf Ebene der Diffusion zwischen Arbeit und Nicht-Arbeit. Job Crafting beschreibt die proaktive Umgestaltung gewisser Aspekte des Arbeitsplatzes durch die Arbeitsperson, um diesen besser mit ihren Fähigkeiten, Präferenzen und Werten in Einklang zu bringen. Hierin ist Job Crafting ein typisches Verhalten der modernen Arbeitswelt. Transformationale Führung bezeichnet einen Führungsstil, welcher auf andere stark motivierend wirkt und auch im Kontext der digitalen Transformation großes Potenzial aufweist. Work-Life-Balance beschreibt im Kontext dieser Forschungsarbeit einen Zustand mit möglichst kleinen Rollenkonflikten innerhalb einer Arbeitsrolle oder zwischen einer Arbeitsrolle und einer Nicht-Arbeitsrolle. Diese drei Dimensionen werden zunächst im aktuellen Forschungsstand verortet. Dabei zeigt sich, dass eine Erforschung der jeweiligen digitalen Implikationen sowie ihre Beziehungen zueinander bislang nicht ausreichend erfolgt ist.

Die identifizierten Forschungslücken werden in ein Untersuchungskonzept überführt und mittels fünf empirischer Studien adressiert. Die Ergebnisse zeigen deutliche Einflüsse von Technikaffinität und transformationaler Führung auf Job Crafting. Zudem besteht eine Verbindung zwischen der Annahme einer digitalen Vorbildfunktion und der Selbsteinschätzung des eigenen transformationalen Verhaltens. Im Hinblick auf die Work-Life-Balance zeigt sich, dass die Mitbestimmung bei flexiblen Arbeitsarrangements und die Passung zwischen digitalem Arbeitsplatz und technikaffiner Arbeitsperson von entscheidender Bedeutung sind. Ferner wird deutlich, dass die negativen Auswirkungen digitaler Stressoren durch Job Crafting nicht kompensiert werden.

In einer Abschlussstudie werden qualitativ Kriterien für eine aus Sicht der Arbeitsperson erfolgreiche digitale Transformation identifiziert, wodurch eine weitere Forschungslücke geschlossen wird. Arbeitspersonen bewerten digitale Transformationsmaßnahmen anhand der Auswirkung auf die Arbeitsleistung, der Reduktion des Arbeitsaufwandes, der Mitgestaltungsmotivation, der Veränderungsadaption, der Zufriedenheit, der Wirtschaftlichkeit sowie anhand der Erreichung des spezifischen Ziels der Maßnahme. Diese Kriterien werden in ein Evaluationsmodell integriert und zur Bewertung von sechs verschiedenen Transformationsmaßnahmen (Interventionen) herangezogen: die Förderung von Job Crafting mit und ohne KI, die Entwicklung von transformationaler Führung mit und ohne KI sowie die Verbesserung der Work-Life-Balance mit und ohne KI. Dabei zeigt sich, dass Interventionen mit KI im Allgemeinen leicht schlechter bewertet werden als Interventionen ohne KI, insbesondere im Hinblick auf das Interventionsziel Work-Life-Balance. Zudem zeigt sich, dass sich die Evaluationskriterien entlang von Interventionsziel und KI-Bezug unterschiedlich stark auf die Einstellung gegenüber der Intervention auswirken.

Die Ergebnisse dieser Forschungsarbeit schließen Forschungslücken hinsichtlich der Verortung von Job Crafting, transformationaler Führung und Work-Life-Balance im Kontext der digitalen Transformation der Arbeitswelt. Auf dieser Grundlage werden Handlungsempfehlungen für Arbeitspersonen und Organisationen formuliert. Dadurch erhalten Arbeitspersonen wertvolle Hinweise zur Bewältigung von herausfordernden Veränderungsprozessen, zur Verbesserung ihrer Work-Life-Balance sowie zum Umgang mit KI-Systemen. Organisationen erhalten Empfehlungen zur Gestaltung von Veränderungsprozessen, insbesondere in Bezug auf Kommunikation, Mitarbeiterbeteiligung und Zielsetzung. Zusätzlich werden gesellschaftliche Implikationen aufgezeigt, um den Staat als Akteur für die rechtliche Gestaltung von arbeitsbezogenen Rahmenbedingungen stärker wahrzunehmen, den öffentlichen Diskurs über die Zukunft der Arbeit rationaler zu führen und das Potenzial von KI realistischer einzuschätzen. Die Umsetzung dieser Handlungsempfehlungen bildet die Grundlage dafür, die digitale Transformation der Arbeitswelt im Sinne der Arbeitspersonen zu gestalten.

Inhaltsverzeichnis

Arbeitsdefinitionen

Abbildungsverzeichnis

Tabellenverzeichnis

Konventionen

Sprache

Diese Arbeit ist in deutscher Sprache verfasst. Der Umgang mit Fachtermini stellt eine besondere Herausforderung dar, da viele Begriffe der Arbeitswelt uneinheitlich eingedeutscht, übersetzt oder als Anglizismen verwendet werden. Um eine begriffliche Zuordnung zur überwiegend englischen Forschungsliteratur nicht unnötig zu erschweren, gelten die folgenden Regelungen:

- Fachtermini, die als Anglizismen behandelt werden, werden wie deutsche Fachbegriffe behandelt. Sie werden immer großgeschrieben und bei ihrem ersten Aufkommen einmalig kursiv: *Telework*, danach Telework.
- Fachtermini mit etablierter deutscher Übersetzung oder guter Übersetzbarkeit werden übersetzt: Aufgabenbezogenes Verhalten (engl. *initiating structure*), digitale Führung (engl. *digital leadership*).
- Fachtermini, die sich nicht zufriedenstellend übersetzen lassen, werden als Zitatwörter verwendet und konsequent klein und kursiv geschrieben: Jemand betreibt *task crafting* und *cognitive crafting*.
- In Abbildungen und Aufzählungen werden die Sprachen der Fachtermini nicht vermischt: *Approach crafting / demands* anstatt *approach crafting* / Anforderungen.

Die englischen Begriffe *job crafting*, *transformational leadership* und *work-life balance* bilden die Kernthemen dieser Arbeit und nehmen daher eine Sonderstellung ein. Analog zur deutschsprachigen Fachliteratur wird „Job Crafting“ als Eigenname verwendet und getrennt und großgeschrieben (vgl. Müller, 2017; Nerdinger et al., 2014), müsste laut geltenden Rechtschreibregeln aber eigentlich „Jobcrafting“ oder „Job-Crafting“ geschrieben werden. Aus Gründen der Konsistenz werden „Transformational Leadership“ und „Work-Life Balance“ in Überschriften und Abbildungen ebenfalls als Eigennamen verwendet, im Satzzusammenhang aber als transformationale Führung übersetzt und orthografisch korrekt mit Bindestrich Work-Life-Balance geschrieben. In Abbildungen und Arbeitsdefinitionen gelten folgende Farbkodierungen zur thematischen Zuordnung:

Job Crafting in rot, **Transformational Leadership** in blau, **Work-Life Balance** in grün, **Digitale Transformation der Arbeit** in grau.

Aus Gründen der verbesserten Lesbarkeit wird das generische Maskulinum verwendet, um auf Personen jeden Geschlechts zu verweisen. Vornehmlich wird der ohnehin geschlechtsneutrale Begriff *Arbeitsperson* verwendet.

Arbeitsdefinitionen

Für zentrale Begriffe werden Arbeitsdefinitionen aufgestellt. Diese werden visuell hervorgehoben und stellen nicht notwendigerweise eine Synthese des Forschungsstandes dar.

> **Arbeitsdefinition: Grundbegriffe im Arbeitskontext**
> Im Rahmen dieser Forschungsarbeit gelten folgende Grundbegriffe:
>
> - **Arbeitsperson:** Person, die einer Arbeit nachgeht, z. B. Arbeitnehmer, Arbeitgeber, Personen in Ausbildung oder Selbstständige. Die Begriffe Arbeitnehmer / Arbeitgeber und Mitarbeiter / Vorgesetzte werden als Rollenspezifikation verwendet.
> - **Beruf:** Dauerhafte Beschäftigungsform, die i. d. R. eine Ausbildung erfordert.
> - **Job:** Konkret vertraglich vereinbarte Beschäftigungsform.
> - **Organisation:** Zielgerichteter Zusammenschluss von Menschen mit formalisierter Struktur. Eine Organisation kann aus mehreren Arbeitseinheiten / Teams bestehen. Eine Organisation mit wirtschaftlichen Zielen ist ein Unternehmen. (nach Nerdinger et al. (2014))
>
> Auf eine Arbeitsdefinition von Arbeit wird bewusst verzichtet.

Referenzen

Wörtliche Zitate werden in Anführungszeichen angegeben. Der Zitationsstil bei Fachliteratur richtet sich nach den aktuellen Vorgaben der American Psychological Association (2020). Onlineverweise werden nicht wie wissenschaftliche Quellen behandelt und mit dem Datum des letzten Zugriffs in Fußnoten angegeben. Sofern Erhebungen bereits als wissenschaftliche Beiträge publiziert wurden, befindet sich ein entsprechender Hinweis zu Beginn des jeweiligen Kapitels. Im Bericht von qualitativen Studien werden wörtliche Zitate der Probanden mit dem Kürzel der Interviewaufzeichnung angegeben.

Statistische Verfahren und Kennwerte

In allen statistischen Ergebnisberichten wird der Punkt als Dezimaltrennzeichen verwendet. Alle Zahlen werden auf die zweite Nachkommastelle gerundet. Der Bericht statistischer Ergebnisse richtet sich nach der aktuellen Fassung der American Psychological Association (2020), die statistischen Empfehlungen richten sich nach (Field et al., 2014), sofern nicht anders angegeben.

Das Signifikanzniveau (Wahrscheinlichkeit für Fehler 1. Art / Alphafehler) wird auf 0.05 festgesetzt. Die statistische Power wird als $1 - \beta$ (Wahrscheinlichkeit für Fehler 2. Art / Betafehler) angegeben und auf 0.8 festgesetzt. Signifikante Befunde mit $p < 0.05$ werden mit einem Stern * gekennzeichnet, Befunde mit $p < 0.01$ mit zwei Sternen ** und Befunde mit $p < 0.001$ mit drei Sternen ***. Zusätzlich wird das 95%-Konfidenzintervall (95%-CI) angegeben. Bei mehreren Hypothesentests auf demselben Datensatz werden statistische Verfahren verwendet, die keine manuelle Korrektur des Alphafehlerniveaus erfordern. Überprüfungen von Korrelationen von mehreren Variablen erfolgen rein explorativ und ohne Korrektur des Alphafehlers, um die Wahrscheinlichkeit eines Betafehlers zu minimieren.

Korrelationen: Bei intervallskalierten Daten wird Pearson's r als Korrelationskoeffizient verwendet, bei Korrelationen mit mindestens einer ordinalen Variable Kendall's τ. Als Effektstärke wird der jeweilige Korrelationskoeffizient verwendet. Als Faustregel für Pearson's r gelten 0.1, 0.3 und 0.5 für schwache, mittlere und starke Effekte (Cohen, 1992), bei Kendall-τ gelten 0.06, 0.19 und 0.33 als Schwellwerte (Strahan, 1982).

Varianz- und Kovarianzanalyse: Bei Varianz- und Kovarianzanalysen wird angenommen, dass sich der Test aufgrund der auftretenden Stichprobengrößen robust gegenüber einer möglicherweise verletzten Voraussetzung der Normalität verhält. Die Voraussetzung der Varianzhomogenität wird bei nicht signifikantem Levene-Test als erfüllt betrachtet. Zur paarweisen Überprüfung einzelner Gruppenunterschiede werden post-hoc Tukey-Tests durchgeführt. Als Effektstärke wird Cohen's d angegeben (0.2, 0.5 und 0.8 für schwachen, mittleren und starken Effekt). Bei Varianzanalyse mit Messwiederholung (*repeated measure ANOVA*) wird bei Verletzung der Sphärizität (Prüfung über Mauchly-Test) eine Greenhouse-Geisser-Korrektur der Teststatistik durchgeführt, sowie anstatt des Tukey-Tests eine Bonferroni-Korrektur durchgeführt. Die Angabe der Effektstärke bei Varianz- und Kovarianzanalyse erfolgt anhand von ω^2, die Schwellen für schwache, mittlere und starke Effekte sind .01, .06, und 0.14.

Lineare Regression: Bei linearen Regressionen werden zur Abschätzung der Multikollinearität die Varianzinflationsfaktoren (VIF) der einzelnen Modellprädiktoren betrachtet. Sofern diese zwischen 1 und 10 liegen, wird die Voraussetzung als erfüllt betrachtet, bei Werten nahe 10 wird dies in der Interpretation berücksichtigt. Die Aufnahmestrategie der Modellprädiktoren wird im Bericht der jeweiligen Studie beschrieben. Interaktionsterme, die aus Multiplikation zweier Prädiktoren bestehen, verletzten diese Annahme automatisch und werden hinsichtlich VIF nicht mit den einzelnen Prädiktoren verglichen. Zur genaueren Beschreibung von signifikanten Interaktionseffekten werden post-hoc Strukturgleichungsmodelle aufgestellt, die nur aus den entsprechenden drei Variablen bestehen (Selker, 2019a). Zur Richtungsbestimmung der Moderation werden drei *simple slopes* (Mittelwert - 1 SD, Mittelwert und Mittelwert + 1 SD) entlang der Moderatorvariable gebildet. Als Effektstärke wird bei Regressionen das korrigierte R^2 ($Adj.R^2$) angegeben. Dies entspricht dem Anteil der erklärten Varianz der abhängigen Variable über ihren Mittelwert hinaus unter Berücksichtigung von Stichprobengröße und Anzahl der Prädiktoren. Die Stärke des Einflusses einzelner Prädiktoren wird als standardisierter Regressionskoeffizient angegeben. Die Schwellwerte für starke, mittlere und starke Modellvorhersage liegen bei $Adj.R^2$ 0.02 0.13 und 0.26, die für standardisierte Regressionskoeffizienten analog zu Pearson's r bei 0.1, 0.3 und 0.5 (Ellis, 2010).

Darstellung von Moderatoreffekten

Moderatoreffekte beeinflussen die Art der Beziehung zwischen zwei anderen Variablen und werden üblicherweise als Pfeile auf Pfeilen dargestellt. Um Moderatoreffekte auch bei größerer Variablenanzahl übersichtlich darzustellen, werden diese als Punkt auf einer Pfadbeziehung dargestellt. Abbildung 0.1 zeigt ein exemplarisches Pfadmodell.

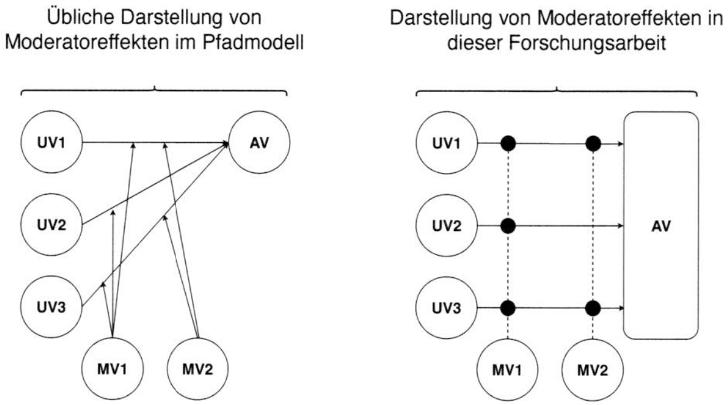

Abbildung 0.1: Darstellungskonvention eines exemplarischen Pfadmodells mit Moderatoreffekten.

Teil I

Motivation

1 Einleitung

Arbeit ist mehr als nur Lohnerwerb.

Mit dieser Feststellung beginnen viele wissenschaftliche oder populärwissenschaftliche Abhandlungen, um daraufhin verschiedene Definitionsansätze des Arbeitsbegriffs gegenüberzustellen. An Historie oder wissenschaftlichen Disziplinen mangelt es hierbei nicht. Der heutige Arbeitsbegriff vereint einen subjektbezogenen Aspekt (Arbeit als Anstrengung) und einen objektbezogenen Aspekt (Arbeit als Produktion von Gütern und Dienstleistungen), wobei Arbeit aufgrund der Abgrenzung zu anderen Anstrengungsformen (z. B. Sport) oder Grenzfällen der Erwerbstätigkeit (z. B. Börsenspekulation) immer schon als schwierig zu definieren galt (Arendt, 2020; Sonntag et al., 2012). Arbeit ist längst nicht immer bezahlt, dennoch ist sie identitätsstiftend, dient der Selbstverwirklichung und bildet die Basis einer positiven Lebensgestaltung (Schlick et al., 2018). Und doch ist eine grundsätzliche Klärung der Frage „Was ist Arbeit?" laut Schlick et al. (2018) für eine arbeitswissenschaftliche Auseinandersetzung „nicht erforderlich" sowie laut Hall (1994) für eine sozialwissenschaftliche Betrachtung „wertlos". Arbeit befindet sich immer im Wandel und ist nicht definierbar (Voß, 2010).

Der aktuelle Wandlungsprozess wird als *digitale Transformation der Arbeitswelt* bezeichnet und ist derart umfassend, dass wahlweise auch von Evolution, Revolution oder Disruption die Rede ist. Muss der nicht definierbare Begriff *Arbeit* wirklich als *New Work* neu definiert werden (Hackl et al., 2017)? Wird der Fortschritt im Bereich der künstlichen Intelligenz zur Massenarbeitslosigkeit führen (Arntz et al., 2016)? Die Erforschung der digitalen Transformation der Arbeit ist eine Humanitätsaufgabe (Wiklund, 2022). Sie ist nicht nur eine Frage von technologischem Fortschritt, sondern auch eine Frage von organisationalen Veränderungen und gesellschaftlichen Rahmenbedingungen. Die aktive Mitgestaltung aller am Transformationsprozess beteiligten Arbeitspersonen stellt hierbei einen wesentlichen Gelingensfaktor dar. An diesem Punkt setzt die vorliegende Forschungsarbeit an und untersucht Job Crafting, transformationale Führung und Work-Life-Balance als zentrale Dimensionen einer digitalen Transformation aus Perspektive der Arbeitsperson.

1.1 Digitale Transformation als Vernetzung globaler Herausforderungen

Der Wandel der Arbeitswelt verläuft hauptsächlich digital und wird mit zunehmender Geschwindigkeit immer noch digitaler (Erfurth, 2018). Er ist eine globale Herausforderung an sich, weist aber auch zahlreiche Anknüpfungspunkte zu anderen globalen Herausforderungen auf.

Durch **Digitalisierung** entstehen immer größere Datenmengen, welche immer schneller aufbereitet und durch Abruf oder Verknüpfung in Wissen überführt werden müssen. Es entstehen neue Möglichkeiten, in bestehenden Arbeitsverhältnissen raumzeitlich flexibel von zu Hause aus zu arbeiten oder Teil von global verteilten Teams zu sein (Schermuly, 2016) und hierin einen Beitrag zur **Globalisierung** zu leisten. Digitalisierung führt zusätzlich in Form von Automatisierung zu neuen Formen der Sorge um den eigenen Arbeitsplatz (Gallie et al., 2017), aber ebenso zu neuen Arbeitsplätzen (Prainsack & Buyx, 2018). Hieraus folgen Risiken für **Demokratie** und sozialen Frieden, denn bisher sind neu entstehende Arbeitsformen eher prekär, indem z. B. klein abgesteckte Aufgaben über digitale Plattformen an menschliche Arbeiter vermittelt werden, um gesetzliche Mindestlohnregelungen zu umgehen (Aloisi, 2019).

Es entstehen neue Bedarfe an beruflichen Spezialisierungen, die den ohnehin bestehenden Fachkräftemangel verstärken, welcher auf den **demografischen Wandel** zurückzuführen ist und letztlich zu einer Neuausrichtung des Machtverhältnisses zwischen Arbeitnehmern und Arbeitgebern führt. Hierdurch befinden sich Unternehmen in einem *war for talent* (übersetzt etwa *Krieg um die besten Talente*) (Michaels et al., 2001) und müssen sich zusätzlich auf eine jüngere Generation von Arbeitnehmern einstellen, die Arbeit in ihrem Wertesystem anders verortet als bisherige (Williams, 2020). Als weitere Implikation des demografischen Wandels muss Altern im Arbeitskontext besser verstanden werden, um einen produktiven Arbeitseinsatz, einen lebenslangen Fähigkeitserwerb sowie das physiologische und psychologische Wohlbefinden altersspezifisch adressieren zu können (Staudinger & Bowen, 2011). Digitale Transformation kann zudem einen erheblichen Beitrag zur **Mobilitätswende** und zur Einsparung von **CO2-Emissionen** leisten, indem Dienstreisen virtuell abgehalten werden oder Pendelstrecken entfallen. Wie sich zuletzt an der COVID-19-Pandemie zeigte, kann digital gestützte Arbeit außerdem die Arbeitsfähigkeit einer Gesellschaft aufrechterhalten und im Rahmen des **Pandemiemanagements** die Gesundheit der Arbeitspersonen schützen.

1.2 Digitale Transformation als Vernetzung aller Organisationsebenen

Neben den Anknüpfungspunkten zu anderen globalen Herausforderungen findet die digitale Transformation auf jeder Ebene einer Organisation statt. Insgesamt sehen sich Unternehmen einem beachtlichen Wandlungsdruck ausgesetzt, um durch den gezielten Einsatz von künstlicher Intelligenz (KI), Big Data, Automatisierung, Cloud-Computing u. v. m. ihre Wettbewerbsfähigkeit aufrecht zu halten (Petry, 2019). Auf Ebene der ganzen Organisation entsteht Bedarf an neuen Führungsstilen, neuer Arbeitskultur und der Neuausrichtung ganzer Geschäftsmodelle. Auf Ebene einzelner Arbeitsgruppen entstehen neue Fragen der Teamkommunikation und -kollaboration, professioneller Beziehungspflege und Anpassungsfähigkeit (Trenerry et al., 2021). Und letztlich entsteht auf individueller Ebene der Arbeitspersonen Bedarf an neuen Verhaltensweisen, digitalen Fähigkeiten und Veränderungskompetenz (van Laar et al., 2019). Es entstehen aber auch neue Herausforderungen im Hinblick auf Technologieakzeptanz, Vereinbarkeit von Arbeit und Nicht-Arbeit (Trenerry et al., 2021) sowie neue Notwendigkeiten der Abwendung negativer Konsequenzen, die aus digitalem Stress entstehen (Marsh et al., 2022).

Die digitale Transformation ist für Organisationen nicht an die Einführung von digitaler Technologie geknüpft, sondern vielmehr eine Frage der Gesamtstrategie, die die Identifikation von Barrieren ebenso umfasst wie eine auf digitale Arbeitswelt zugeschnittene Unternehmenskultur und Talentförderung (Kane et al., 2015). Digitale Transformation ist insbesondere eine Herausforderung des Einbezugs aller Arbeitspersonen des Unternehmens (Kaiser et al., 2021; Kooij, 2015) sowie der Förderung proaktiver Verhaltensweisen der Arbeitspersonen (Zangiacomi et al., 2020) im Hinblick auf Wissensaustausch und Ressourcenverteilung (Alieva & Powell, 2023).

2 Konzept, Ziel und Struktur der Arbeit

Diese Forschungsarbeit verfolgt das Ziel, einen Beitrag zum Verständnis der digitalen Transformation der Arbeitswelt aus kommunikationswissenschaftlicher Perspektive zu leisten und hieraus konkrete Handlungsempfehlungen abzuleiten. Hierbei soll – analog zu nutzerzentrierten Ansätzen – erforscht werden, wie eine digitale Transformation der Arbeitswelt *arbeitspersonenzentriert* gestaltet werden kann.

Im Fokus stehen hierbei drei zentrale Merkmale, welche die Basis dieser arbeitspersonenzentrierten Transformation der Arbeit bilden und sich unterschiedlichen Ebenen zuordnen lassen: *Job Crafting* auf individueller Ebene, *transformationale Führung* auf Ebene der Arbeitseinheit und *Work-Life-Balance* auf Ebene der Diffusion zwischen Arbeit und Nicht-Arbeit. Diese Merkmale sollen im Hinblick auf die Diversität von Arbeitspersonen untersucht werden, um relevante Einflussfaktoren für eine proaktive Mit-Transformation zu identifizieren. In einem weiteren Schritt sollen Evaluationskriterien für eine erfolgreiche digitale Transformation der Arbeitswelt identifiziert werden, um diese in ein arbeitspersonenzentriertes Evaluationsmodell zu überführen. Dieses Modell soll schließlich bei der Bewertung von sechs Interventionen eingesetzt werden: die Förderung von Job Crafting, die Förderung von Job Crafting mit KI, die Förderung von transformationaler Führung, die Förderung von transformationaler Führung mit KI, die Verbesserung der Work-Life-Balance sowie die Verbesserung der Work-Life-Balance mit KI. Insgesamt werden hierdurch die folgenden Forschungsziele verfolgt:

- **Forschungsziel 1:** Job Crafting, transformationale Führung und Work-Life-Balance sollen vor dem Hintergrund der digitalen Transformation der Arbeitswelt im Kontext der Diversität von Arbeitspersonen detaillierter verstanden werden.
- **Forschungsziel 2:** Evaluationskriterien für erfolgreiche digitale Transformation sollen identifiziert werden.
- **Forschungsziel 3:** Interventionen zur Förderung der digitalen Transformation der Arbeit sollen anhand ihres Ziels und ihres KI-Bezugs kontrastierend evaluiert werden.

Abbildung 2.1 zeigt die Struktur der Arbeit, welche aus insgesamt 5 Teilen besteht.

In Teil I soll grundsätzlich in das Thema der digitalen Transformation eingeführt und Forschungsbedarf motiviert werden. Hierbei wird die digitale Transformation der Arbeitswelt zunächst in Relation zu anderen globalen Herausforderungen verortet sowie aufgezeigt, dass Herausforderungen jede Ebene von Unternehmen betreffen. Zusätzlich werden Forschungsziele sowie Struktur und Konzept der Arbeit dargestellt.

Teil II stellt den aktuellen wissenschaftlichen Forschungsstand dar und schafft hierdurch die theoretische Basis für Arbeitsdefinitionen und die konkrete Ableitung von Forschungsbedarf, der in den anschließenden empirischen Studien adressiert wird. Dies geschieht in Untergliederung von vier Kapiteln. Im hierbei ersten Kapitel wird der Forschungsstand zur digitalen Transformation der Arbeitswelt dargestellt. Hierbei werden zentrale Begriffe voneinander abgegrenzt und aktuelle Wandlungen historisch eingebettet und beschrieben. Letztlich wird die Rolle künstlicher Intelligenz beschrieben und aktuelle Herausforderungen aufgezeigt. Das zweite Kapitel widmet sich der Ebene des Individuums der Arbeitsperson. Hierbei werden Herausforderungen der Technikakzeptanz beschrieben und im KI-Bezug kontextualisiert. Es wird das Konzept des Job Craftings eingeführt und im aktuellen Forschungsstand verortet. Zusätzlich werden Einfluss und Entwicklung von Führungsstil im Hinblick auf transformationale Führung behandelt, welche ebenfalls digital kontextualisiert wird. Letztlich werden Job Crafting und transformationale Führung zueinander und zu KI in Beziehung gesetzt. Im abschließenden Kapitel dieses Teils wird der Forschungsstand zu Work-Life-Balance dargestellt. Hierbei wird die Begriffswandlung beschrieben und in ihren digitalen Bezügen untersucht. Zusätzlich werden Bezüge von Work-Life-Balance zu Job Crafting und transformationaler Führung aufgezeigt sowie der Forschungsstand zu KI und Work-Life-Balance dargestellt.

Teil III enthält eine Zusammenfassung der aufgezeigten Forschungslücken, welche in konkrete Forschungsfragen und ein empirisches Forschungskonzept überführt werden. Zusätzlich werden methodische Hinweise zu den empirischen Studien gegeben, um im darauffolgenden Teil IV Redundanzen in Methoden- und Stichprobenbeschreibungen zu vermeiden.

Teil IV widmet sich dem Bericht der insgesamt fünf empirischen Studien, welche von S1 bis S5 benannt sind. Die Studien S1 bis S4 widmen sich Forschungsziel 1 und adressieren Forschungslücken zu Job Crafting, transformationaler Führung und Work-Life-Balance. Studie S5 widmet sich Forschungsziel 2 in einer qualitativen Vorstudie sowie Forschungsziel 3 in einer quantitativen Hauptstudie. Am Ende eines jeden Kapitels findet eine kurze Zusammenfassung statt, eine Diskussion erfolgt insgesamt und in Teil V.

Im abschließenden Teil V erfolgt die Interpretation und Einordnung der Ergebnisse in den Forschungsstand. Hieraus werden Handlungsempfehlungen für die Praxis und gesellschaftliche Implikationen abgeleitet. Zusätzlich wird der methodische Zugriff kritisch reflektiert, Limitationen aufgezeigt und Anknüpfungspunkte für zukünftigen Forschungsbedarf formuliert. In einem abschließenden Fazit werden die Haupterkenntnisse der gesamten Arbeit und deren Bedeutung für die digitale Transformation der Arbeit zusammengefasst.

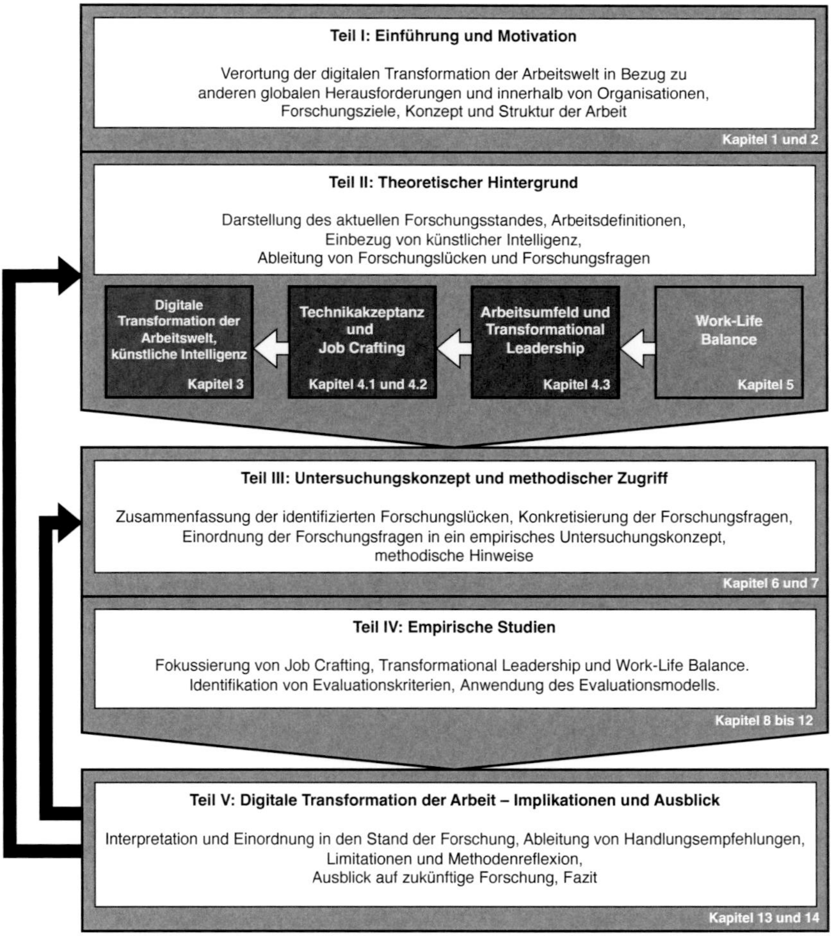

Abbildung 2.1: Aufbau der vorliegenden Forschungsarbeit.

Teil II

Theoretischer Hintergrund

3 Digitale Transformation der Arbeitswelt

Der derzeitige Wandel der Arbeitswelt ist von zahlreichen Modewörtern begleitet, z. B. *New Work*, *Arbeit 4.0* und *Smart Work* – selbst *digitale Transformation* ist zunächst ein Modewort, welches einer genaueren Einordnung bedarf. In diesem Kapitel soll ein Überblick darüber gegeben werden, was sich im bereits vollziehenden Transformationsprozess verändert hat und weiterhin verändert. In Kapitel 3.1 wird eine knappe historische Einordnung des Arbeitswandels vorgenommen, Kapitel 3.2 widmet sich den aktuellen Veränderungen und stellt die „alte, industrielle" der „neuen, digitalen" Arbeitswelt gegenüber. Hierbei wird insbesondere auf die Rolle künstlicher Intelligenz im Transformationsprozess eingegangen. In Kapitel 3.3 wird eine Zusammenfassung anhand der identifizierten Herausforderungen vorgenommen.

3.1 Arbeit im beständigen Wandel

Wie sich bereits an der „notorischen Unbestimmtheit" des Begriffs *Arbeit* (Voß, 2010) zeigt, ist Arbeit und das Verständnis von Arbeit schon immer einem erheblichen Wandel unterworfen, welcher an dieser Stelle epochenweise von Frühantike bis Aufklärung und danach anhand der industriellen Revolutionen grob skizziert werden soll. Für eine detailliertere historische Betrachtung von Arbeit siehe Komlosy (2016).

3.1.1 Frühantike bis Aufklärung

Im frühantiken Griechenland war jede Arbeitstätigkeit positiv konnotiert (sofern sie nicht von Sklaven oder Tagelöhnern ausgeübt wurde), da sie in der Oikos-Wirtschaft[1] und -Gesellschaft, bei der Arbeits- und Familientätigkeiten im selben Haus durchgeführt wurden und seiner weitestgehenden Autonomie galten, mit Wohlstand und Ansehen assoziiert war (Frambach, 2002). Mit Ausnahme von spezialisierten Handwerkstätigkeiten (z. B. Zimmerer oder Waffenhersteller) und der Tätigkeit von reisenden Berufen (z. B. Arzt oder Sänger) wurde jede Tätigkeit selbst ausgeübt, was sich erst mit dem Übergang zur Polis-Wirtschaft änderte, bei der sich die angestrebte Autonomie auf die Stadt/Gemeinde verlagerte und Arbeiten innerhalb dieser ausgetauscht wurden (Ott & Schäfer, 1984). Ott und Schäfer identifizieren hierin einen Zusammenhang zu

[1]altgriechisch *Oikos*: das Haus. Ursprung des Wortes Ökonomie. https://www.dwds.de/wb/Ökonomie, abgerufen am 02.08.2023.

technischem Fortschritt, da landwirtschaftliche Geräte nur noch von Spezialisten angefertigt werden konnten und nicht jedem Haushalt jedes Gerät zur Verfügung stand. In dieser Zeit etablierte sich der Beruf des Händlers und es entstanden erste Formen von Geld, zudem verstärkte sich die Kaufsklaverei und hierdurch auch eine soziale Geringschätzung von körperlicher Arbeit, welche als Gegenteil von Freiheit aufgefasst wurde (Frambach, 2002). Als soziales Ideal galt demnach der freie männliche Bürger, welcher seine Zeit mit Politik und Philosophie (d. h. geistiger Arbeit) verbrachte, da er alle anfallenden körperlichen Arbeiten an Sklaven und Tagelöhner delegieren konnte (Komlosy, 2016). Durch die Ausbreitung des Römischen Reiches wurde körperliche Arbeit (sofern nicht von Sklaven ausgeübt) sozial wieder aufgewertet, was Komlosy am hohen Ansehen von Berufssoldaten begründet, welche sich in Friedenszeiten als Handwerker betätigten und als Veteranen mit Ackerland belohnt wurden und den Bauernberuf ergriffen.

Durch die Ausbreitung des Christentums in Spätantike und Mittelalter wurden sowohl geistige als auch körperliche Arbeit unter der Berufung auf Gott als Arbeiter in der Schöpfungsgeschichte und Jesus als Zimmermann und Fischer weiter aufgewertet: Arbeit wurde als grundsätzliche Erfüllung angesehen, während sich die Auffassung von Arbeit als Last nicht mehr in der Arbeit an sich, sondern nur noch in ihrer Schwere wiederfand (Berthold & Oschmiansky, 2020). Dieses ambivalente Arbeitsverständnis wurde schließlich in der Reformationszeit abgelegt, da jede Arbeit als Dienst an Gott eine Aufwertung erfuhr und sich Fleiß als Tugend etablierte (Schermuly, 2016). Im Zeitalter der Aufklärung wurde Arbeit schließlich ohne religiösen Bezug als Form der Selbsterhaltung aufgefasst und geistige Arbeit gegenüber der körperlichen wieder aufgewertet: Arbeit wurde als Legitimation von Reichtum aufgefasst und als Kritik an der adligen Oberschicht in gute, produktive und schlechte, unproduktive Arbeit unterteilt (Berthold & Oschmiansky, 2020). Die Wohlstandvermehrung auf nationaler Ebene durch beständige Steigerung der Produktivität geriet in den Vordergrund und wurde erstmals als Volkswirtschaft aufgefasst (Frambach, 2002).

3.1.2 Erste industrielle Revolution bis Zweiter Weltkrieg

Im 18. und 19. Jahrhundert kam es zunächst in England, dann in Kontinentaleuropa zur ersten industriellen Revolution (s. Abb. 3.1) sowie zur Durchsetzung des modernen Kapitalismus und zur Urbanisierung (Becker et al., 2020). Dass Arbeit erstmalig nicht mehr im eigenen Haus stattfand, sondern primär in Fabriken, bezeichnet Komlosy (2016) als großen Einschnitt, infolgedessen die Arbeit zu Hause (aus heutiger Sicht „Care-Arbeit" und Hausarbeit) mehrheitlich Frauen zugeschrieben wurde. Dieser Umstand wurde von den darauffolgenden gesellschaftlichen Debatten und Widerständen um die Ausbeutung der männlichen Arbeitskraft nicht erfasst, welche schließlich zur

Gründung kommunistischer und sozialistischer Parteien führte (Schermuly, 2016).

Die zur Zeit der ersten industriellen Revolution vorherrschende politische Ideologie wird als klassischer Liberalismus bezeichnet, welcher bis in die heutige ökonomische Theorie reicht (Frambach, 2002). Dieser geht von einer freien wirtschaftlichen Betätigungsmöglichkeit des Individuums aus, welches nach Gewinn und Wohlstand strebt und hierbei von einer „unsichtbaren Hand“ geführt wird, welche dafür sorgt, dass unbewusst gesamtgesellschaftliche Ziele verfolgt werden, weshalb staatliche Eingriffe als störend aufgefasst werden[2]. Die Ausführung von Arbeitstätigkeit erfolgt seitdem im Rahmen einer Leistungsgesellschaft, um dem Individuum materielle Sicherheit und Selbstverwirklichung zu ermöglichen (Berthold & Oschmiansky, 2020). Es etablierte sich die Auffassung von Arbeit als typischerweise Lohnarbeit, welche als gesellschaftliche Norm galt und von einem Unternehmen / Arbeitgeber *gegeben* und von einem Arbeitnehmer *genommen* wird. Dieses Arbeitsverständnis ist bis heute vorherrschend, wenngleich die Möglichkeit, den eigenen Lebensunterhalt zu bestreiten, aufgrund des Aufbaus und der Stärkung des Sozialstaates nicht mehr starr an die eigene Arbeitsfähigkeit gekoppelt ist (Berthold & Oschmiansky, 2020).

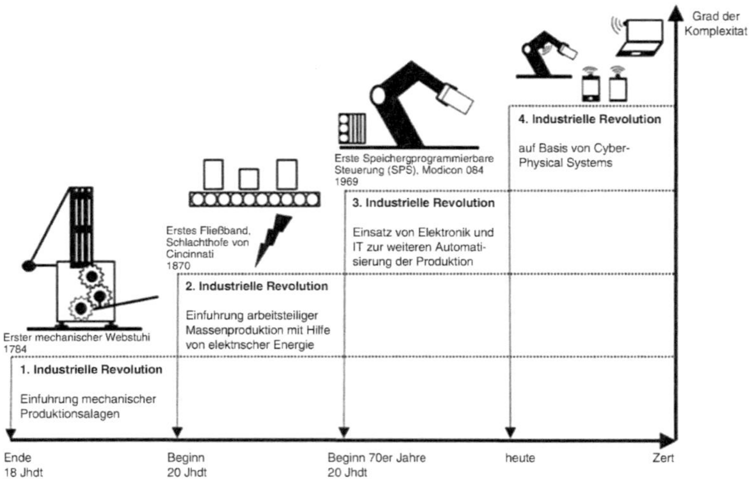

Abbildung 3.1: Vier Stufen der industriellen Revolution (Becker et al., 2020, S.9), Darstellung in Graustufen konvertiert.

Während in der ersten industriellen Revolution (*Mechanisierung*) die Übernahme körperlicher Anstrengung durch technische Erfindungen wie Dampfmaschine, Spinnmaschine und mechanischen Webstuhl im Vordergrund stand, war die zweite industrielle Revolution (*Elektrifizierung*) durch die industrielle Massenproduktion geprägt (Drath

[2]https://www.bpb.de/kurz-knapp/lexika/lexikon-der-wirtschaft/19980/liberalismus/. Zugriff am 28.08.2023.

& Horch, 2014). Kurz zuvor etablierte sich ein von Frederick Taylor entwickeltes Konzept der wissenschaftlichen Betriebsführung, der *Taylorismus*, welcher im Wesentlichen auf vier Prinzipien basiert: der Zergliederung einzelner Arbeitsaufgaben, der Auswahl und Schulung der am besten geeigneten Arbeitskräfte, der Trennung von geistiger und körperlicher Arbeit (Management und Arbeiter) sowie dem grundsätzlichen Einvernehmen zwischen Arbeitgeber und Arbeitnehmer (Greif, 2007). Der Taylorismus findet sich auch in heutigen Formen der Betriebsführung wieder (Kauffeld et al., 2011), steht jedoch aufgrund seines laut Schermuly (2016) „fragwürdigen Menschenbildes“ in der Kritik, da der Mensch hier analog zur Maschine als Ressource körperlicher Arbeit angesehen und von einer „kleinen Elite“ delegiert wird. Nach Ende des Ersten Weltkriegs etabliert sich der nach Henry Ford benannte *Fordismus*, welcher durch konsequenten Einsatz des Fließbandes geprägt war, aber auch durch Produkttypisierung, Eignungsdiagnostik und Gewerkschaftsverbot (Greif, 2007). Hieraus entstand nicht nur weiterer Produktivitätsgewinn, sondern auch erheblich verbesserte Kontrollmöglichkeiten, da einzelne Arbeitsschritte kleiner definiert werden konnten und Fehler im Takt des Fließbandes schnell auffielen (Schermuly, 2016). Taylorismus und Fordismus setzten sich in den 1920er-Jahren auch in der Weimarer Republik durch, wo 1924 der *Reichsausschuss für Arbeitszeitermittlung* (REFA) gegründet wurde, welcher Löhne scheinbar leistungsgerecht ermittelte (Hachtmann & von Saldern, 2010). Monotone Fließbandarbeit, die von ungelernten Arbeitskräften ausgeübt werden konnte, wurde finanziell und infolgedessen auch gesellschaftlich abgewertet und vornehmlich von Frauen ausgeführt, welche hierfür als biologisch besonders „geeignet“ galten (Aulenbacher & Siegel, 1995). Zur Zeit des Nationalsozialismus wurde die Rolle der deutschen Mutter schließlich idealisiert und Fließbandarbeit vornehmlich von ausländischen Arbeitskräften und in Form von Zwangsarbeit auch KZ-Häftlingen ausgeführt (Hachtmann & von Saldern, 2010). Nachdem im Nationalsozialismus der Arbeitsbegriff noch stark ideologisch verwendet wurde („Arbeit macht frei“) formuliert das Grundgesetz der Bundesrepublik Deutschland 1949 in Artikel 12 ein Recht auf freie Wahl von Beruf, Arbeitsplatz und Ausbildungsstätte (Berthold & Oschmiansky, 2020). Die Verfassung der DDR hingegen formulierte eine Arbeitspflicht, nach der Arbeitnehmer bis zu sechs Monate in einem Betrieb am selben Ort eingesetzt werden konnten, während die Berufswahl der sozialistischen Planwirtschaft unterworfen war und Berufsverbote als Instrument politischer Repression eingesetzt wurden (Kneipp, 2006).

3.1.3 Nachkriegszeit in Deutschland und dritte industrielle Revolution

Arbeit ist in der Zeit seit 1949 von zahlreichen gesellschaftlichen Änderungen betroffen, die schließlich in der bereits erwähnten Verzahnung globaler Herausforderungen resultiert. Grundsätzlich wurden ab der Nachkriegszeit in Westdeutschland immer mehr verheiratete Frauen und Mütter erwerbstätig: ihr Anteil erhöhte sich von 26% im Jahr 1950 auf 48% im Jahr 1980 und stieg insgesamt kontinuierlich an, auch wenn die allgemeine Beschäftigungsrate schwankte (Grunow et al., 2010). Die dritte industrielle Revolution (*Digitalisierung*) war geprägt von der Erfindung des programmierbaren Mikrocontrollers 1969 sowie der Etablierung von Informations- und Kommunikationstechnologie (im folgenden IKT, engl. *information and communication technology*, ICT), welche zu fortschreitender Automatisierung und Rationalisierung führte (Drath & Horch, 2014). Zusammen mit dem Ende des Kalten Krieges folgten hieraus eine global verteilte Produktion und schließlich der Wandel von Industrienationen zu Dienstleistungsgesellschaften (Bauernhansl, 2017). Grunow et al. (2010) beschreiben, dass infolge der wachsenden Bedeutung und Verfügbarkeit von Wissen (auch Wandel zur Wissensgesellschaft genannt) seit den 1960er-Jahren immer mehr mittlere und hohe Bildungsabschlüsse erworben werden. Zeitgleich stieg die Arbeitslosenquote, was Grunow et al. auf Nachwirkungen der Ölkrise zurückführt, aber auch auf den Wegfall von Produktionsschritten aufgrund von Automatisierung und die Abwanderung von Produktionsstandorten. Es kommt zu einer bis heute fortbestehenden Pluralisierung von Arbeits- und Familienformen abseits der Ehe mit männlichem Versorger und weiblicher Hausfrau sowie zu einem Anstieg der Scheidungsrate und einem Rückgang der Geburtenzahlen (Grunow et al., 2010).

3.1.4 Heutiger Status der Digitalisierung in Deutschland

Digitalisierung gilt laut Kollmann und Schmidt (2016) in Deutschland als allgemein schwieriges Thema ohne politisch angemessen Stellenwert. Dies führen die Autoren darauf zurück, dass politische Entscheidungsträger in Deutschland demografisch bedingt die Implikationen der Digitalisierung nicht verstehen oder aus kurzfristigem Kalkül ignorieren, sich Digitalisierung nicht als Wahlkampfthema eignet und Digitalisierung durch kein Ministerium maßgeblich vorangetrieben wird. Auch Harwardt (2020) kritisiert, dass Digitalisierung von drei Bundesministerien adressiert wird, sodass ein hoher und parteiübergreifender Koordinationsaufwand entsteht. Dies gilt auch zum Zeitpunkt dieser Forschungsarbeit: Digitale Themen werden vom Bundesministerium des Innern und für Heimat, dem Bundesministerium für Wirtschaft und Klimaschutz sowie dem Bundesministerium für Digitales und Verkehr behandelt, wobei diese Ministerien von drei verschiedenen Parteien geführt werden. Der Status der Digitalisierung in Deutschland ist Gegenstand zahlreicher internationaler Vergleiche, die für eine wissenschaftliche Betrachtung nur bedingt geeignet sind. Diese Vergleiche beruhen auf Indizes, die sich in ihren Kriterien und Gewichtungen stark voneinander unterscheiden und folglich zu unterschiedlichen Ergebnissen kommen (Harwardt, 2020): Der Index für digitale Wirtschaft und Gesellschaft (DESI) verortet Deutschland unter den 27 EU-Mitgliedsstaaten an 13. Stelle. In Deutschland liegen demnach digitale Kompetenzen der Bevölkerung leicht unter dem EU-Durchschnitt, die Konnektivität ist aber mit Ausnahme der niedrigen Glasfaserabdeckung in einem „guten“ Bereich und auch hinsichtlich digitaler öffentlicher Dienste und der Integration von Digitaltechnik in Unternehmen wird Verbesserungsbedarf identifiziert. Der Ergebnisbericht betont zusätzlich die Schlüsselrolle Deutschlands in der digitalen Transformation in der Europäischen Union (Europäische Kommission, 2022), gleichzeitig belegt Deutschland bei der Bereitschaft zur digitalen Transformation im Wirtschaftsindex DIGITAL den letzten Platz (Weber et al., 2018). Eine Gegenüberstellung weiterer Indizes findet sich bei Harwardt (2020).

Zusammengefasst kann festgehalten werden, dass Arbeit seit der Antike einem beständigen Wandel unterliegt, welcher mit gesamtgesellschaftlichem Wandel in Beziehung steht. Die gesellschaftliche Bewertung von Arbeit änderte sich über die Epochen in Abhängigkeit davon, wer die Arbeit ausübt sowie entlang der Dimensionen körperlich/geistig, produktiv/unproduktiv und monoton/nicht-monoton. Diese Bewertungsdimensionen bestehen bis heute fort. Wesentliche Aspekte des heutigen Arbeitsverständnisses (Lohnarbeit als Prototyp, Arbeit als gesellschaftliche Norm, Arbeitgeber und -nehmer) bestehen seit der ersten industriellen Revolution. Prägend für das heutige Arbeitsverständnis ist eine Digitalisierung über die Arbeitsdomäne hinaus, eine raumzeitliche Flexibilisierung von Arbeit sowie ein Verschwimmen von Arbeit mit anderen Lebensbereichen (Frambach, 2002). Handelt es sich um *New Work* im Rahmen der vierten industriellen Revolution?

3.2 Industrie 4.0 und New Work

Drath und Horch (2014) widmen sich der Frage, ob es sich bei der vierten industriellen Revolution lediglich um einen Hype handelt bzw. um ein *Buzzword*, ein leeres Modewort ohne Substanz. Dafür spricht laut den Autoren zunächst, dass die vierte industrielle Revolution a priori ausgerufen wurde sowie dass diese mit Begriffen versehen wird, die einen starken Marketingcharakter haben, wie z. B. dem deutschen Begriff *Industrie 4.0*. Hierbei ist wichtig zu betonen, dass *Industrie 4.0* als Begriff sämtliche Wirtschaftssektoren bezeichnet und auch eine Bündelung bis hin zur Verschmelzung der produzierenden Sektoren mit dem ohnehin in der Wissensgesellschaft dominanten Dienstleistungssektor beinhaltet (Kagermann, 2016). Auch unter Digitalisierung, digitaler Transformation und vierter industrieller Revolution werden ebenfalls und insbesondere die Veränderungen aller Wirtschaftssektoren referenziert (Cherry, 2016; Trenerry et al., 2021). Auch Hirsch-Kreinsen und Ten Hompel (2020) konsternieren der allgemeinen Debatte um die vierte industrielle Revolution einen Hype-Charakter und sprechen eher von einer zweiten Phase der Digitalisierung, betonen aber ebenfalls, dass es gute Argumente dafür gibt, weitreichende strukturelle Unterschiede anzunehmen.

3.2.1 Digitisierung, Digitalisierung und digitale Transformation

Über den Unterschied zwischen Digitalisierung und digitaler Transformation gibt es keine einheitliche Auffassung. Erfurth (2018) unterscheidet die drei aufeinander aufbauenden technischen Phasen *digitization*, *digitalization* und *digital transformation*, wobei die beiden erstgenannten Begriffe meist mit *Digitalisierung* übersetzt werden. Um eine Unterscheidung zu gewährleisten, wird der unübliche deutsche Begriff *Digitisierung* verwendet.

> **Arbeitsdefinition: Digitisierung**
> Digitisierung (engl. *digitization*) bezeichnet den technischen Prozess der Umwandlung von analogen Informationen in digitale Informationen. Diese kann durch Sequenzen von 0 und 1 ausgedrückt werden. Digitisierung bezieht sich typischerweise auf Dokumentierungsvorgänge und steht im Arbeitskontext nicht in Zusammenhang mit der Wertschöpfung eines Unternehmens.
> (nach Verhoef et al. (2021) und Erfurth (2018))

> **Arbeitsdefinition: Digitalisierung**
> Digitalisierung (engl. *digitalization*) bezeichnet die Verarbeitung von digitaler Information durch den Einsatz von digitaler Hard- oder Software. Im Kontext der Arbeitswelt adressiert Digitalisierung bereits bestehende Arbeitsprozesse und verfolgt typischerweise das Ziel, Kosten zu senken und Prozesse zu optimieren.
> (nach Verhoef et al. (2021) und Erfurth (2018))

Eine solche Dreiteilung findet sich auch bei Verhoef et al. (2021), die ergänzend hinzufügen, dass Digitalisierung sich aus Unternehmenssicht auf bestehende Geschäftsmodelle bezieht, wohingegen digitale Transformation sich auf das ganze Unternehmen auswirkt und in neuen Geschäftsmodellen resultiert, wenngleich für digitale Transformation bisher keine Evaluationsmetriken etabliert sind und hierin Forschungsbedarf besteht. Als typische Technologien der digitalen Transformation gelten Technologien mit hohem Vernetzungscharakter, u. a. künstliche Intelligenz (KI), *cloud computing*, das Internet, das Internet der Dinge (engl. *internet of things*, IoT) sowie speziell für die Produktion das cyberphysische System (engl. *cyberphysical system*, CPS), bei dem die Vernetzung zwischen Fabrik, Datenrepräsentation und Algorithmus im Vordergrund steht (Drath & Horch, 2014; Trenerry et al., 2021). Der technologische Fortschritt erreicht hierbei eine neue Qualität, da wegen steigender Hard- und Softwareleistung bei gleichzeitig fallenden Kosten immer schneller immer größere Datenmengen anfallen, aus denen immer mehr Kombinations- und Nutzungsmöglichkeiten entstehen (Brynjolfsson & McAfee, 2014). Neu ist hieran, dass diese großen Datenbestände (engl. *Big Data*) aufgrund ihres

Umfangs, ihrer Vielfalt sowie ihrer Volatilität und Verfügbarkeit nicht oder nur schwer durch relationale Datenbanken ausgewertet werden können (Fasel & Meier, 2016).

Ob digitale Transformation durch bloßen Technologieeinsatz zustande kommt, wird kritisch diskutiert. Trenerry et al. (2021) argumentieren, dass es sich bei digitaler Transformation um einen tiefergreifenden Veränderungsprozess handelt, welcher nicht zwangsläufig einen Technologiebezug hat: Auch Aktivitäten von Unternehmen, gut ausgebildete Mitarbeiter anzuwerben, gelten demnach als Aktivität im Rahmen der digitalen Transformation. Dieser strategische Aspekt wird auch von Kane et al. (2015) betont, da digitale Transformation einen Wandel der Unternehmenskultur erfordert, welcher auch Aspekte des Umgangs mit Innovation, Entscheidungsfindung und Führung umfasst. Gastaldi et al. (2014) konnten empirische Anzeichen identifizieren, dass die Einführung von digitaler Technologie erst ihr Potenzial entfaltet, wenn organisationale Rahmenbedingungen entsprechend angepasst werden. Kaiser et al. (2021) fasst digitale Transformation der Arbeit sogar als Untermenge einer digitalen Transformation der Gesellschaft auf, sodass diese auch einen externen Einflussfaktor darstellen kann, auf den es einerseits zu reagieren und den es andererseits mitzugestalten gilt. Dieser Mitgestaltungsprozess ist komplex und zu einer Vielzahl anderer Faktoren wechselseitig abhängig, sodass die Erforschung der digitalen Transformation der Arbeit im Gesamtzusammenhang von technologischen, soziologischen, organisatorischen und individuellen Faktoren erfolgen muss (Hirsch-Kreinsen & Ten Hompel, 2020).

Die Vernetzung verschiedener Ebenen zeigt sich auch bei Reis et al. (2018), die anhand einer systematischen Literaturanalyse drei verschiedene Auffassungen von digitaler Transformation im Forschungsstand identifizieren: eine technologische, eine organisationale und eine gesamtgesellschaftlich-soziale. Auch Vial (2021) kommen metaanalytisch zu dem Schluss, dass sich digitale Transformation im Zusammenspiel von digitaler Technologie, strukturellen Veränderungen innerhalb eines Unternehmens und Änderungen in der Wertschöpfung vollzieht. Insgesamt lässt sich folgende Arbeitsdefinition aufstellen:

> **Arbeitsdefinition: Digitale Transformation**
> Digitale Transformation (engl. *digital transformation*) beschreibt einen globalen und tiefgreifenden Veränderungsprozess auf technologischer, organisationaler und gesamtgesellschaftlich-sozialer Ebene. Dieser Veränderungsprozess steht in Zusammenhang zu digitaler Technologie mit starkem Vernetzungscharakter, geht jedoch über den bloßen Einsatz von Technologie hinaus und kann auch hiervon losgelöst sein. Im Kontext der Arbeitswelt ermöglicht digitale Transformation neue Geschäftsmodelle und Betätigungsfelder, hat jedoch keine etablierten Evaluationsmetriken. Sie erfordert strukturelle Veränderungen einer Organisation und geschieht intern und extern. Digitalisierung und digitale Transformation können in

> engem Zusammenspiel erfolgen.
> (nach Vial (2021), Kane et al. (2015) und Erfurth (2018))

Insgesamt zeigt sich, dass digitale Transformation einerseits als Fortsetzung von Digitisierung und Digitalisierung aufgefasst wird, hierunter jedoch auch organisationale und gesamtgesellschaftliche Prozesse subsumiert werden, die über den alleinigen Einsatz von Technologie hinausgehen. Digitale Transformation ist hierin auch eine Herausforderung der Mitgestaltung und des Wandels von Organisationskultur.

3.2.2 New Work und das neue Arbeitsverhältnis

Dass digitale Transformation über den bloßen Einsatz von Technologie hinausgeht, zeigt sich auch an einem Wandel der Arbeitsverhältnisse insgesamt. Dieser Wandel resultiert laut Stone (2004) aus globalem Wettbewerb in hoher Geschwindigkeit: Unternehmen müssen sich schnell und flexibel an verändernde Marktbedingungen anpassen, wodurch das „intellektuelle Kapital" der Arbeitnehmer in den Fokus gerät. Dieser Übergang von der „alten Arbeitswelt" zur „neuen Arbeitswelt" wird von Stone aus arbeitsrechtlicher Perspektive kritisiert, da dieser insgesamt mit der Zunahme von befristeten Arbeitsverträgen, Leiharbeit und prekärer Beschäftigung einhergeht. Dieser Kritik schließt sich Cherry (2010) an, welche diese Entwicklung zunächst als *virtual work* bezeichnet, die dadurch gekennzeichnet ist, dass Arbeitsschritte – analog zum Taylorismus – in ihre kleinsten Bestandteile zerlegt werden und entweder computergestützt rein im *cyberspace* erledigt und/oder digital delegiert werden. Ersteres wäre der Fall, wenn z. B. eine menschliche Arbeitskraft alle reduzierten Elemente eines Webshops anklicken soll, letzteres, wenn eine Dienstleistung wie Taxifahren automatisch über eine App delegiert wird (Cherry, 2016).

Die alte und die neue Arbeitswelt

Tabelle 3.1 stellt die „alte“ Arbeitswelt der „neuen“ Arbeitswelt in Anlehnung an Stone (2004) und Cherry (2016) gegenüber. Die alte Arbeitswelt repräsentiert hierbei eine industriell geprägte Volkswirtschaft im Übergang zur Dienstleistungsgesellschaft zu Beginn der Digitalisierung, die neue Arbeitswelt beschreibt die digital geprägte Arbeitswelt der Gegenwart.

	Arbeitswelt	
Dimension	**Alt / Industriell**	**Neu / Digital**
Arbeitsvertrag	Unbefristet	Befristet / Flexibel
Aufgabenstruktur	Job, eng definiert	Projektstruktur, grob definiert
Karriere	Vertikal	Horizontal / Diagonal
Training	Firmenspezifisch	Universell und lebenslänglich
Sicherheitsbegriff	Arbeitsplatz (Vertrag)	Anstellungsfähigkeit
Arbeitsort	Arbeitsplatz (Ort)	Raumzeitlich flexibel
Entscheidungsprozesse	Hierarchisch top-down	Autonomie und Peer-Group
Arbeitsverhalten	Produktiv	Proaktiv / Job Crafting
Führungskraft	Autoritär / Kontrollierend	Transformational

Tabelle 3.1: Gegenüberstellung der alten und neuen Arbeitswelt.
Darstellung in Anlehnung an Stone (2004) und Cherry (2016). Erweitert.

Grundsätzlich sind Arbeitsverträge in der neuen Arbeitswelt eher befristet als in der alten Arbeitswelt, in der der unbefristete Arbeitsvertrag die Norm darstellte (Cherry, 2016). Die neue Arbeitswelt ist hierbei insgesamt durchlässiger und flexibler, was sich auch an der steigenden Zahl von Werkverträgen, Zeitarbeit und Leiharbeit zeigt. In Deutschland stieg die Zahl der Leih-Arbeitnehmer zwischen 1980 und 2017 von 42.000 auf 995.000 (Bundesagentur für Arbeit, 2023). Auch Bewerbungsverfahren finden zunehmend über digitale Plattformen statt (Brandão et al., 2019). Dieser Flexibilisierungstrend resultiert in einem erheblichen Anstieg der Arbeitsunsicherheit und prekärer Arbeitsverhältnisse, was sich auf Mütter und Personen der sogenannten Mittelschicht besonders schädlich auswirkt und letztlich Beziehungsstrukturen verändert: Personen ohne gesicherte Arbeitsverhältnisse sind häufiger von Trennungen betroffen, gehen keine Ehen ein oder finden keinen Partner (Blair-Loy et al., 2015). Der allgemeine Flexibilisierungstrend wird aber auch für Arbeitgeber zur Herausforderung, da insbesondere jüngere Arbeitnehmer den Job wechseln, wenn dieser ihnen nicht genügend Aufstiegsmöglichkeiten bietet oder nicht mit ihren Werten übereinstimmt (Williams, 2020).

Einhergehend mit befristeten Arbeitsverträgen sind Aufgaben in der neuen Arbeitswelt eher an zeitlich abgesteckten Projekten orientiert als am Job an sich, was in Form von sehr kurzen Projekten zur Bezahlung pro erledigter Aufgabe reichen kann (Cherry, 2016). Bei sogenanntem *Gig-Work*[3] befinden sich die Arbeitspersonen in einer Grauzone zwischen Arbeitnehmerverhältnis und Selbstständigkeit, wodurch Mindestlohngesetze umgangen werden (Aloisi, 2019). Es entsteht aber auch eine neue Form der Karriere, bei der in Abgrenzung zum vertikalen Fortschritt auf der metaphorischen Karriereleiter entweder innerhalb derselben Firma eine hierarchisch gleichgestellte andere Position besetzt wird oder ein Firmenwechsel erfolgt. Dies kennzeichnet eine *horizontale Karriere* (Aleksandrowicz et al., 2014), bei gleichzeitiger Verbesserung der Position auch *diagonale Karriere* genannt (Rogalla & Weber, 2004).

In Dimension Training ist die alte Arbeitswelt von firmenspezifischem Training geprägt, bei dem das Erlernen von Arbeitsabläufen im Vordergrund steht, welche außerhalb der Firma keine oder nur wenig Gültigkeit haben (Cherry, 2010). Diese Veränderung wird auch als Übergang von *Deskilling* zu *Upskilling* beschrieben: Während bei Deskilling im Vordergrund steht, dass Arbeitsaufgaben mit so wenig Fähigkeiten wie möglich ausgeführt werden können (nach Vorbild von Taylorismus und Fordismus), fokussiert Upskilling die kontinuierliche Weiterbildung / Training der Arbeitnehmer, um ihre Kompetenzen bestmöglich zu entwickeln (Stone, 2004). Das Training der neuen Arbeitswelt ist demnach universell und geht mit einem neuen Sicherheitsbegriff einher. Während in der alten Arbeitswelt noch die Sicherheit (im Sinne von zeitlicher Beständigkeit) des Arbeitsplatzes im Vordergrund stand, verschiebt sich dieses in der neuen Arbeitswelt auf die Sicherheit der Anstellungsfähigkeit (engl. *employability*) der Arbeitsperson: ihre Sicherheit, durch beständigen Kompetenzerwerb auch künftige Anforderungen des Arbeitsmarktes bedienen zu können (Drange et al., 2018). Dieser Wechsel des Sicherheitsbegriffs resultiert aus zunehmendem Wegfall von Routineaufgaben (Autor et al., 2003).

Dies führt zu der laut Stone (2004) paradoxen Situation, dass Firmen ihren Mitarbeitern lebenslang Kompetenzen vermitteln müssen, um diese zur Mitgestaltung zu motivieren, diese Kompetenzen aber gleichzeitig die Chance erhöhen, dass Mitarbeiter einen Jobwechsel anstreben oder mehr Gehalt fordern. Hierbei stehen insbesondere „digitale Kompetenzen des 21. Jahrhunderts“ im Fokus der Arbeitnehmer, welche neben technischen Fähigkeiten auch Informationsverarbeitung, Kommunikation, Kollaboration, Kreativität, kritisches Denken und Problemlösefähigkeit umfassen (van Laar et al., 2017). Aus Arbeitgebersicht gewinnt auch Veränderungskompetenz an Bedeutung. Veränderungskompetenz wird definiert als die Fähigkeit des Individuums, andere Fä-

[3]klassisches Beispiel im amerikanischen Diskurs ist die Taxi-App *Uber*, bei der Kunden an Fahrer vermittelt werden, die den Auftrag daraufhin mit ihrem Privatfahrzeug erledigen und bei *Uber* nicht angestellt sind.

higkeiten in neuen oder wechselnden Arbeitssituationen anzuwenden (Wittwer, 2010). Diese gewinnt auch in der Eignungsdiagnostik an Bedeutung (Dlugosch & Terörde, 2009).

Hinsichtlich des Arbeitsortes findet ein Wandel hin zu raumzeitlicher Flexibilisierung statt, da Arbeitsaufgaben in der digitalen Arbeitswelt nicht mehr an den wortwörtlichen Arbeitsplatz gebunden sind, sondern prinzipiell von jedem Ort und zu jeder Zeit erledigt werden können. Hierfür sind zahlreiche Bezeichnungen geläufig, u. a. *Telework*, *remote work*, *work at home*, *flexible work* oder *Homeoffice*[4]. Grundvoraussetzung für Telework ist neben der technischen Infrastruktur eine geeignete Aufgabenstruktur sowie ein Arbeitgeber, der diese Form der Arbeit überhaupt zulässt (Vilhelmson & Thulin, 2016). Durch den Wandel zur Wissensgesellschaft und dem Anstieg von wissensbasierten Dienstleistungen sind grundsätzlich immer mehr Berufe für Telework geeignet. Durch die COVID-19-Pandemie im Jahr 2020 rückte Telework in den gesellschaftlichen Mittelpunkt (Elbaz et al., 2022). Die Implikationen dieser Arbeitsform sind jedoch für die Arbeitspersonen relativ einschneidend, da eine Diffusion von Arbeitsleben und Privatleben stattfindet. Ob sich Telework positiv oder negativ auf die Produktivität und die Work-Life-Balance der Arbeitsperson auswirkt, stellt sich im Forschungsstand nicht einheitlich dar und wird als *Telework-Paradox* bezeichnet (Boell et al., 2016). Der Zusammenhang zwischen Telework und Work-Life-Balance wird in Kapitel 5.2.1 detaillierter behandelt.

Letztlich geht mit dem Übergang von der alten zur neuen Arbeitswelt ein Abflachen von Hierarchien einher, was sich auch in veränderter Entscheidungsfindung widerspiegelt. Während in der alten Arbeitswelt Entscheidungen streng hierarchisch und top-down erfolgten, erfolgen Entscheidungen in der neuen Arbeitswelt häufiger innerhalb von Gruppen auf der formal gleichen Hierarchieebene (Stone, 2004). Hierdurch gelangen Arbeitnehmer zu mehr Autonomie und werden stärker in organisationale Prozesse eingebunden, wodurch abermals neue Anforderungen an Kompetenzen, Kollaboration und Führung innerhalb einzelner Arbeitseinheiten entstehen (Appelbaum, 2000). Dies stellt einen Wandel von reaktivem zu proaktiven Arbeitsverhalten dar, welches im Zusammenspiel von Kompetenz, Bedeutsamkeit, Selbstbestimmung und erlebtem Einfluss der Arbeitnehmer entsteht (Spreitzer, 2008). Proaktives Arbeitsverhalten wird in Form von Job Crafting in Kapitel 4.2 detaillierter behandelt.

Zusätzlich findet ein Wandel der Rolle der Führungsperson statt, welche in der alten Arbeitswelt meist autoritär agiert und eine – nach Vorbild des Taylorismus – kontrollierende Funktion einnimmt, wohingegen Führungskräfte in der neuen Arbeitswelt partizipativ und transformational agieren und ihre Führungsrolle sogar temporär auf

[4]Die im Deutschen wohl geläufigste Bezeichnung *Homeoffice* (Frodermann et al., 2021) bezeichnet im englischen das Arbeitszimmer innerhalb der eigenen Wohnung und ist als Beschreibung der Arbeitsform in der englischen Fachliteratur nicht geläufig. Im Folgenden wird der Begriff Telework verwendet.

Mitarbeiter übertragen können (Schermuly, 2016). Kapitel 4.3 widmet sich dem Thema *Transformationale Führung* im Detail.

New Work, Bullshit-Jobs und „Lohnarbeit im Minirock"

Handelt es sich bei dem dargestellten Übergang der alten zur neuen Arbeitswelt um *New Work*? Der Begriff stammt von dem Sozialphilosophen Frithjof Bergmann und bezeichnet ein alternatives Modell zur Lohnarbeit im kapitalistischen System (Bergmann, 2020). Gleichzeitig ist New Work aber auch der Name einer daraus entstandenen Bewegung sowie ein Synonym für den aktuellen Wandel der Arbeitswelt (Hackl et al., 2017), wie oben beschrieben. In der ursprünglichen Idee geht Bergmann davon aus, dass sich Lohnarbeit aufgrund von technologischem Fortschritt und einer Fokusverschiebung auf die Sinnfrage von Arbeit in drei Komponenten aufteilen wird: stark verkürzte Lohnarbeit, Selbstfürsorge auf hohem Niveau sowie Arbeit mit starkem Sinn- und Berufungserleben (Bergmann, 2020). Bergmann formuliert New Work hierbei aber auch als gesellschaftliches Konzept, um auf die paradoxe Situation zu reagieren, dass gleichzeitig Arbeitsplätze technisch bedingt entfallen, sinnlose Arbeitsplätze um des Arbeitsplatzes wegen bestehen bleiben und für gesellschaftlich wichtige Arbeitsplätze kein Personal gefunden wird (Bergmann, 1990).

Das zweitgenannte Argument findet sich auch bei Graeber (2018). Dieser kritisiert, dass gesellschaftlich und politisch trotz immenser Produktivitätsgewinne an der 40-Stunden-Woche festgehalten wird. Anstatt Ansätze wie ein bedingungsloses Grundeinkommen ernsthafter zu verfolgen, entstünden so immer mehr sinnlose Tätigkeiten, die von den eigentlichen Kernaufgaben des Berufs abhalten, oder ganze sinnlose Berufe, sogenannte *Bullshit-Jobs*. Ein Bullshit-Job wird hierbei definiert als Erwerbsarbeit, die so sinnlos, unnötig oder gefährlich ist, dass ihre Existenz von der ausführenden Arbeitsperson selbst nicht gerechtfertigt werden kann, auch wenn dies aufgrund von Beschäftigungsbedingungen nicht öffentlich zugegeben wird. Hierfür nennt Graeber zahlreiche Beispiele, u. a. „Kästchenankreuzer", die entsprechend ausgedachter Zielgrößen Evaluationen durchführen und hierüber Berichte schreiben und abheften, oder Manager, die nur eingestellt werden, um den Eindruck zu vermitteln, das Unternehmen hätte viel zu tun. Gleichzeitig seien Bullshit-Jobs im Vergleich zu sinnvollen Berufen (z. B. Krankenpfleger, Mitarbeiter der Müllabfuhr, Lehrer u. v. m.) in der Regel sehr gut bezahlt (Graeber, 2018).

Empirische Befunde zu Graebers Theorie sind nicht eindeutig. Graeber selbst bezieht sich auf Zuschriften von „Betroffenen" und prognostiziert, dass zwischen 20% und 50% der Jobs in den USA Bullshit-Jobs seien. Quantitative Untersuchungen fanden heraus, dass 19% der amerikanischen Arbeitspersonen (Walo, 2023) und 39% der Arbeitspersonen aus Großbritannien (Dahlgreen, 2015) ihren Job als sinnlos erleben. Soffia et al. (2022) kommen hingegen zu dem Schluss, dass lediglich 3,8% der Befragten aus

Deutschland (4,8% in der EU) ihren Job als sinnlos empfinden und führen das Problem der erlebten Sinnlosigkeit eher auf schlechte Führung und geringe Möglichkeiten der Mitgestaltung zurück. Kritisch ist hierbei anzumerken, dass kulturelle Einflüsse nicht auszuschließen sind und die Antwortverzerrung Teil der Definition des Bullshit-Jobs ist.

Binswanger (2019) prognostiziert, dass durch digitale Transformation Verwaltungsaufwand entsteht, der die Schaffung weiterer Bullshit-Jobs anstoßen könnte, wohingegen Tiratelli (2022) die unscharfe Definition und die Fokussierung auf den Bullshit-Job anstelle einzelner „Bullshit-Aufgaben“ kritisiert. Demnach könnte es sich auch um bürokratische Begleitaufgaben handeln, die nur deshalb als sinnlos empfunden werden, weil Arbeitnehmer die Sinnhaftigkeit der Aufgabe nicht einschätzen können oder in wirtschaftlicher Wertschöpfung keine Sinnhaftigkeit für das Gemeinwohl sehen (Tiratelli, 2022). Hierin transportiert Graebers Argumentation laut Tiratelli sozialistische Auffassungen, da kapitalistische Wirtschaftssysteme nicht darauf ausgelegt sind, jede Arbeit auf das Gemeinwohl auszurichten. Aufgaben oder ganze Jobs als objektiv sinnlos einzustufen ist demnach schwer bis unmöglich, obwohl bürokratische Institutionen grundsätzlich das Potenzial haben, Aufgaben zu erschaffen, die in der Hinsicht sinnlos sind, dass sie ersatzlos entfallen können (Tiratelli, 2022).

Setzen Arbeitgeber New Work im Sinne von Bergmann (1990) ein, um das Sinnbedürfnis von Arbeitsuchenden zu adressieren? Abbildung 3.2 zeigt den Auszug einer Stellenanzeige, die direkt an erster Stelle mit New Work wirbt.

Was du von uns hast

- Moderne "New Work" Philosophie und eine Start Up-Mentalität
- Flache Hierarchien und kurze Entscheidungswege
- Viel fachlicher Freiraum sowie Platz für Kreativität und Ideen
- Work-Life/Family-Balance durch die Möglichkeit mobil oder aus dem Home Office zu arbeiten
- Attraktive (Corporate) Benefits sowie eine betriebliche Altersvorsorge
- #oneteam: transparente Unternehmenskultur mit regelmäßigen Team- und Company-Events

Du passt zu uns?

Dann verlier keine Zeit und bewirb dich jetzt!

Abbildung 3.2: Auszug einer Stellenanzeige für eine Position als „Senior Manager New Business (m/w/d) im Bereich Retail Media“, die mit *New Work* wirbt.[5]

Dass der Begriff New Work vorwiegend dazu genutzt wird, bestehende Lohnarbeit etwas attraktiver aussehen zu lassen[6], bezeichnet Bergmann als unzureichend und kritisiert

[5] https://de.indeed.com/q-%22new-work%22-l-k%C3%B6ln-jobs.html?vjk=25441232146b1d18&advn=5949696555250667, Zugriff am 21.09.2023

[6] Dies, oder dass es sich um einen Bullshit-Job handele, soll dem Unternehmen der Stellenanzeige hier ausdrücklich nicht unterstellt werden.

dies als „Lohnarbeit im Minirock“, welche sich von seiner ursprünglichen gesamtgesellschaftlichen Idee von New Work weit entfernt habe (Hornung, 2018). Als wirkungslose Einzelmaßnahmen im Rahmen einer scheinbaren New Work nennen Schnell und Schnell (2021) u. a. den Kickertisch, kostenloses Obst, den kompletten Entfall von Führung sowie das vermeintliche Aufwerten von Berufsbezeichnungen. Auch Georgi (2021) kritisiert die Begriffsdebatte und bezeichnet diese als „Hütchenspiel“, bei der die Bedürfnisse eines neoliberalen Wirtschaftssystems im Vordergrund stehen und New-Work-Interventionen die Wachstumsökonomie zu beschleunigen versuchen, während bei Bergmanns New Work auf die Folgen genau dieses Wirtschaftssystems reagiert werden sollte. Auch Hofmann et al. (2019) kommt zu dem Schluss, dass New Work-Konzepte ohne Miteinbezug und Mitgestaltung der Arbeitnehmer zur „Mogelpackung“ werden können, indem z. B. durch Telework und Vertrauensarbeit unbezahlte Überstunden entstehen.

Der Begriff *Smart Work* hingegen wird synonym zu Telework verwendet (Angelici & Profeta, 2023), steht aber auch allgemein für Arbeitsformen, bei denen Arbeitnehmer selbst über Arbeitszeit, Arbeitsort und ihre digitalen Werkzeuge entscheiden können (Raguseo et al., 2016). Unter Berücksichtigung der Gesamtdebatte um New Work und die digitale Transformation kommen Hofmann et al. (2019) zu einer Arbeitsdefinition von New Work, welche die Charakteristiken von Smart Work enthält und den Gesamtwandel der Arbeit umfassend beschreibt. Diese Definition bezieht sich auf bestehende Arbeitsverhältnisse und gilt auch für diese Arbeit:

> **Arbeitsdefinition: New Work**
> New Work bezeichnet Konzepte der Erwerbsarbeit, „die durch ein hohes Maß an Virtualisierung von Arbeitsmitteln, Vernetzung von Personen, Flexibilisierung von Arbeitsorten, -zeiten und -inhalten gekennzeichnet sind. Die digitale Transformation und der damit verbundene Innovationsdruck fordern und fördern zudem zunehmend agile, selbstorganisierte, iterative und hochgradig kundenorientierte Arbeitsprinzipien. Nicht nur das Wann und Wo der Arbeit, sondern auch der Modus der Zusammenarbeit mit Kolleginnen und Kollegen sowie Kundinnen und Kunden ändern sich. Das Konzept der New Work steht auch für die veränderten Erwartungen der Mitarbeitenden in Bezug auf Beteiligung, Autonomie und Sinnstiftung durch die Arbeit. In der Konsequenz verändern sich Anforderungen an Führungskräfte und -systeme weg von der Hierarchie hin zu einem coachenden, lateralen und unterstützenden Führungsverständnis.“ (Hofmann et al., 2019, S.24)

Zusammengefasst zeigt sich, dass digitale Transformation mit grundsätzlichen Veränderungen der Arbeitswelt einhergeht. Techniknutzung und soziale Implikationen stehen dabei in komplexem und wechselseitigem Zusammenhang, der zudem von zahlreichen anderen Einflussfaktoren geprägt ist (Hirsch-Kreinsen & Ten Hompel, 2020).

Formen der Anstellung werden tendenziell kürzer und flexibler vertraglicht, gleichzeitig entstehen neue Anforderungen zwischen Arbeitgeber und Arbeitnehmer. Arbeitgeber verlangen stärkere Einbindungen in organisationale Prozesse sowie hohe Veränderungskompetenz und die Bereitschaft zum lebenslangen Lernen. Arbeitnehmer erwarten auf der anderen Seite Angebote des Trainings und der Weiterbildung, um ihre zukünftige Anstellungsfähigkeit sicherzustellen. Berufe wandeln sich dahingehend, dass sie digital gestützt raumzeitlich flexibel ausgeübt werden können, es entsteht aber auch eine neue Form der Unsicherheit, z. B. durch Nicht-Verlängerung eines befristeten Arbeitsvertrags oder die technische Ersetzung des Arbeitsplatzes.

3.2.3 KI als typisches Merkmal der digitalen Transformation

Eine Klärung der Frage, ob künstliche Intelligenz (KI) überhaupt möglich ist und wenn ja, wie sie definiert werden kann, ist Gegenstand zahlreicher wissenschaftlicher Auseinandersetzungen und Perspektiven, darunter u. a. Philosophie, Mathematik, Wirtschaftswissenschaft, Neurowissenschaft, Psychologie und Informatik (Russell & Norvig, 2010). Eine umfassende Abhandlung der Thematik findet sich bei Russell und Norvig (2010), welche bestehende Definitionen zunächst in vier Kategorien einteilen: Künstliche Intelligenzen sind Systeme, die menschlich agieren, rational agieren, menschlich handeln oder rational handeln. Typischerweise wird unter KI ein rationaler Agent verstanden, dessen Leistung durch „Lernen“ verbessert werden kann.

Diese inzwischen prototypische Auffassung von KI als lernfähigem System weicht von anderen Formen von KI ab, u. a. dem Expertensystem, in welchem Wissen regelbasiert hinterlegt ist und anhand von ebenfalls regelbasierten Anfragen rein deduktiv verknüpft werden kann (Buchanan & Smith, 1988). Wenn KI eine zentrale Rolle im Prozess der digitalen Transformation der Arbeitswelt zugeschrieben wird, sind hierbei ebenfalls prototypisch Systeme gemeint, die auf maschinellem Lernen (engl. *machine learning*, ML) basieren (Cranefield et al., 2023). Hierbei werden Trainingsdaten anhand statistischer Verfahren in ein KI-Modell überführt, welches anschließend anhand eines nicht zum Training verwendeten Teils der Trainingsdaten (dem sog. *Test-Set*) validiert wird (Russell & Norvig, 2010). Die Qualität jedes KI-Modells ist maßgeblich von der Qualität der Trainingsdaten abhängig (Thesmar et al., 2019). Das Modelltraining kann neben nicht zu vernachlässigendem Energieaufwand (Schwartz et al., 2020) auch erheblichen menschlichen Arbeitsaufwand enthalten, wenn große Massen an Trainingsdaten z. B. menschlich annotiert werden (sog. *supervised learning*) oder Ergebnisse der KI durch menschliches Feedback optimiert werden (sog. *reinforcement learning*). Welches Lernverfahren oder welche Kombination von Lernverfahren zum besten KI-Modell führt, ist hochgradig kontextabhängig. Eine Übersicht verschiedener Trainingsverfahren und ihrer statistischen Bezüge findet sich bei Alpaydin (2020).

Arbeitsdefinition: Künstliche Intelligenz (KI)
Künstliche Intelligenz (KI, engl. *artificial intelligence*, AI) bezeichnet eine Technologie, welche auf maschinellem Lernen basiert und durch maschinelles Lernen kontinuierlich verbessert werden kann. KI ist in einer definierten Umgebung wahrnehmungsfähig und agiert so, dass eine Leistungsmetrik möglichst maximal erwartet wird. KI ist für die digitale Transformation der Arbeit prototypisch, da sie einen starken Vernetzungscharakter hat.
(nach Russell und Norvig (2010), Cranefield et al. (2023) und Strich et al. (2021))

KI wird im Zuge der digitalen Transformation der Arbeit oft eine zentrale Rolle zugeschrieben, da diese in der Lage ist, Teile von menschlichen Arbeitsaufgaben zu übernehmen, was bis zur Übernahme der Kernaktivität ganzer Berufe reicht (Strich et al., 2021). Hierdurch entfallen standardisierbare Routineaufgaben, sodass Aufgaben in den Fokus geraten, die (noch) nicht standardisierbar sind (Frey & Osborne, 2017). Das Ersetzungspotenzial von KI adressiert hauptsächlich kognitive Routineaufgaben (Autor et al., 2003). Hierin geht von KI zunächst eine Bedrohung aus, da Arbeitspersonen ihre mühsam erworbene Expertise ggf. nicht mehr einzusetzen brauchen, was zu Veränderungen ihrer Berufsidentität und zu Akzeptanzproblemen führt, die über bisherige Fragen der Technikakzeptanz hinausgehen (Craig et al., 2019).

Strich et al. (2021) formulieren neben dieser Verschiebung der Aufgabencharakteristik drei weitere Aspekte, die KI von bisheriger Automatisierung unterscheiden: KI-Systeme, die zur Entscheidungsfindung eingesetzt werden, beschränken die Interaktionsmöglichkeiten des Nutzers, können sich ggf. ohne menschlichen Einfluss dynamisch weiterentwickeln und sind durch ihren Black-Box-Charakter von menschlichen Nutzern nicht nachvollziehbar. Zusätzlich können KI-Modelle bestehende Machtstrukturen replizieren und z. B. bei der Identifikation geeigneter Bewerber für eine Stelle (Van Esch et al., 2019) diskriminierend agieren, weshalb KI nicht als apolitisch eingestuft werden kann (Faraj et al., 2018).

Abseits der beschriebenen Risiken birgt KI das Potenzial, Prozesse effizienter zu gestalten sowie Produktivität und Produktqualität zu steigern (Sjödin et al., 2018; Wamba-Taguimdje et al., 2020). Laut einer Umfrage der Deutschen Industrie- und Handelskammer setzen 14% der befragten Unternehmen (N=4073) bereits künstliche Intelligenz ein, weitere 23% planen einen Einsatz von KI innerhalb der nächsten drei Jahre (Deutsche Industrie- und Handelskammer. Bereich Digitale Wirtschaft Infrastruktur Regionalpolitik, 2023). Zudem ermöglicht KI neue Geschäftsmodelle (Cantu-Ortiz et al., 2020) und kann Beiträge zur Nachhaltigkeit leisten, indem z. B. der Umgang mit natürlichen Ressourcen KI-basiert optimiert wird (Di Vaio et al., 2020).

Abseits wirtschaftlicher Überlegungen birgt KI aber auch Potenzial in der Strafverfolgung, indem große Datenmengen an potenziell strafrechtlich relevantem Material durch KI erstmalig auswertbar werden oder menschliche Ermittler vor belastendem Material gewarnt werden. Grundvoraussetzung hierfür ist ein sorgfältiger menschzentrierter Gestaltungsprozess sowie eine spezifische Einarbeitung in jeweilige KI-Systeme, da Nutzer anderenfalls zu Überschätzungen der KI neigen, da sich noch kein Verständnis und Gespür für Fehlerwahrscheinlichkeiten (Alphafehler und Betafehler) und Konfidenzmetriken etabliert haben (Hildebrandt et al., 2022). Diese Überschätzung hängt auch mit mentalen Modellen zusammen, die aus der Science-Fiction stammen und den Einfluss von KI zwischen Massenarbeitslosigkeit, Weltherrschaft und Verbesserung der Lebensqualität ganzer Nationen verorten (Pawlicka et al., 2020), weshalb vor Einführung von KI immer eine realistische Einschätzung des Potenzials vermittelt werden sollte (Brock & Von Wangenheim, 2019).

In einer systematischen Literaturanalyse konnten Zirar (2023) herausarbeiten, dass der Einsatz von KI in Beziehung zu innovativem Arbeitsverhalten steht. Arbeitspersonen entwickeln demnach neue Ideen und agieren bei Problemlösungen kreativer, um konkrete Fehler und grundsätzliche Limitationen der KI auszugleichen, wobei sie auch allgemein zu systematischerem Denken angeregt werden (Zirar, 2023). Arias-Perez und Velez-Jaramillo (2022) kommen zu einem entgegengesetzten Ergebnis: Sofern KI einen hohen Grad an Disruptionspotenzial aufweist und Arbeitspersonen sich dessen bewusst sind, reagieren diese mit unterschiedlichen Strategien der Unterdrückung von eigenem Wissen, um eine Automatisierung zu sabotieren (Arias-Perez & Velez-Jaramillo, 2022).

Hieran zeigt sich, dass der Einsatz von KI über die Funktion als Werkzeug zur Erfüllung konkreter Arbeitsaufgaben hinausgeht und von Arbeitspersonen anders aufgenommen wird als bisherige Technologie. Es gibt jedoch auch Ansätze, Arbeitsverhalten (in Abgrenzung zur Aufgabenunterstützung) durch KI explizit zu adressieren, indem KI als Coach Verbesserungsvorschläge unterbreitet, um Produktivität und Wohlbefinden zu optimieren, wofür Cranefield et al. (2023) den Begriff *digital productivity assistant* (DPAs) verwenden. In der Evaluation von DPAs besteht großer Forschungsbedarf, der grundsätzliche Herausforderungen von KI im Arbeitskontext unterstreicht, darunter Akzeptanzbarrieren, geeignete Evaluationskriterien, Transparenz und Privacybedenken (Cranefield et al., 2023), aber auch neue Formen der Technikinteraktion und des Organisationswandels (Duan et al., 2019). Weiterhin können KI-Systeme als virtuelle Assistenten eingesetzt werden, sofern die Arbeitsperson herausfindet, für welche Aufgabe die KI geeignet ist (Choudrie et al., 2023).

Bisher existierende Taxonomien von KI fokussieren statistische Methoden (Contreras & Vehi, 2018), Anwendungsfelder (Gupta et al., 2022) oder die begriffliche Verortung verschiedener Lernverfahren (Alom et al., 2019). Eine Verortung von KI entlang der Beziehung zwischen KI-System und Aufgabe aus Perspektive der Arbeitsperson ist bisher bislang nicht vorgenommen worden und stellt Forschungsbedarf dar. Die folgenden Arbeitsdefinitionen stellen einen ersten und im Rahmen dieser Arbeit ausreichenden Entwurf dar, erheben jedoch keinen Anspruch auf Überschneidungsfreiheit oder Vollständigkeit.

> **Arbeitsdefinition: KI-Systeme im Arbeitskontext**
> Entlang der Beziehung zwischen KI-System und Arbeitsaufgabe lassen sich KI-Systeme aus Perspektive der Arbeitsperson in folgende Kategorien unterteilen:
>
> **KI-Komponente:** Erfüllt als Teil eines anderen Systems einen fest definierten Anteil einer Arbeitsaufgabe. Ist meist nicht als KI erkennbar oder wird nicht so wahrgenommen.
> Beispiel: Spamfilter, virtueller Hintergrund bei Videotelefonie.
>
> **KI-Werkzeug:** Kann exakt einer Arbeitsaufgabe zugeordnet werden und ist für genau diese Aufgabe trainiert. Kann Teil eines größeren Systems sein.
> Beispiel: Übersetzer DeepL, KISTRA Hassredeklassifikator (Hildebrandt et al., 2022).
>
> **KI-Coach:** Ist indirekt jeder Arbeitsaufgabe zugeordnet. Unterstützt die Arbeitsperson in der Optimierung von Arbeitsverhalten und -fähigkeiten oder als Tutor im Kompetenzerwerb.
> Beispiel: Rocky.ai, Vici.
>
> **KI-Assistent:** Kann grundsätzlich mehreren Arbeitsaufgaben zugeordnet werden. Zuordnung muss durch die Arbeitsperson selbst eingeschätzt und vorgenommen werden. Kann auch als Werkzeug, Coach oder Tutor eingesetzt werden.
> Beispiel: Sprachassistent Siri, Textgenerator ChatGPT.
>
> **KI-Gesamtsystem:** Verschiedene vernetzte Systeme, von denen mindestens eines auf KI basiert. Kann mehrere spezifische Arbeitsaufgaben und Prozesse übernehmen.
> Beispiel: Cyberphysisches System, Projekt *SmartWork* (Kocsis et al., 2019).

KI-Systeme werden in Kapitel 4.1.2 im Hinblick auf Technikakzeptanz, in Kapitel 4.4 im Hinblick auf KI-Coaches zur Förderung von Job Crafting und transformationaler Führung sowie in Kapitel 5.4 im Zusammenhang zu Work-Life-Balance genauer beschrieben. Insgesamt kann KI als typische Technologie der digitalen Transformation angesehen werden. KI hat einen inhärenten Vernetzungscharakter, welcher sich in der prototypischen Auffassung von KI als Machine-Learning-System bestätigt: KI stellt eine Vernetzung zwischen einer aktuellen Eingabe und den Trainingsdaten her. Diese

Verbindung ist aufgrund ihrer Komplexität für menschliche Nutzer nicht nachvollziehbar. Der Einsatz von KI evoziert Angst vor dem Verlust des Arbeitsplatzes und führt zu einer Veränderungsadaption von Arbeitspersonen – beides sind zentrale Merkmale der digitalen Transformation der Arbeitswelt. Gleichzeitig kann KI im Kontext der Arbeitswelt eine Metafunktion einnehmen, bei der Arbeitspersonen nicht in ihren konkreten Arbeitsaufgaben, sondern in ihrem grundsätzlichen Arbeitsverhalten unterstützt werden.

3.3 Zusammenfassung und Herausforderungen

In diesem Kapitel wurde der theoretische Hintergrund der digitalen Transformation der Arbeitswelt dargestellt. Diese stellt einen globalen und tiefgreifenden Veränderungsprozess dar und vollzieht sich nicht nur auf technologischer, sondern hiermit wechselseitig und komplex verknüpft auch auf organisationaler und gesamtgesellschaftlicher Ebene. Es ist daher wichtig, diesen Wandlungsprozess interdisziplinär und im Zusammenspiel zu erforschen, da dieser zahlreiche Potenziale, aber auch erhebliche Risiken in Form von Angst vor Massenarbeitslosigkeit, prekärer Beschäftigung und Verlust der Berufsidentität mit sich bringt.

Auf rein technischer Ebene kann digitale Transformation als Fortführung von Digitisierung und Digitalisierung aufgefasst werden. Sie ist hierin charakterisiert durch große Datenmengen und Anwendungen mit hohem und schnellem Vernetzungscharakter. Prototypisch hierfür sind KI-Systeme, die auf *machine learning* basieren und kognitive Routineaufgaben übernehmen können. Der Einsatz von KI-Systemen unterscheidet sich jedoch grundsätzlich vom Einsatz regulärer technischer Systeme, da Arbeitspersonen im Umgang mit KI ihr Arbeitsverhalten anpassen und entweder kreativeres Problemlöseverhalten und systematischeres Denken entwickeln oder einen Automatisierungsprozess zu sabotieren versuchen. Abseits der Funktion als Arbeitswerkzeug können KI-basierte Coaches individualisierte Vorschläge zur Steigerung der Produktivität, zur besseren Adressierung beruflicher Ziele, zur Entwicklung von Führungskompetenz und zur Verbesserung der Work-Life-Balance unterbreiten. Hieraus ergeben sich insgesamt neue Fragen der Technikakzeptanz sowie Bedarf an der Erforschung neuer Formen der Mensch-Technik Interaktion. Weiterhin ergibt sich Forschungsbedarf an Privacybedenken und Erklärbarkeit. Eine rein technische Betrachtung digitaler Transformation ist jedoch unzureichend, wird der Dynamik und der Mehrschichtigkeit der Herausforderung nicht gerecht und lässt erhebliche Potenziale ungenutzt.

Auf organisationaler Ebene ist im Zusammenhang zwischen Globalisierung, digitaler Transformation und demografischem Wandel eine Flexibilisierung der Arbeitsverträge und ein Abflachen der Hierarchien eingetreten. Arbeitnehmer sind zunehmend befristet angestellt und üben ihre Tätigkeit im Rahmen von zeitlich abgesteckten Projekten aus. Aufgrund der Potenziale von KI entsteht Angst vor Verlust der Berufsidentität oder des ganzen Arbeitsplatzes. Arbeitnehmer streben danach, durch den Erwerb digitaler Kompetenzen ihre zukünftige Anstellungsfähigkeit sicherzustellen. Aufgrund des Fachkräftemangels müssen Arbeitgeber ihre zu besetzenden Stellen attraktiv gestalten und Lernangebote bereitstellen, um das Sicherheitsbedürfnis nach Anstellungsfähigkeit der Arbeitnehmer zu erfüllen. Organisational besteht eine zentrale Herausforderung darin, Arbeitnehmer im Rahmen der digitalen Transformation zu proaktivem Verhalten zu befähigen und zu motivieren sowie Führungsstile an die digitale Transformation anzupassen. Hierin besteht großer Forschungsbedarf.

Gesamtgesellschaftlich ist ein Wandel zur Wissens- und Dienstleistungsgesellschaft eingetreten, welche zusätzlich die Sinnfrage von Arbeit in den Vordergrund stellt. Berufe eignen sich aufgrund ihrer Aufgabenstruktur zunehmend für Telework, welches durch die COVID-19-Pandemie einen sprunghaften Anstieg erfuhr. Hierbei hat Telework gleichzeitig gute und schlechte Auswirkungen auf Produktivität und Work-Life-Balance der Arbeitspersonen, sodass hierin weiterer Forschungsbedarf besteht.

Digitale Transformation hat zudem das Potenzial, wirtschaftlichen Wohlstand zu vermehren und die Lebensqualität der Arbeitspersonen zu verbessern, indem z. B. Telework zur besseren Vereinbarkeit von Arbeit und Familie eingesetzt wird oder unliebsame kognitive Routineaufgaben an KI abgegeben werden. Hierin besteht jedoch das Risiko eines erheblichen Umbruchprozesses, der letztlich Demokratie und sozialen Frieden gefährden kann. Digitale Transformation kann Arbeitsplätze obsolet werden lassen, die als sinnvoll und identitätsstiftend empfunden werden, während gleichzeitig andere Arbeitsplätze aufgrund des Fachkräftemangels nicht besetzt werden können. Neu entstehende Arbeitsplätze können entweder prekär sein (Gig-Work) oder nicht als sinnvoll empfunden werden (Bullshit-Jobs). Eine Bewertung des Arbeitsplatzes als sinnvoll steht in engem und wechselseitigem Zusammenhang zu proaktivem Arbeitsverhalten.

Insgesamt lässt sich erheblicher Bedarf an der Erforschung der digitalen Transformation der Arbeitswelt formulieren, um den Wandlungsprozess arbeitspersonenzentriert zu begleiten und hieraus Handlungsempfehlungen abzuleiten, die die Potenziale des Transformationsprozesses fokussieren und seine Risiken minimieren. Die vorliegende Arbeit fokussiert sich hierbei auf Job Crafting als proaktives Verhalten der Arbeitsperson im Transformationsprozess, transformationale Führung und Work-Life-Balance sowie den Technologiebezug dieser Dimensionen unter besonderer Berücksichtigung der Rolle von KI.

4 Akzeptanz, Individuum und Organisation im Wandel

In diesem Kapitel soll die Rolle des Individuums in der digitalen Transformation genauer untersucht werden. Da digitale Transformation der Arbeitswelt über bloßen Technologieeinsatz hinausgeht und neue Fragen der Technikakzeptanz aufwirft, widmet sich Kapitel 4.1 den Themen Technikadaption und Technikakzeptanz im Arbeitskontext. Hierbei werden zunächst Informations- und Kommunikationstechnologie (IKT) betrachtet und danach in eine strukturelle Akzeptanzperspektive überführt. Kapitel 4.2 widmet sich der Aktivität der Job Craftings, da sich proaktive Beteiligung der Arbeitsperson als essenzieller Faktor der digitalen Transformation herausgestellt hat. Hierbei wird das Konzept zunächst theoretisch eingebettet und definiert. Hiernach werden empirische Vorarbeiten in Bezug auf menschliche Einflussgrößen sowie Auswirkungen und relevante Zusammenhänge zur digitalen Transformation dargestellt. In Kapitel 4.3 wird das Konzept der transformationalen Führung beschrieben. Hierbei wird die Rolle von Führung im Kontext der digitalen Transformation beschrieben sowie empirische Verbindungen und Bezüge zu Job Crafting aufgezeigt. In Kapitel 4.4 wird der Forschungsstand zu künstlicher Intelligenz (KI) im Zusammenhang zu Job Crafting und transformationaler Führung dargestellt. Kapitel 4.5 enthält eine Zusammenfassung des Kapitels und zeigt identifizierte Forschungslücken auf.

4.1 Technikakzeptanz in der digitalen Transformation

Wie sich bereits herausgestellt hat, vollzieht sich digitale Transformation nicht rein technologisch, hat aber dennoch einen primären Technologiecharakter und wirft neue Fragen der Technikakzeptanz auf (Craig et al., 2019), da Wandlungsprozesse dadurch erschwert werden können, dass die Nutzung von Technologie verweigert wird (Vial, 2021) oder Arbeitspersonen Strategien der Sabotage entwickeln (Arias-Perez & Velez-Jaramillo, 2022). Kapitel 4.1.1 widmet sich der „klassischen“ Technikakzeptanzforschung im Arbeitskontext, bei der die typischerweise die bereitwillige Nutzung konkreter Technologie im Vordergrund steht. Kapitel 4.1.2 widmet sich der strukturellen Akzeptanzfrage der digitalen Transformation, die über die Frage von Nutzung oder Nichtnutzung hinausgeht.

4.1.1 Begriffe und Dimensionen von Akzeptanz

Die Frage nach Akzeptanz von Technologie und Veränderungsprozessen stellt auf Ebene des Individuums eine der zentralen Herausforderungen der digitalen Transformation dar (Abel et al., 2019; Kagermann, 2016; Kaiser et al., 2021; Trenerry et al., 2021). Allgemein ist Technikakzeptanz schon lange Gegenstand der sozialwissenschaftlichen Forschung, wobei Renn und Zwick (1997) zur Differenzierung des Begriffs eine Einteilung in drei Technikbereiche vornimmt, welche in Tabelle 4.1 dargestellt ist.

Technikbereich	Allokation	Akzeptanztest
Produkt- und Alltagstechnik	Markt	Kauf
Arbeitstechnik	Betrieb	Aktive Nutzung durch Beschäftigte
Externe Technik	Politik	Positive Abstimmung oder ausbleibender Protest

Tabelle 4.1: Übersicht verschiedener Technikbereiche und Akzeptanztests nach Renn und Zwick (1997)

Hierbei werden die Technikbereiche *Produkt- und Alltagstechnik*, *Arbeitstechnik* und *Externe Technik* unterschieden und jeweils unterschiedlichen Allokationsverfahren und Akzeptanztests zugeordnet (Renn, 2005). Technik des ersten Bereiches wird über den Markt bereitgestellt und im Falle von Akzeptanz durch den Nutzer käuflich erworben. In Abgrenzung hierzu wird Arbeitstechnik vom Unternehmen erworben und im Falle von Akzeptanz durch die Arbeitsperson aktiv genutzt, wohingegen bei externer Technik meist infrastrukturelle Anlagen gemeint sind, bei denen sich Akzeptanz in Form von positiver Abstimmung (konventionelle Verfahren) oder ausbleibenden Protest (unkonventionelle Verfahren) manifestiert. Renn (2005) beschreibt weiterhin am Beispiel von Mobilfunkmasten (d. h. externe Technik) und Mobiltelefonen (Produkt- und Alltagstechnik), dass sich die Technikbereiche vermischen können, wodurch sich sozialwissenschaftlich relevante Inkonsistenzen ergeben können. Dies trifft in vollem Maße auch auf die digitale Transformation der Arbeit zu, wie an den folgenden Beispielen exemplarisch skizziert werden kann:

1. Im Rahmen von *Smart Work* wird Arbeitnehmern die Autonomie überlassen, ihre digitalen Arbeitsmittel selbst auszusuchen (Raguseo et al., 2016).

2. Der KI-basierte Textgenerator *ChatGPT* stellt Bildungseinrichtungen vor große Herausforderungen, auf die diese umgehend reagieren müssen (Lo, 2023).

3. IKT kann von Arbeitgebern eingesetzt werden, um die Leistung der Arbeitnehmer permanent zu überwachen (Edwards & Ramirez, 2016).

Im ersten Beispiel findet eine Verwischung zwischen Alltags- und Arbeitstechnik statt. Diese Verwischung kann in Form von Konzepten wie *bring your own device* (BYOD) (Olalere et al., 2015) bei Hardware sogar beabsichtigt und in gegenseitigem Interesse von Arbeitgeber und Arbeitnehmer sein. Allgemein wird von Arbeitspersonen eine proaktive Haltung in der Suche geeigneter digitaler Arbeitsmittel erwartet (Meske & Junglas, 2021). Im zweiten Beispiel erfolgt die Allokation über den Markt, kann aber gesellschaftliche Konflikte und Debatten nach sich ziehen, die denen bei externer Technik entsprechen[1]. Die KI könnte außerdem von Lehrkräften empfohlen und damit akzeptiert werden, ohne dass eine aktive Nutzung durch die Lehrkraft stattfindet. Im dritten Beispiel liegt Arbeitstechnik vor, Nicht-Akzeptanz kann sich aber nur durch Protest äußern. Hieran zeigt sich insgesamt, dass es für digitale Transformation noch kein etabliertes Akzeptanzkriterium gibt.

Lucke (2013) nimmt eine grundsätzlich allgemeinere Perspektive ein und stellt zunächst heraus, dass es sich bei Technikakzeptanz um das Ergebnis eines wechselseitigen und dynamischen Prozesses zwischen *Akzeptanzsubjekt*, *Akzeptanzobjekt* und *Akzeptanzkontext* handelt. Allgemein kann Technikakzeptanz weiterhin in eine Einstellungs- und eine Handlungs- bzw. Verhaltensdimension unterteilt werden (Lucke, 2013), wobei die Einstellungsdimension insofern als zentrale Dimension der Akzeptanzforschung gelten kann, als dass sie in Form einer positiven Haltung des Akzeptanzsubjektes gegenüber dem Akzeptanzobjekt Teil jeder Definition von Technikakzeptanz ist (Schäfer & Keppler, 2013), z. B. als „positive Annahme oder Übernahme einer Idee, eines Sachverhaltes oder eines Produktes, und zwar im Sinne aktiver Bereitwilligkeit und nicht nur im Sinne reaktiver Duldung“(Dethloff, 2004, S.18). Abbildung 4.1 zeigt die unterschiedlichen Merkmalsdimensionen des Akzeptanzbegriffes.

[1] Eine Petition vom 22.03.2023 fordert z. B. die Pausierung des Trainings von Modellen stärker als ChatGPT 4.0. https://futureoflife.org/open-letter/pause-giant-ai-experiments/. Zugriff am 20.06.2023

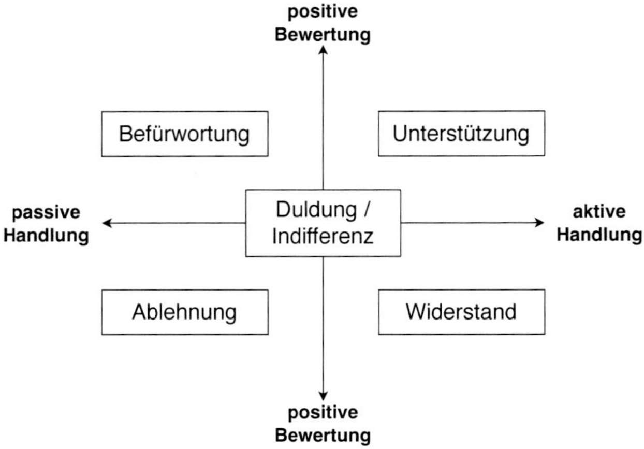

Abbildung 4.1: Merkmalsdimensionen von Akzeptanz (Schäfer & Keppler, 2013). Eigene Darstellung in Anlehnung an Abel et al. (2019).

Hierbei kann eine passive Akzeptanz in Form von Befürwortung von einer aktiven Akzeptanz als Unterstützung differenziert werden, während sich Nicht-Akzeptanz passiv in Ablehnung und aktiv in Widerstand widerspiegeln kann. Ob eine aktive Handlung ein notwendiges Kriterium „echter" Akzeptanz darstellt oder ob Einstellungen (zu denen auch Handlungsintentionen gehören) ausreichend sind, ist umstritten (Schäfer & Keppler, 2013). Handlungsakzeptanz im Sinne von beobachtbarem Verhalten kann z. B. auch darin liegen, eine Technologie nur bekannt zu machen (Huijts et al., 2012).

4.1.2 Klassische Technikakzeptanzmodelle im Arbeitskontext

Typischerweise fokussieren Technikakzeptanzmodelle die Vorhersage von Techniknutzung. Hierbei kann das *technology acceptance model* (TAM) von (Davis, 1985) wohl als das einflussreichste Modell überhaupt angesehen werden (Y. Lee et al., 2003). Es stellt in seiner ursprünglichen Form die tatsächliche Nutzung einer Technologie (engl. *actual use*) in Abhängigkeit von der Einstellung gegenüber der Nutzung dar (engl. *attitude towards using*), welche wiederum von der wahrgenommenen Einfachheit der Nutzung (engl. *perceived ease of use*, PEOU) und der wahrgenommen Nützlichkeit (engl. *perceived usefulness*, PU) beeinflusst wird. Es basiert auf der *theory of reasoned action* (TRA) von Fishbein (1979), die allgemein davon ausgeht, dass tatsächliches Verhalten von der Verhaltensintention und diese wiederum von der Einstellung gegenüber dem Verhalten beeinflusst wird. Die Verhaltensintention wird hierbei zusätzlich von subjektiven Normen – dem sozialen Druck, das Verhalten auszuführen – sowie in Erweiterung der TRA als *theory of planned behavior* (TPB) nach Ajzen (1985) durch die wahrgenommene Verhaltenskontrolle – den erwarteten Aufwand bei der Verhaltensausführung – beeinflusst. Das TAM wurde schließlich von Davis et al. (1989) modifiziert, dann von Venkatesh und Davis (1996) finalisiert, als TAM2 (Venkatesh, 2000) und TAM3 (Venkatesh & Bala, 2008) weiterentwickelt. Unter Berücksichtigung anderer Theorien wurde zudem von Venkatesh et al. (2003) das UTAUT-Modell entwickelt (*unified theory of acceptance and use of technology*), welches als UTAUT2 auf Technikakzeptanz in Konsumkontexten angepasst wurde (Venkatesh et al., 2012). Die Entwicklungslinien sind in Abbildung 4.2 dargestellt.

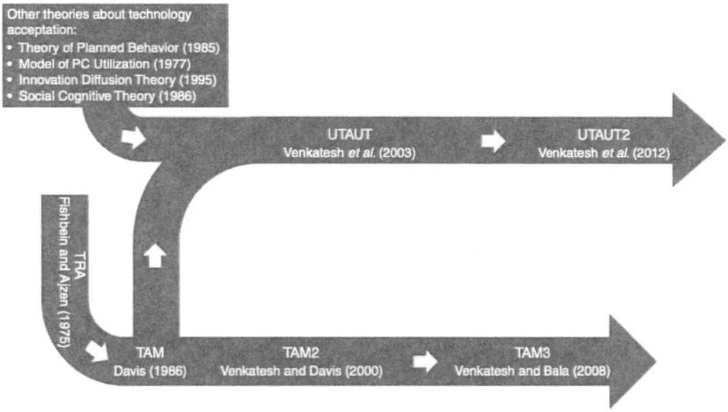

Abbildung 4.2: Chronik der Technikakzeptanzmodelle von TAM (Davis, 1985) bis UTAUT2 (Venkatesh et al., 2012).
Darstellung von Rondan-Cataluna et al. (2015, S.791), in Graustufen konvertiert.

Eine ausführliche Gegenüberstellung der Modelle findet sich bei Lai (2017) und Rondan-Cataluna et al. (2015) und sei hier nur kurz zusammengefasst: Die Einstellung gegenüber der Nutzung wurde aus dem Modell entfernt, da Venkatesh und Davis (1996) herausfanden, dass der Einfluss von PEOU auf die Nutzungsintention sowie der von PU auf die Nutzungsintention nicht von der Einstellung mediiert wurde und es sich stattdessen um direkte Einflüsse handelt. Dies bestätigte sich bei Venkatesh et al. (2003) dahingehend, dass der Einfluss von Einstellung auf Nutzungsintention nur signifikant ist, wenn PU und PEOU (bzw. ihre Folgekonstrukte, s. u.) nicht Teil des statistischen Modells sind. Seit UTAUT sind Userdiversityfaktoren in Form von Moderatorvariablen Teil des Modells. Abbildung 4.3 zeigt und UTAUT2.

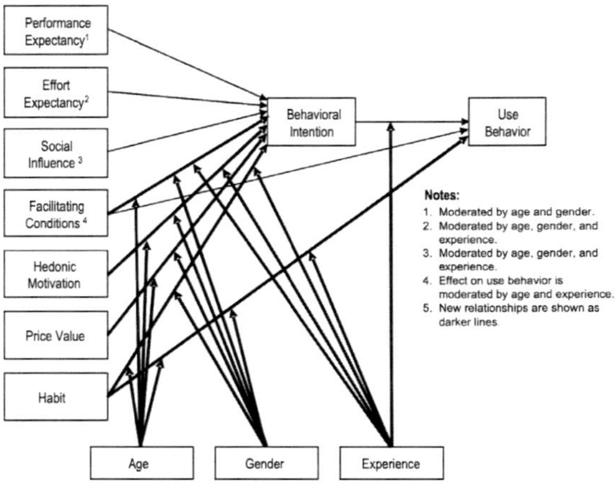

Abbildung 4.3: Technikakzeptanzmodell UTAUT2 nach Venkatesh et al. (2012, S.160). Anmerkung 5 markiert den Unterschied zwischen UTAUT und UTAUT2.

UTAUT2 besteht aus insgesamt 9 Dimensionen und 3 Moderatorvariablen. *Use Behavior* ist hierbei definiert als tatsächliche Nutzung der Technologie, *Behavioral Intention* als Absicht, die Technologie zu benutzen. *Performance Expectancy* (PE, entspricht PU in TAM) ist definiert als erwarteter Produktivitätsgewinn durch die Nutzung, *Effort Expectancy* (EE, entspricht PEOU in TAM) als erwartete Einfachheit der Nutzung. *Social Influence* (SI, entspricht den sozialen Normen im TAM) ist die Wahrnehmung, dass wichtige Bezugspersonen die Nutzung befürworten, *Facilitating Conditions* (FC) entspricht dem erlebten Grad des Vorhandenseins von notwendigen technischen und organisationalen Rahmenbedingungen (Venkatesh et al., 2003). Der in UTAUT2 hinzugefügte Faktor *Hedonic Motivation* (HM) ist definiert als erwarteter Spaß während der Nutzung, *Price Value* (PV) als positives Verhältnis von finanziellen Kosten und erwartetem Vorteil durch die Nutzung und schließlich *Habit* (HB) als Grad der erlebten potenziellen Integration in den Alltag (Venkatesh et al., 2012).

Anhand mehrerer Validierungsstudien in Arbeitskontexten mit freiwilliger und vorgeschriebener Techniknutzung konnte durch UTAUT bis zu 70% der Varianz in der Nutzungsintention und bis zu 48% der Varianz in der tatsächlichen Nutzung vorhergesagt werden (Venkatesh et al., 2003). Die Validierung von UTAUT2 erfolgte an einer Stichprobe aus Hongkong und mobilem Internet, hier konnte die Nutzungsintention zu 73% und die tatsächliche Nutzung zu 52% vorhergesagt werden.

Technikakzeptanz in der digitalen Transformation

Handelt es sich bei UTAUT und UTAUT2 um geeignete Modelle, um Akzeptanz im Kontext der digitalen Transformation der Arbeit zu untersuchen? Zunächst sind Zweifel daran angebracht, ob Nutzung ein geeignetes Verhalten im Sinne der Handlungsakzeptanz darstellt. Die Nutzung konkreter Technologie am Arbeitsplatz kann von grundsätzlichen Einstellungen gegenüber digitaler Transformation überdeckt sein, z. B. der Angst vor Verlust der Berufsidentität (Craig et al., 2019) oder Belastungsfaktoren wie Technostress und Informationsüberflutung (Mache & Harth, 2020). Auch Schuetz und Venkatesh (2020) formulieren Forschungsbedarf an neuer Theoriebildung, da KI-Systeme[2] fünf fundamentale Annahmen der Mensch-Technik Interaktion infrage stellen:

1. **Menschen sind Nutzer:** KI-Systeme können eigene Ziele verfolgen und sind nicht länger nur Werkzeuge des Nutzers.
2. **Ignoranz der Umwelt:** Bisherige Systeme haben einen fest definierten Input, wohingegen KI sich in adaptivem und interaktivem Austausch mit der Umwelt befinden kann.
3. **Funktionale Konsistenz:** KI-Systeme können sich eigenständig und in nicht abzusehende Richtungen weiterentwickeln.
4. **Funktionale Transparenz:** KI-Systeme sind nicht deterministisch, sondern probabilistisch und hierin intransparent.
5. **Bewusstsein über Nutzung:** Menschen können sich über die Interaktion mit einem KI-System nicht bewusst sein.

Zusätzlich kann das Akzeptanzsubjekt nicht nur aus einem Individuum, sondern einer ganzen Arbeitseinheit bestehen, das Akzeptanzobjekt muss kein einzelnes technisches System darstellen, sondern kann aus einer Vielzahl vernetzter Systeme bestehen. Insgesamt erscheint eine Fokussierung auf die allgemeine Einstellung gegenüber der Technologie geeigneter (Trenerry et al., 2021), solange noch Forschungsbedarf darüber besteht, welches individuelle Verhalten genau eine geeignete Handlungsakzeptanz darstellt. Die Einstellung gegenüber dem Verhalten ist bei Venkatesh et al. (2003) zudem als Affekt definiert (positives/negatives Gefühl), was eine Abweichung zu Ajzen (1985) darstellt, der Einstellung als positive oder negative Einschätzung definiert. Auch Parker und Grote (2022) kritisieren die Fokussierung auf die Frage nach der Technologieadaption als grundsätzlich zu passiv und plädiert dafür, den Forschungsfokus eher darauf zu legen, welche Rolle proaktives Verhalten im Kontext von Technologie einnimmt.

[2]Schuetz und Venkatesh (2020) verwenden den Begriff *cognitive computational system* (CCS) als Spezifizierung von KI.

Auch Herold et al. (2008) formuliert Forschungsbedarf an konkreten Verhaltensweisen und unterstreicht, dass neben individuellem Engagement am Veränderungsprozess noch weitere Zielgrößen in Betracht gezogen werden müssen. Dies betonen auch Seo et al. (2012), welche als akzeptierendes Verhalten zunächst Unterstützung, ausbleibenden Widerstand und kreatives Verhalten formulieren. Hieraus folgend könnte also eine proaktive Auseinandersetzung mit der Technologie eine geeignete Handlungsakzeptanz darstellen.

Meske und Junglas (2021) stellen zur Evaluation einer digitalen Transformationsmaßnahme, die aus mehreren Technologien im Rahmen eines Gesamtkonzeptes besteht, ein Evaluationsmodell auf, welches den klassischen Technikakzeptanzmodellen ähnelt. Zentrale abhängige Variable stellt hierbei allerdings die Intention dar, den Transformationsprozess aktiv zu unterstützen (ohne konkretere Verhaltensbeschreibung), welche von der Einstellung gegenüber dem Prozess beeinflusst wird. Diese wiederum wird beeinflusst von PE und erwartetem Wohlbefinden, welche wiederum von erwarteter Autonomie, erwarteter Kompetenz und erwarteter Einbindung in soziale Beziehungen beeinflusst wird. Hierbei konnte die Einstellung zu 72% vorhergesagt werden, die Intention zur aktiven Unterstützung zu 45%.

Zusammengefasst zeigt sich, dass Akzeptanz im Kontext der digitalen Transformation eine zentrale Herausforderung darstellt. Hierbei ist allerdings noch unklar, wie Akzeptanz konkret aufzufassen ist. In klassischen Technikakzeptanzmodellen von TAM bis UTAUT2 wird Akzeptanz als beobachtbares Verhalten aufgefasst, konkret als tatsächliche Nutzung. Diese stellt jedoch in der digitalen Transformation aus diversen Gründen kein universell sinnvolles Kriterium dar. Geeignete Kandidaten für Verhaltensausprägungen der Handlungsakzeptanz könnten die proaktive Auseinandersetzung mit dem Akzeptanzobjekt oder eine bislang nicht näher spezifizierte aktive Unterstützung sein. Hierüber besteht umfassender Forschungsbedarf, sodass Akzeptanz zunächst passiv als positive Einstellung gegenüber dem zu evaluierenden Transformationsprozess aufgefasst wird. Insgesamt unterstreicht der Forschungsstand zu Akzeptanz in der digitalen Transformation den Forschungsbedarf an proaktivem Verhalten.

4.2 Job Crafting

Dieses Kapitel behandelt proaktives Verhalten des Individuums im Arbeitskontext, da sich der Einbezug aller am Transformationsprozess Beteiligten sowie die grundsätzliche aktive Mitgestaltung im Forschungsstand als zentrale Gelingensbedingung herausgestellt hat. In 4.2.1 wird das Konzept des Job Craftings definiert und von verwandten Konzepten aktiven Verhaltens abgegrenzt. Zusätzlich wird Job Crafting anhand menschlicher Einflussgrößen kontextualisiert und Auswirkungen des Job Craftings aufgezeigt. Im folgenden Kapitel 4.2.2 wird Job Crafting in der digitalen Transformation verortet, Kapitel 4.2.3 stellt den Forschungsstand zu Interventionen dar, die eine Steigerung des Job Craftings anstreben.

4.2.1 Definition, Einflussfaktoren und Auswirkungen

Die Erforschung unterschiedlicher Formen des Arbeitsverhaltens von Individuen ist Gegenstand der Arbeits- und Organisationspsychologie, wobei laut Nerdinger et al. (2014) grundsätzlich zwischen produktivem und kontraproduktivem Verhalten unterschieden werden kann. Ein extraproduktives Verhalten der Arbeitsperson stellt hierbei für die Organisation den Idealfall dar, da diese sich hierbei über die vertraglich vereinbarte Leistung hinaus engagiert (Nerdinger et al., 2014). Aufgrund dieser Idealisierung von Produktivität steht die Arbeits- und Organisationspsychologie auch in deutlicher Kritik, Instrumentalisierung, Individualisierung und Konkurrenzdenken zu befördern (Bal & Doci, 2018). Dieser Aspekt wird im Diskussionskapitel (Kap. V) wieder aufgegriffen.

Hinsichtlich extraproduktiven Verhaltens nennt Nerdinger et al. (2014) zwei besonders dominante Konzepte: *Organizational Citizenship Behavior* (OCB) und Job Crafting. OCB resultiert aus affektiver Bindung an die Organisation und resultiert in freiwilligem Verhalten, welches über die offizielle Arbeitsrolle hinausgeht und Altruismus, Gewissenhaftigkeit, Sportlichkeit (engl. *sportsmanship*) und Höflichkeit umfasst, aber durch das formale Anreizsystem der Organisation nicht abgedeckt wird (Organ, 1988). Während bei OCB die Zielerreichung des Unternehmens im Vordergrund steht, resultiert Job Crafting aus eigenem Interesse, kann aber in ähnlichen Handlungen wie OCB resultieren (Wrzesniewski & Dutton, 2001). Ein weiteres verwandtes Konzept in diesem Zusammenhang stellt Empowerment dar.

> **Arbeitsdefinition: Empowerment**
> Empowerment ist ein Prozess, bei dem Arbeitspersonen mehr Befugnisse und Autonomie erhalten. Dies kann strukturell oder psychologisch erfolgen. Bei strukturellem Empowerment erhalten untere Hierarchieebenen mehr Entscheidungsbefugnisse, bei psychologischem Empowerment werden Kompetenzen, Bedeutsamkeitsempfinden, erlebter Einfluss und Selbstbestimmung der Arbeitspersonen adressiert.
> (nach Schermuly (2016))

Wichtig ist hierbei, dass es sich bei Empowerment um einen intentionalen Top-down-Prozess handelt: Mitarbeiter *werden* von ihrer Organisation empowert, um sie zu extraproduktivem Verhalten anzuregen. Job Crafting stellt in Abgrenzung hierzu einen Bottom-up-Prozess dar, welcher aber auch dadurch entstehen kann, dass durch Empowerment geeignete Rahmenbedingungen geschaffen wurden.

Was ist Job Crafting?

Job Crafting basiert auf der Grundidee, dass Arbeitspersonen gewisse Aspekte ihres Jobs proaktiv umgestalten, um ihre Arbeit besser mit ihren Fähigkeiten, Präferenzen und Werten in Einklang zu bringen (Tims et al., 2022). Dies stellt einen fundamentalen Wandel dar, da die Umgestaltung von Arbeit (engl. *job redesign*) im klassischen Sinn top-down durch eine Führungskraft erfolgt, die daraufhin den am besten passenden Kandidaten einzustellen versucht. Tims und Bakker (2010) stellen in Abgrenzung hierzu die These auf, dass Arbeitnehmer erst eingestellt werden und dann ihren Job so *craften*, dass er am besten zu ihnen passt.

Der Begriff *Job Crafting* wurde von Wrzesniewski und Dutton (2001) geprägt und definiert als physische oder kognitive Veränderungen, die ein Individuum an Arbeitsaufgaben oder Arbeitsbeziehungen vollzieht. Hierbei werden drei typische Verhaltensweisen benannt: Anpassungen an den Arbeitsaufgaben (*task crafting*, z. B. Übernahme von Zusatzaufgaben), Anpassungen an den Arbeitsbeziehungen (*relational crafting*, z. B. Aufbau neuer Kontakte) und Anpassungen an der Wahrnehmung der Arbeit (*cognitive crafting*, z. B. Neubewertung von Aspekten des Jobs). Dieser rollenbasierten Auffassung setzen Tims et al. (2012) eine ressourcenbasierte Konzeption entgegen, da Aktivitäten z. B. des eigenständigen Kompetenzerwerbs in der rollenbasierten Auffassung nicht berücksichtigt sind.

Die Konzeption von Tims et al. (2012) basiert auf dem *Job Demands-Resources Model* (JD-R) nach Bakker und Demerouti (2007). Dieses basiert auf der Grundannahme, dass Faktoren, die mit Arbeitsbelastung in Zusammenhang stehen, in Arbeitsanforderungen (engl. *demands*, z. B. Leistungsdruck, ungünstige Arbeitsumgebung oder emotional herausfordernde Kunden) und Arbeitsressourcen (engl. *resources*) unterteilt werden können (Bakker & Demerouti, 2007). Arbeitsressourcen werden in diesem Kontext definiert als Aspekte, die die primäre Arbeitstätigkeit sicherstellen, Arbeitsanforderungen reduzieren oder eigene Weiterentwicklung ermöglichen. Arbeitsressourcen und Arbeitsanforderungen können jeweils physisch, psychisch, sozial und/oder organisational sein. Hieraus werden von Tims et al. (2012) zunächst drei Aktivitäten ausgeleitet: die Erhöhung von Ressourcen (engl. *increasing job resources*), die Erhöhung von herausfordernden Anforderungen (engl. *increasing challenging job demands*) sowie die Verringerung von Anforderungen (engl. *decreasing hindering job demands*). Anhand einer explorativen Faktorenanalyse konnten diese schließlich vier Aktivitäten des Job Craftings überführt werden, indem die Erhöhung von Ressourcen in strukturelle (engl. *increasing structural job resources*) und soziale Ressourcen (*increasing social job resources*) unterteilt wird. Letztlich zeigte sich in zwei Validierungsstudien, dass die Verringerung von Anforderungen weder konstrukt- noch kriteriumsvalide war, sodass aus der resultierenden *Job Crafting Scale* (JCS) zwar aus vier Konstrukten besteht, aber noch Forschungsbedarf über die Rolle dieses Faktors besteht. Empirische Studien setzen die JCS auch dreifaktoriell ein (Hetland et al., 2018; Petrou et al., 2012; Petrou et al., 2018).

Zhang und Parker (2019) überführte die Ansätze von Wrzesniewski und Dutton (2001) und Tims et al. (2012) in eine gemeinsame Hierarchiestruktur, welche aus insgesamt 8 Aktivitäten besteht, die sich kombinatorisch aus der Orientierung (*approach* als versuchte Erhöhung oder *avoidance* als versuchte Vermeidung), der Form (*behavioral* oder *cognitive*) und dem Inhalt (*resources* oder *demands*) ergeben. Diese Hierarchiestruktur ist in Abbildung 4.4 dargestellt.

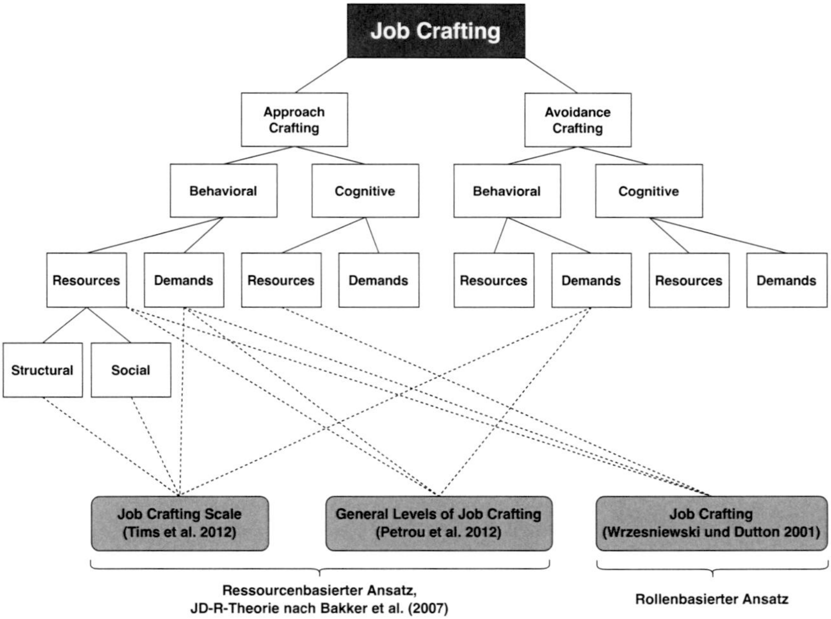

Abbildung 4.4: Hierarchiestruktur des Job Craftings nach Zhang und Parker (2019). Eigene Darstellung.

Der rollenbasierte Ansatz nach Wrzesniewski und Dutton (2001) wird vornehmlich in qualitativen Forschungsarbeiten verwendet, der ressourcenbasierte Ansatz von Tims et al. (2012) in quantitativen (Tims et al., 2022). Zusätzlich stellt *cognitive crafting* im ressourcenbasierten Ansatz kein „echtes" Job Crafting dar, da hierbei keine reale Veränderung entsteht (Tims & Bakker, 2010). Zhang und Parker (2019) zeigen metaanalytisch auf, dass *avoidance crafting* auch dysfunktionale Auswirkungen hat und z. B. wechselseitig mit Erschöpfung in Beziehung steht, sodass dieses nicht zwangsläufig als proaktiv gelten kann. Diese Aspekte sind bei der Einordnung des Forschungsstandes zu berücksichtigen. Aktuelle Forschungslinien verfolgen u. a. ein tieferes Verständnis über die Struktur von Job Crafting sowie die Identifikation neuer Formen des Job Craftings, von denen Tims et al. (2022) mehrere Formen aufzeigt, wie z. B. die Verfolgung von Karrierezielen als *career crafting* (De Vos et al., 2019) oder die aktive Gestaltung der Rahmenbedingungen von Telework als *time-spatial job crafting* (Wessels et al., 2019).

Arbeitsdefinition: Job Crafting

Job Crafting bezeichnet eine Aktivität der Arbeitsperson mit dem Ziel, gewisse Aspekte ihres Jobs umzugestalten, um diesen besser mit ihren Fähigkeiten, Präferenzen und Werten in Einklang zu bringen. Es ist von der Arbeitsperson initiiert und stellt ein proaktives Verhalten dar, welches über die formalisierten Anforderungen an die Arbeitsperson hinausgeht. Es dient primär den Zielen der Arbeitsperson, kann aber in konkreten Aktivitäten resultieren, die auch der Organisation nützen. Über die konkreten Aktivitäten des Job Craftings und ihre Strukturierung gibt es keine eindeutige Auffassung. Als typische Aktivitäten einer rollenbasierten Auffassung gelten *task crafting*, *relational crafting* und *cognitive crafting*. Typische Aktivitäten der ressourcenbasierten Auffassung sind die *Suche nach Ressourcen*, die *Suche nach herausfordernden Anforderungen* und die *Verringerung von Anforderungen*. Personen, die Job Crafting betreiben, werden *Job Crafter* genannt.

(nach Tims und Bakker (2010), Tims et al. (2022), Wrzesniewski und Dutton (2001) und Zhang und Parker (2019)).

Vorbedingungen und Auswirkungen von Job Crafting

Zhang und Parker (2019) stellen die Vorbedingungen (engl. *antecedents*) und Auswirkungen (engl. *outcomes*) von Job Crafting metaanalytisch (quantitativ) gegenüber. Hierbei wird jeweils zwischen *approach resources crafting*, *approach demands crafting* und *avoidance demands crafting* unterschieden, wobei sich die beiden erstgenannten Dimensionen stark ähnelten und sich *avoidance crafting* davon erheblich unterschied. Zusammengefasst zeigt sich hinsichtlich *approach crafting* auf Ebene der Big-5-Persönlichkeitsfaktoren (Extraversion, Offenheit, Gewissenhaftigkeit, Verträglichkeit und Neurotizismus (Rammstedt et al., 2013)) ein positiver Zusammenhang zu allen Dimensionen außer Neurotizismus. Zusätzlich haben Job Crafter eine proaktive Persönlichkeit und hohes Arbeitsengagement. Job Crafting wirkt sich zudem positiv auf Wohlbefinden und Sinnerleben aus sowie negativ auf die Kündigungsabsicht. Zusätzlich steht Job Crafting in starkem positivem Zusammenhang zum Berufungserleben der Arbeitspersonen (Li & Yang, 2018) und in ebenfalls positivem Zusammenhang zum regulatorischen Fokus.

Dieser geht auf die *regulatory focus theory* nach Higgins (1997), bzw. die *regulatory fit theory* nach Higgins (2005) zurück und adressieren verschiedene Motivationsprinzipien, die im Rahmen von Job Crafting als hochrelevant gelten (Tims & Bakker, 2010). Eine Person erlebt demnach *regulatory fit*, wenn die eingesetzte Methode zur Erreichung ihres Ziels ihrem *regulatory focus* entspricht (Higgins, 2005). Higgins et al. (2001) nennt als Beispiel zwei Personen A und B, welche sich auf eine Prüfung vorbereiten. Person A hat einen regulatorischen Promotion Fokus (engl. *promotion focus*) und nimmt das zu erreichende Ziel als Ideal und Hoffnung wahr, welche es zu erreichen gilt. Erfolg ist hierbei mit Gewinn gleichgesetzt und es wird zwischen An- oder Abwesenheit positiver Ergebnisse unterschieden (0 vs. 1). Person B hat einen regulatorischen Prevention Fokus (engl. *prevention focus*) und erlebt das Ziel als eine zu erfüllende Pflicht und Verantwortung, die die Person erfüllen will. Hierbei wird Erfolg als Nicht-Verlust aufgefasst und entsprechend anhand der Abwesenheit negativer Ergebnisse unterschieden (-1 vs. 0). In Folge würde Person A versuchen, Zusatzmaterial zu lesen, Person B würde versuchen, die Prüfungsanforderungen nicht zu verfehlen. Beide Personen können eine sehr gute Note erreichen, aber stimmt der regulatorische Fokus mit den getroffenen Maßnahmen überein, erlebt die Person eine bessere Passung (*regulatory fit*), durchläuft den Lernprozess intensiver und motivierter und bemisst dem Ziel mehr Wert zu (Higgins, 2000; Higgins et al., 2003). Promotion und Prevention stehen hierbei in positivem Zusammenhang zu *approach* und *avoidance crafting* (Zhang & Parker, 2019), während eine andere Metaanalyse von Lichtenthaler und Fischbach (2019) Job Crafting als *promotion crafting* und *prevention crafting* operationalisierte und zu dem Schluss kam, dass Erstgenanntes positiv mit Arbeitsengagement und negativ mit Burn-Out zusammenhing, wohingegen *prevention crafting* sich auf beide Faktoren entgegengesetzt auswirkte. Insgesamt deutet dies auf Moderatoreffekte hin, über die Forschungsbedarf besteht.

In einer Metaanalyse über qualitative Forschung konnten Lazazzara et al. (2020) herausfinden, dass die Motivation, Job Crafting zu betreiben, nicht nur eine angestrebte Verbesserung der Passung zwischen Person und Arbeit darstellt, sondern auch eine Verbesserung der Arbeitsleistung, Wissenszuwachs und Kompetenzerwerb. Zusätzlich deutet sich an, dass diese Beziehung maßgeblich von den organisationalen Rahmenbedingungen beeinflusst ist (Lazazzara et al., 2020). Bohnlein und Baum (2022) konnten schließlich metaanalytisch (quantitativ) herausfinden, dass die Beziehung zwischen Job Crafting und Produktivität von Faktoren der Organisationskultur abhängen und Job Crafting in einem eigentlich positiven Zusammenhang zur Arbeitsleistung steht, dieser Zusammenhang jedoch negativ wird, wenn der Leistungsdruck steigt. Dies spezifiziert das Ergebnis von Bakker und de Vries (2020), wonach sich Arbeitsbelastung negativ auf Job Crafting auswirkt.

4.2.2 Job Crafting als digitales Konzept

Obwohl Job Crafter typische wünschenswerte Verhaltensweisen in Rahmen der digitalen Transformation ausführen, stellen digitale Implikationen von Job Crafting und die Rolle des Job Craftings in sich dynamisch schnell verändernden Arbeitsbedingungen eine Forschungslücke dar (Lazazzara et al., 2020), die bislang quantitativ nicht ausreichend adressiert ist (de Gennaro et al., 2021).

Petrou et al. (2018) untersuchten die Forschungsfrage, inwiefern sich bei Einführung eines IKT-Systems die Qualität der Veränderungskommunikation auf das Job Crafting der Arbeitspersonen auswirkt, und kamen zu dem überraschenden Befund, dass eine als gut empfundene Veränderungskommunikation nur bei Promotion Fokus zu höherem Job Crafting führt, bei Prevention Fokus jedoch eine als schlecht empfundene Veränderungskommunikation. Das Ergebnis unterstreicht die Notwendigkeit der Berücksichtigung von Userdiversityfaktoren in der Beurteilung der Auswirkungen von Interventionen im Rahmen der digitalen Transformation sowie die Wichtigkeit der Evaluation allgemein. Grundsätzlich sollte Veränderungskommunikation immer adäquat gewählt werden und kann bei zu hoher Sichtbarkeit auch in Informationsüberflutung ausschlagen (van Zoonen et al., 2022), ein ausdrücklicher Vorteil schlechter Veränderungskommunikation stellt jedoch ein Novum dar, welches genauer untersucht werden sollte.

Anhand einer qualitativen Studie konnten de Gennaro et al. (2021) herausfinden, dass eine positive Einstellung gegenüber Technik mit Job Crafting in Beziehung steht sowie dass in der digitalen Transformation der Arbeit neue Formen des Job Craftings entstehen können, indem es z. B. als Herausforderung empfunden wird, das erste Mal mit einem neuen digitalen Werkzeug zu arbeiten. In einer weiteren qualitativen Studie zeigte sich, dass Arbeitspersonen einer Einzelhandelsgesellschaft durch die Einführung eines digitalen Warenwirtschaftssystems eine Bedrohung ihrer Rollenidentität und ihrer Autonomie empfinden, welche sie durch *cognitive crafting* abmildern und sich z. B. als notwendige menschliche Überwachungsinstanz des Systems empfinden (Blazejewski & Walker, 2018). Im Hinblick auf die Beziehung zwischen Job Crafting und Telework während der COVID-19-Pandemie zeigte sich, dass Job Crafting in der Beziehung zwischen Arbeitsbelastung und Überforderung eine mediierende Schutzfunktion einnahm (Ingusci et al., 2021). Auch Liu et al. (2021) konnten zeigen, dass während der Pandemie die Beziehung zwischen Telework und Arbeitsleistung von Job Crafting mediiert wurde. Insgesamt zeigt sich, dass digitale Implikationen von Job Crafting noch nicht ausreichend erforscht sind.

4.2.3 Interventionen zur Steigerung des Job Craftings

Interventionen zur Steigerung des Job Craftings zielen in der Regel nicht primär auf eine Steigerung der Arbeitsleistung ab, sondern auf eine Unterstützung der Arbeitsperson in der Erreichung ihrer eigenen Ziele. Zur Steigerung von Job Crafting entwickelten Berg et al. (2013) eine Übung namens *Job Crafting Exercise* (JCE), bei der Arbeitsmotive, Stärken und Hingabe im Hinblick auf die aktuelle Beschäftigung untersucht werden, um ein tieferes Verständnis über diese Faktoren aufzubauen und Wege zu erarbeiten, Ziele zu identifizieren und eigene Stärken und Vorlieben hierauf auszurichten. Die Übung besteht aus einem Set verschiedener Fragen und Aufgaben und soll auch von Studierenden durchführbar sein. In einem Experimentalsetting, bei dem auf Basis der JCE eine mehrtägige Intervention angewendet wurde, stellte sich heraus, dass in der Experimentalgruppe das Job Crafting langfristig ansteigt sowie dass die Intervention sich indirekt auf die Arbeitsleistung auswirkt (van Wingerden et al., 2017). In einer Metaanalyse über Job Crafting-Interventionen konnten Oprea et al. (2019) herausfinden, dass sich die Interventionen nur in der Erhöhung von Herausforderungen und die Verringerung von Anforderungen auswirkte, nicht jedoch auf die Erhöhung von Ressourcen. Grundsätzlich führt Job Crafting laut den Ergebnissen von Oprea et al. (2019) zu einer Steigerung der Arbeitsleistung, was jedoch vollständig vom Engagement mediiert wird. Job Crafting führt also nicht direkt zu einer Steigerung der Arbeitsleistung, sondern zu einer Steigerung des Engagements, welches wiederum die Arbeitsleistung positiv beeinflusst. Dieser Effekt ist stärker, wenn in der Intervention nicht nur die persönlichen, sondern auch die Ziele des Unternehmens kommuniziert werden (Oprea et al., 2019).

Menachery (2018) weist grundsätzlich darauf hin, dass Job Crafting definitionsgemäß nicht von Organisationen gefördert werden kann, jedoch die Schaffung geeigneter Rahmenbedingungen in Form von Wertschätzung für individuelles Sinnerleben in bestimmten Aufgaben, Unterstützung durch Vorgesetzte, Vorbildfunktion von Vorgesetzten und die Übertragung von mehr Autonomie einen entscheidenden Beitrag leistet, Job Crafting zu ermöglichen. Auch Rai (2018) stellt fest, dass Job Crafting-Interventionen eine geeignete Möglichkeit darstellen, Mitarbeiter zu Job Crafting zu ermutigen, jedoch kein geeigneter Ersatz für Top-down-Umstrukturierungen sind.

Zusammengefasst stellt Job Crafting ein proaktives Verhalten dar, welches inhaltlich den Verhaltensänderungen entspricht, die für die digitale Transformation der Arbeitswelt typisch und gefordert sind, u. a. die Übernahme von Verantwortung in der Mitgestaltung und das Einbringen in Entscheidungsprozesse. Zusätzlich wenden Arbeitspersonen nach technischen Umstellungen Job Crafting an, indem sie sich geeignetere Aufgaben suchen oder ihr Berufsverständnis neu bewerten. Job Crafting lässt sich gezielt durch Interventionen adressieren, die in ihrer Zielsetzung New Work nach Bergmann erinnern: Arbeitspersonen sollen darin unterstützt werden, herauszufinden, welche Form von Arbeit ihrer Bestimmung entspricht und ihnen am meisten Sinnerleben ermöglicht. Insgesamt sind digitale Implikationen von Job Crafting in der digitalen Transformation bisher nicht ausreichend erforscht.

4.3 Transformational Leadership

Ein weiteres zentrales Gelingenskriterium für digitale Transformation stellt die Anpassung von Führungsstil dar. Diese Notwendigkeit ergibt sich nicht nur aus flacheren Hierarchien, sondern auch aus neuen Formen der Kollaboration (Tagscherer & Carbon, 2023), verteilten Teams und geteilter Führung (Antoni & Syrek, 2017). Analog zum vorherigen Kapitel widmet sich Kapitel 4.3.1 der Definition sowie den Vorbedingungen und Auswirkungen transformationaler Führung. Kapitel 4.3.3 zeigt Bezüge zwischen Job Crafting und transformationaler Führung auf, Kapitel 4.3.2 beschreibt transformationale Führung im Kontext der digitalen Transformation.

4.3.1 Definition, Einflussfaktoren und Auswirkungen

Unterschiede zwischen erfolgreichen und nicht erfolgreichen Führungspersonen wurden bis zum Ende des Zweiten Weltkrieges ausschließlich in der Persönlichkeit der Führungsperson vermutet, wobei Charisma als relevanteste Eigenschaft galt (Nerdinger et al., 2014). Dies änderte sich in den 1950er-Jahren basierend auf den Arbeiten von Hemphill und Coons (1957) dahingehend, dass der Verhaltensaspekt in den Vordergrund rückte und Führungsstil anhand der Eigenschaften Mitarbeiterbezug (engl. *consideration*) und Aufgabenbezug (engl. *initiating structure*) unterteilt wurde. Durch Erforschung von Moderatorvariablen und weiteren Verhaltensweisen rückte schließlich Charisma in den 1980er-Jahren wieder in den Fokus der Forschung als Teil eines transformationalen Führungsstils (Nerdinger et al., 2014).

Was ist Transformational Leadership?

Das Konzept der transformationalen Führung geht auf Bass (1987) zurück und basiert auf der Unterscheidung zwischen transformationaler und transaktionaler Führung. Transaktionale Führungspersonen strukturieren ihre Mitarbeiter entlang von Zielvorgaben, wohingegen transformationale Führung auf transaktionaler Führung aufbaut und Mitarbeiter dahingehend „transformiert“, dass sie im Sinne der Organisation über sich hinauswachsen (Nerdinger et al., 2014). Abbildung 4.5 zeigt transaktionales und transformationales Führungsverhalten entlang der Dimensionen effektiv/ineffektiv und aktiv/passiv.

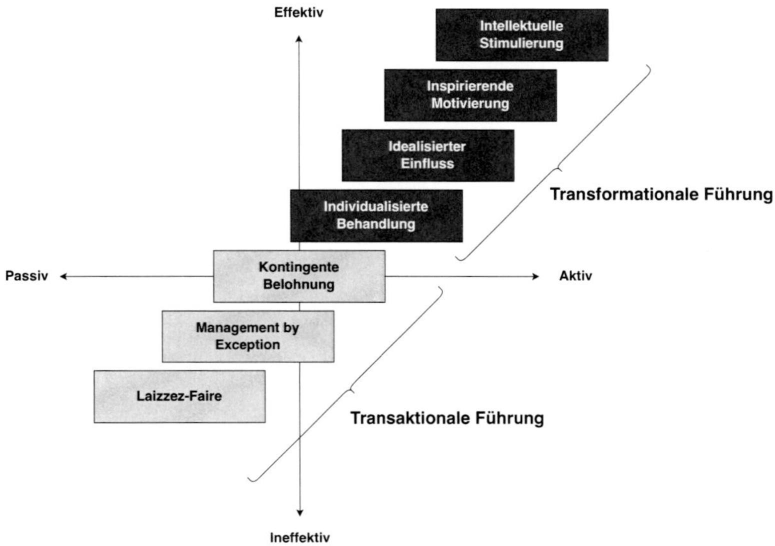

Abbildung 4.5: Das „volle Spektrum der Führungsstile".
Darstellung nach Robbins et al. (2013). Teilweise übersetzt.

Wichtig ist zu betonen, dass es sich bei transaktionaler und transformationaler Führung nicht um Gegensätze handelt, sondern eher um komplementäre Stile; eine gute Führungskraft ist demnach immer transformational und transaktional (Robbins et al., 2013). Bei *Laissez-faire* Führungsstil findet keine Führung statt, wohingegen sich die Führungsperson bei *Management by Exception* nur in Ausnahmefällen in die Aktivität der Mitarbeiter einmischt (Nerdinger et al., 2014). *Kontingente Belohnung* hingegen belohnt Mitarbeiter mit vorbestimmten Anreizen und kann einen effektiven, aber keinen herausragenden Führungsstil darstellen (Robbins et al., 2013). *Individualisierte Behandlung* stellt die erste Form transformationaler Führung dar und zeichnet sich dadurch aus, dass Mitarbeiter ihre Führungspersonen als Mentor anerkennen, welcher ihre persönlichen Bedürfnisse und Wünsche adressieren kann (Felfe, 2006). *Idealisierter Einfluss* ist konzeptionell nah an Charisma und bedeutet, dass Führungskräfte als Vorbild bewundert werden und hohe, aber erfüllbare Erwartungen haben. *Inspirierende Motivierung* zeichnet sich dadurch aus, dass Führungskräfte ihre Mitarbeiter mit attraktiven Visionen begeistern und gleichzeitig Hoffnung und Zuversicht vermitteln. *Intellektuelle Stimulierung* hingegen stellt die stärkste Form transformationaler Führung dar und bedeutet, dass Führungskräfte ihre Mitarbeiter zu innovativem Denken und kreativen Problemlösungen anregen (Bass & Avolio, 1995). Das amerikanische Messinstrument zur Messung von transaktionaler und transformationaler Führung (*Multilevel Leadership Questionnaire*), (MLQ) nach Bass und Avolio (1995) wurde von Felfe (2006) deutschsprachig validiert. Transformationale Führung besteht aus 5 distinkten Faktoren, wobei sich idealisierter Einfluss in eine Attributions- und eine Verhaltensebene unterteilen lässt. Das resultierende Messinstrument heißt MLQ5 und ist eine Fremdeinschätzung, bei der die Arbeitsperson ihre Führungskraft bewertet (Felfe, 2006).

Vorbedingungen und Auswirkungen von Transformational Leadership

Transformationale Führung stellt den Forschungsstil mit dem höchsten Forschungsinteresse dar (Antonakis et al., 2014; Judge & Piccolo, 2004), was T. W. Ng (2017) auf den vielfach belegten Zusammenhang von transformationaler Führung und Arbeitsleistung der Mitarbeiter zurückführt, welcher Gegenstand zahlreicher Studien und Reviews ist.

Transformationale Führung wirkt sich demnach nicht nur positiv auf die individuelle Leistung der Mitarbeiter aus, sondern auch auf die Leistung auf Ebene des Teams und der Organisation (G. Wang et al., 2011). Gleichzeitig steigert transformationale Führung auch das Wohlbefinden der Mitarbeiter, da die Organisation als insgesamt unterstützender empfunden wird (Kurtessis et al., 2017) und dieser Einfluss ist umso wirksamer, je ungewohnter ein unterstützender Führungsstil kulturell verankert ist (Crede et al., 2019). Allgemein konnten Sturm et al. (2011) in einer Metastudie herausfinden, dass transformationale Führung ein grundsätzlich starker Prädiktor für Führungserfolg ist, unabhängig davon, ob dieser als Effektivität, OCB, Engagement oder niedrige Kündigungsabsicht operationalisiert ist. Auswirkungen zwischen transformationaler Führung und Gesundheitsfaktoren sind im Rahmen von Work-Life-Balance in Kapitel 5.3.4 dargestellt.

Transformationale Führung gilt durch Methoden der Personalentwicklung (Führungskräftefeedback, Coaching, Trainingseinheiten) als erlernbar, wobei das *Full Range Leadership Development*-Programm (FRLD) von Avolio (2011) die Basis der meisten Interventionen darstellt. Die Wirksamkeit dieser Interventionen ist durch Quasi-Experimentalsettings ebenfalls belegt: Parry und Sinha (2005) identifizierten eine langfristige Verbesserung der transformationalen Führungsqualität (alle Unterdimensionen des MLQ5) von N=50 teilnehmenden Führungskräften der Intervention. Auch Abrell et al. (2011) konnten anhand von N=25 deutschen Führungskräften zeigen, dass sich die transformationale Führungsqualität innerhalb von 6 Monaten verbessert. Eine weitere Intervention von Mason et al. (2014) mit N=25 deutschen Führungskräften kam zu einem identischen Ergebnis.

Die „dunkle Seite“ von Transformational Leadership

Abseits dieser positiven Konnotation transformationaler Führung formuliert Robbins et al. (2013) aber auch die Existenz einer „dunkle Seite“, da Charisma auch mit sogenannten *dunklen Persönlichkeitsmerkmalen* assoziiert ist. Hiermit wird auf die Persönlichkeitsmerkmale Narzissmus, Machiavellismus, Psychopathie referenziert, welche als dunkle Triade und unter Hinzunahme von Sadismus als dunkle Tetrade bezeichnet werden (Schyns et al., 2020).

Narzissmus bezeichnet eine übersteigerte Selbstbezogenheit, welche sich aus einem Konflikt zwischen erlebter Großartigkeit und dahinterliegender Unsicherheit ergibt, Machiavellismus beschreibt manipulative Verhaltensweisen aus strategischem Kalkül, um Macht und eine positive Reputation zu erhalten, während Psychopathie ein ähnliches Verhalten beschreibt, welches jedoch impulsiv und ohne Rücksicht auf die eigene Reputation erfolgt (Jones & Paulhus, 2014). Sadismus zeichnet sich dadurch aus, dass zum Zwecke des Machterhalts oder aus Vergnügen andere Personen durch grausames oder forderndes Verhalten physisch, psychisch oder sexuell herabgewürdigt oder verletzt werden (O'Meara et al., 2011). Im Arbeitskontext ist hierbei zu betonen, dass es sich bei gängigen Operationalisierungen dieser Faktoren um Selbstauskunftsskalen handelt, die für eine klinische Diagnose allein nicht ausreichend sind. Die Operationalisierungen gelten für den subklinischen Bereich und werden für die Erforschung von Verhalten im Bildungs- und Arbeitskontext eingesetzt (Furnham et al., 2013). Auch Bass und Riggio (2006) beschreiben, dass Führungspersonen auch aus persönlichen, ausbeuterischen, selbstverherrlichenden und machtbezogenen Motiven transformational agieren können, bezeichnen dies aber als *pseudotransformational*, da authentische transformationale Führungspersonen stets nach utilitaristischen oder moralischen Prinzipien handeln.

Das Forschungsinteresse an dunkler Persönlichkeit und Führungsstil liegt darin begründet, dass Personen mit dunklen Persönlichkeitseigenschaften schneller und höher in Führungspositionen aufsteigen und dort erheblichen Schaden verursachen, der sich in gesundheitlichen Konsequenzen sowie verminderter Leistungsfähigkeit und Zufriedenheit niederschlägt (Sure, 2023). Hinsichtlich der „hellen" Big-5-Persönlichkeitsmerkmale Offenheit, Gewissenhaftigkeit, Extraversion, Verträglichkeit und Neurotizismus (Rammstedt et al., 2013) konnten De Hoogh et al. (2005) herausfinden, dass alle Merkmale außer Extraversion mit transformationaler Führung zusammenhängen, dieser Zusammenhang jedoch nur bei dynamischen Arbeitskontexten auftritt und wiederum mit der Arbeitseffektivität zusammenhängt. Dies wird dahingehend interpretiert, dass in dynamischen Kontexten bestimmte Stärken von Führungspersonen besonders gut abgerufen werden und diese dann ihre z. B. Gewissenhaftigkeit besonders einbringen können. In Bezug auf dunkle Persönlichkeit und Digitalität konnte Zinke (2022) herausfinden, dass schädliche Verhaltensweisen in digitalen Kontexten verstärkt auftreten, da z. B. Psychopathie in virtuell verteiltem Teamwork besonders zur Geltung kommen kann. Über konkretere Zusammenhänge zwischen dunkler Persönlichkeit und transformationaler Führung besteht Forschungsbedarf.

4.3.2 Digital Leadership und Digital Transformative Leadership

Laut Nerdinger et al. (2014) bezieht sich der Begriff *transformational* auf die Transformation der Mitarbeiter durch die Führungsperson hin zu extraproduktiven Mitarbeitern – und damit eben nicht auf einen Führungsstil, welcher unmittelbar zu einer (digitalen) Transformation eines Unternehmens beiträgt. Handelt es sich bei transformationaler Führung um einen geeigneten Führungsstil für die digitale Transformation?

Unter Rückbezug auf den ganzheitlichen Charakter von digitalen Transformationsprozessen, welche nicht nur technologische, sondern auch organisationale und strukturelle Veränderungen umfassen, scheint sich diese Frage klar bejahen zu lassen, da transformationale Führungspersonen klare Visionen kommunizieren und ein unterstützendes Arbeitsklima schaffen, wenngleich im Kontext der digitalen Transformation Forschungsbedarf besteht (Philip, 2021). Herold et al. (2008) untersuchten in Veränderungsprozessen mit starkem und schwachem Veränderungscharakter die Interaktion von transformationaler Führung und *change leadership* auf das affektive Engagement der von der Veränderung betroffenen Arbeitspersonen. *Change leadership* setzt einen kurzfristigeren und konkreteren Fokus und zeichnet sich eher durch z. B. Unterstützung im einzelnen Veränderungsprozess aus als durch grundsätzliche Unterstützung. Hierbei zeigt sich in Veränderungsprozessen mit schwachem Veränderungscharakter eine disordinale Interaktion: Transformationale Führung wirkt sich bei niedrigem *change leadership* stark positiv aus, jedoch bei hohem change leadership leicht abschwächend. Bei starkem Veränderungscharakter wirkt sich transformationale Führung grundsätzlich positiv aus und übersteigt den Einfluss von *change leadership*. In beiden Kontexten stellte sich eine transformationale Führungsperson mit niedrigem *change leadership* also als optimal heraus (Herold et al., 2008).

Ein solch positiver Einfluss von transformationaler Führung auf die Reaktion der Mitarbeiter auf Veränderungsprozesse zeigte sich auch in anderen Studien, wobei diese jeweils unterschiedliche Moderatorvariablen und Evaluationsmetriken untersuchen. Eisenbeiss et al. (2008) konnten herausfinden, dass sich transformationale Führung allgemein positiv auf die Innovationsunterstützung der Mitarbeiter auswirkt und von hoher Innovationsoffenheit der Organisation verstärkt wird. Ein ähnlich verstärkender Einfluss zeigte sich bei Michaelis et al. (2010) in Form der Möglichkeit der Eigeninitiative von Mitarbeitern. Herrmann et al. (2012) konnten zusätzlich zeigen, dass der Zusammenhang zwischen transformationaler Führung und Veränderungsbereitschaft der Mitarbeiter zunimmt, wenn diese weniger Stressoren ausgesetzt sind. Eine weitere moderierende Einflussgröße stellt die Dynamik des Veränderungsprozesses dar, sodass Organisationen bei hochdynamischen Veränderungen besonders von transformationaler Führung profitieren (Prasad & Junni, 2016).

Ohne Berücksichtigung von moderierenden Einflüssen konnten Seo et al. (2012)

allgemein zeigen, dass transformationale Führung zu positiverer affektiver Bewertung des Veränderungsprozesses führt. Eine zynische Haltung der Führungsperson gegenüber dem Veränderungsprozess wirkt sich negativ auf ihre Transformationalität aus, wohingegen diese sich negativ auf die zynische Haltung der Mitarbeiter auswirkt (Rubin et al., 2009). Zudem besteht ein positiver Zusammenhang zwischen transformationaler Führung und der Nutzungsintensität digitaler Arbeitstechnologie (Wackernagel & Haner, 2022). Auch Alos-Simo et al. (2017) konnten herausfinden, dass transformationale Führung eine positive Veränderungskultur verstärkt, welche sich wiederum in verbesserter Adaption der Digitalisierung von Geschäftsprozessen zeigte.

Zusammengefasst zeigt sich, dass transformationale Führung auch im Kontext digitaler Transformation einen besonders erstrebenswerten Führungsstil darstellt: Transformationale Führungspersonen fordern ein innovationsfreundliches Klima und wirken in dynamisch verändernden Veränderungsprozessen besonders positiv auf erstrebenswertes Verhalten und positive Einstellungen der Mitarbeiter aus. Dennoch ist transformationale Führung nicht mit digitaler Führung gleichzusetzen.

Digital Leadership

Hinsichtlich der Frage, ob sich durch Digitalisierung überhaupt Veränderungsbedarfe für effektive Führung ergeben, identifizieren Kahai (2012) drei Argumentationslinien im damaligen Forschungsstand. Gemäß der ersten Argumentationslinie verändert sich zwar der Kontext, in dem Führung stattfindet, die Qualitäten einer effektiven Führungsperson (kompetent, fürsorglich, wohlwollend, beziehungsorientiert, persönlich engagiert) bleiben aber identisch (Kahai, 2012). Die zweite Argumentationslinie geht davon aus, dass durch IKT bestimmte Verhaltensweisen von Führungspersonen abgeschwächt werden, indem z. B. emotionale Anteile von transformationaler Führung bei virtuell verteilten Teams eingeschränkt werden (Purvanova & Bono, 2009). Eine dritte Argumentationslinie geht schließlich davon aus, dass sich durch Technologie neue Möglichkeiten des Informationsaustausches ergeben, weshalb Führungsstile angepasst und erweitert werden müssen (Avolio et al., 2000). Im aktuellen Forschungsstand existieren die Begriffe *digital leadership*, *e-leadership* und *virtual leadership*, wobei der letzte Begriff die Frage der Führung verteilter Teams fokussiert (auch *Führung auf Distanz*), während die beiden anderen Begriffe den gesamten Arbeitskontext umfassen (Antoni & Syrek, 2017; Philip & Gavrilova Aguilar, 2022).

Das Konzept *e-leadership* geht auf Avolio et al. (2000) zurück und wird nach Überarbeitung durch Avolio et al. (2014) definiert als „sozialer Einflussprozess, der sowohl in nahe als auch in ferne Kontexte eingebettet ist und durch AIT (Anm.: *Advanced Information Technology*) vermittelt wird und eine Veränderung von Einstellungen, Gefühlen, Denken, Verhalten und Leistung bewirken kann.“ (übersetzt nach Avolio et al. (2014), S.107). Hieran ist bemerkenswert, dass *e-leadership* nicht allein durch die formale Führungsperson erfolgen muss, sondern auf jeder Hierarchieebene einer Organisation verortet werden kann (Avolio et al., 2000), was gleichzeitig eine Forschungslücke zu transformationaler Führung markiert. Diese Konzeption von *e-leadership* bildet die Ausgangslage für *digital leadership*, wobei die Begriffe meist synonym verwendet werden und zahlreiche andere Definitionen von *digital leadership* ergänzt wurden (Saugbacs & Erdougan, 2022). Systematische Literaturreviews über weitere Definitionen von *e-leadership* / *digital leadership* finden sich bei Saugbacs und Erdougan (2022) und Eberl und Drews (2021). Hierbei ergaben beide Analysen, dass zwischen *digital leadership* und transformationaler Führung inhaltliche Überschneidungen bestehen, über den konkreten Zusammenhang aber noch Forschungsbedarf besteht. Die Arbeitsdefinition von *digital leadership* orientiert sich an Avolio et al. (2014) und der von Eberl und Drews (2021) vorgenommenen Synthese sämtlicher bestehender Definitionen, schließt einen Wandel des Geschäftsmodells als alleinigen Zweck digitaler Führung aber aus.

Arbeitsdefinition: Digital Leadership

Digitale Führung (engl. *digital leadership*, früher auch *e-leadership*) ist ein komplexes Konstrukt, welches (1) an Rollen, Fähigkeiten und Führungsstil von digitalen Führungskräften ansetzt, (2) eine digitale Transformation der Organisation anstrebt (einschließlich Führung, Vision, Werten, Struktur, Kultur und Entscheidungsprozessen), und (3) das Personalmanagement, virtuelle Teams, Wissen sowie Kommunikation und Zusammenarbeit auf individueller Ebene adressiert. Digitale Führung kann von jeder Ebene der Organisation ausgehen.
(Adaptiert von Avolio et al. (2014) und Eberl und Drews (2021)).

Hinsichtlich der Frage, welche spezifischen Kompetenzen von Führungspersonen im Rahmen der digitalen Transformation erwartet werden, kamen Philip (2021) anhand einer qualitativen Befragung von Studierenden sowie Philip et al. (2023) anhand einer Befragung von Managern zu dem übereinstimmenden Ergebnis, dass ein grundsätzliches Verständnis über technische Potenziale sowie die Kompetenz, datenbasierte Entscheidungen zu treffen, zwar als wichtig angesehen werden, etablierte Fähigkeiten wie visionäres Denken, Agilität, Strategiefindung und die Akzeptanz von Veränderungen einen höheren Stellenwert einnahmen. Hieraus leiten Philip et al. (2023) ab, dass „Menschen die digitale Transformation vorantreiben, nicht Technologie“ (übersetzt nach Philip et al. (2023), S.392), was die in Kapitel 3.2.1 bereits herausgearbeiteten Aspekt der Gesamtstrategie abermals unterstreicht.

Digital Transformative Leadership

In einem weiteren Review wurde von Cortellazzo et al. (2019) herausgearbeitet, dass Führungspersonen im Rahmen der digitalen Transformation durch folgende Kompetenzen charakterisiert werden: *Kommunikation durch digitale Medien*, *Schnelle Entscheidungsfindung*, *Management von disruptiven Änderungen*, *Management von Konnektivität*, *Fähigkeiten im Technikumgang* und *Entwicklung digitaler Führungsfähigkeit*. Bei einer Expertenbefragung von Führungspersonen von Industrieunternehmen konnten Imran et al. (2020) die folgenden Kompetenzen identifizieren: *Digitale Vision*, *Digitales Wissen*, *Schnelles Scheitern* (Lernen durch Fehler in kurzen Iterationen), *Empowerment* und *Management von diversen Teams*. Beide Vorarbeiten bilden die Basis für die Entwicklung des Kompasses der digitalen *transformativen* Führung (engl. *digital transformative leadership compass*), einer Profilbeschreibung für Führungspersonen (Schiuma et al., 2022). Dieser ist in Abbildung 4.6 dargestellt.

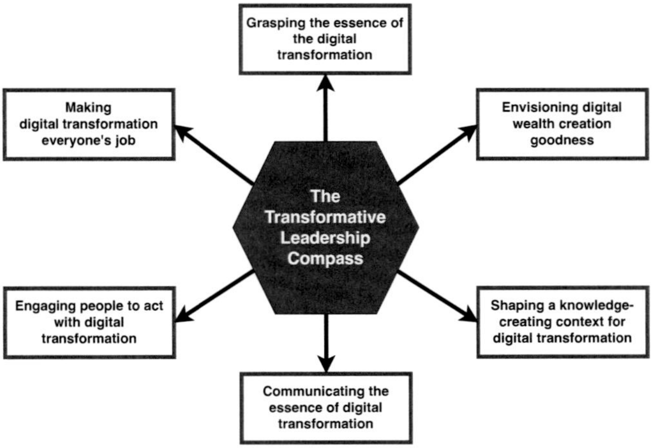

Abbildung 4.6: Der Kompass der transformativen Führung nach Schiuma et al. (2022). Eigene Darstellung.

Insgesamt umfasst das Konzept sechs Dimensionen, welche durch Eigenschaften und Leitfragen charakterisiert sind (Schiuma et al., 2022):

1. Ein *digital transformative leader* versteht die Essenz der digitalen Transformation und kann Herausforderungen mit digitalem Wissen verknüpfen. Er verfügt über technisches Grundverständnis und kann strategische Ziele klar formulieren und schnelle Entscheidungen auf Basis von Daten treffen. Er agiert *pragmatisch*. Leitfrage: *Wozu dient digitale Transformation?*

2. Ein *digital transformative leader* hat eine Vision für guten und digitalen Wohlstand. Er kann das Potenzial von digitaler Transformation auf organisationale und gesellschaftliche Ziele übertragen und verfügt über einen starken Sinn für Ethik. Er ist *rechtschaffen.* Leitfrage: *Was sind die Ziele der Vermehrung von Wohlstand durch die digitale Transformation?*

3. Ein *digital transformative leader* etabliert eine unterstützende Umgebung für digitales Lernen und die Vermehrung von Wissen über digitale Werkzeuge und ihre Implikationen. Er ist Neuerungen gegenüber aufgeschlossen und fördert soziale Interaktionen. Er agiert als *Vermittler.* Leitfrage: *Wie kann digitales Wissen vermehrt werden?*

4. Ein *digital transformative leader* kommuniziert die Essenz der digitalen Transformation. Er kann seine Ziele, Visionen und Werte adressatengerecht vermitteln und agiert inspirierend. Er agiert als *Kommunikator.* Leitfrage: *Wie können Menschen dazu inspiriert werden, neues Wissen über die digitale Transformation zu schaffen?*

5. Ein *digital transformative leader* motiviert Menschen, im Rahmen der digitalen Transformation engagiert zu handeln. Er schafft es, Akzeptanzbarrieren abzubauen. Er ist emphatisch und geht mit Feingefühl vor. Durch die Fähigkeit, in komplexen digitalen Kontexten nach vorn zu schreiten, agiert er als *Katalysator.* Leitfrage: *Wie können Menschen im Rahmen der digitalen Transformation zum Handeln angeregt und angeleitet werden?*

6. Ein *digital transformative leader* macht die digitale Transformation zur Aufgabe für jeden. Er bindet Menschen in Entscheidungsprozesse ein, unterstützt sie in ihrem digitalen Wissenserwerb und hilft ihnen, ihre eigenen Führungsfähigkeiten zu entdecken und zu entwickeln. Er empowert andere, unterstützt sie in ihrem Weiterkommen, überträgt ihnen Verantwortung und bietet ihnen Herausforderungen an. Er agiert als *Mentor.* Leitfrage: *Wie lässt sich digital transformative leadership bei anderen fördern?*

Das aufgezeigte Konzept des *digital transformative leadership* ist bisher nicht ausreichend validiert und fokussiert die Umstellung des Geschäftsmodells als wesentliche Herausforderung. Dennoch wird hierbei eine Synthese zwischen *digital leadership* und transformativer Führung vorgenommen, die wichtige Aspekte des Forschungsstands verdeutlicht: die Führung von jeder Hierarchieebene und die Überschneidungen zwischen transformationaler / digital transformativer Führung und Job Crafting. Es zeigt sich, dass die Übernahme von *digital leadership* durch Arbeitspersonen jeder Hierarchiestufe zwar schon Teil der ursprünglichen Definition von Avolio et al. (2000) war, jedoch im Forschungsstand nicht ausreichend berücksichtigt wird. Durch das Abflachen von Hierarchien ergeben sich neue Aspekte der Führung, u. a. *shared leadership* oder *self-leadership* (eine Übersicht findet sich bei Zhu et al. (2018)), bei der Führung dynamisch und flexibel durch Arbeitspersonen der gleichen Hierarchiestufe erfolgt. Bestehende Forschung zu transformationaler Führung hingegen forciert eine strikte Rollenteilung zwischen *leader* und *follower* und adressiert primär die Frage, welche Auswirkungen Führungspersonen haben, die transformational führen resp. wie man Führungspersonen einen transformationalen Stil aneignet. Zu transformationaler Führung auf derselben Hierarchieebene gibt es wenige Vorarbeiten, die Entwicklung von transformationaler Führung und die Entdeckung von transformationalen Führungspersonen unter den Mitarbeitern stellt eine große Forschungslücke dar (Garad et al., 2023). Bunjak et al. (2022) konnten identifizieren, dass transformationale Führung (durch den Vorgesetzten) einen positiven Einfluss auf die Übernahme eigener kleiner Führungsaufgaben hat, was sich wiederum positiv auf die Akzeptanz innovativer Technologie auswirkt. Dies wird darauf zurückgeführt, dass sich transformationale Führung von Vorgesetzten implizit auf ihre Mitarbeiter überträgt (Bunjak et al., 2022). Ein weiterer Aspekt des *digital transformative leadership compass* markiert die inhaltliche Annäherung an Job Crafting. Dieses erfolgt definitionsgemäß proaktiv, kann jedoch organisational durch das Arbeitsumfeld unterstützt werden (Menachery, 2018; Rai, 2018). Dieser Aspekt der Rahmenbedingungen findet sich auch bei (Schiuma et al., 2022), da Wissensaustausch, soziale Interaktion, Übernahme von Verantwortung und Herausforderungen sowie die individuelle Weiterentwicklung unterstützt werden. Das Verhältnis zwischen transformationaler Führung und Job Crafting wird in Kapitel 4.3.3 detaillierter dargestellt. Im Kontext dieser Forschungslücken wird eine Arbeitsdefinition von transformationaler Führung aufgestellt, welche beide Aspekte berücksichtigt.

> **Arbeitsdefinition: Transformational Leadership**
> Transformationale Führung (engl. *transformational leadership*) bezeichnet ein Verhalten, welches andere Arbeitspersonen dazu motiviert, in ihrem eigenen Sinne oder im Sinne der Organisation über sich hinauszuwachsen. Transformationale Führung zeichnet sich durch die Berücksichtigung individueller Bedürfnisse, einen idealisierten Einfluss, inspirierende Motivation und intellektuelle Stimulierung aus. Im Kontext der digitalen Transformation der Arbeit ist transformationale Führung gleichzeitig digital transformativ, da sie dynamische Veränderungsprozesse unterstützt und Akzeptanzbarrieren gegenüber organisationalen oder technischen Veränderungen abbaut. Transformationale Führung schafft geeignete Rahmenbedingungen für Job Crafting und kann auf gleicher Hierarchieebene stattfinden. (nach Bass und Riggio (2010), Garad et al. (2023), Philip (2021) und Schiuma et al. (2022)).

4.3.3 Transformational Leadership und Job Crafting

H. Wang et al. (2016) setzen Job Crafting und transformationale Führung dahingehend in Beziehung, dass die Herstellung einer besseren Passung zwischen Person und Arbeitsumfeld durch transformationale Führung grundsätzlich unterstützt wird und transformationale Führungspersonen höchstwahrscheinlich selbst Job Crafter sind. Über den Zusammenhang von Job Crafting und transformationaler Führung konnten Zhang und Parker (2019) jedoch keinen eindeutig positiven Zusammenhang identifizieren, da sich dieser im Forschungsstand uneindeutig nicht existent bis positiv herausstellt; der Zusammenhang zwischen Empowerment und Job Crafting zeigte sich hingegen eindeutig positiv, obwohl beide Konzepte konzeptionell nah beieinanderliegen (Seibert et al., 2011). Dies lässt auf Moderatorvariablen schließen, die H. Wang et al. (2016) auf theoretischer Ebene in individuelle Faktoren und Arbeitsfaktoren unterteilt. Hierbei wird angenommen, dass die Beziehung zwischen transformationaler Führung und Job Crafting moderierend verstärkt wird durch niedriges Machtgefälle, niedrige proaktive Persönlichkeit, niedrige Autonomie und hohe erlebte Unsicherheit. Dies wird jeweils dadurch begründet, dass transformationale Führung Potenziale für Job Crafting abrufbar macht, die bei z. B. hoher Autonomie der Arbeitsperson ohnehin abgerufen werden. Ein weiterer moderierender Einfluss wird darin vermutet, dass Arbeitspersonen mit hohem Workload Job Crafting als Coping-Strategie einsetzen und sich z. B. auf die Suche nach Ressourcen begeben, um ihren Arbeitsaufwand zu mindern oder durch die Suche nach Herausforderungen intrinsisch motiviert zu bleiben. Dies könnte durch den ohnehin positiven Effekt zwischen transformationaler Führung und Job Crafting verstärkt werden (H. Wang et al., 2016). Grundsätzlich steht intrinsische Motivation in positivem Zusammenhang zu Job Crafting (J. W. Lee & Song, 2020), wohingegen Berdicchia et al. (2022) differenzieren konnte, dass intrinsische Motivation mit *approach crafting* und extrinsische Motivation mit *avoidance crafting* zusammenhängt.

Hetland et al. (2018) untersuchten den Zusammenhang zwischen transformationaler Führung und Job Crafting (nach Konzeption von Tims et al. (2012)) in Abhängigkeit von Promotion Fokus in einer fünftägigen Langzeitstudie. Die Ergebnisse zeigen, dass transformationale Führung einen positiven Einfluss auf die Erhöhung struktureller Ressourcen und die Erhöhung sozialer Ressourcen hat, nicht aber auf die Suche nach Herausforderungen. Alle drei Einflüsse wurden jedoch von Promotion Fokus dahingehend moderiert, dass der Effekt bei hohem Promotion Fokus stärker ausfällt und im Falle der Suche nach Herausforderungen nur bei hohem Promotion Fokus überhaupt auftritt. In Abgrenzung hierzu zeigt sich bei Afsar et al. (2019) ein direkter positiver Effekt zwischen transformationaler Führung und den drei genannten Unterdimensionen der Job Crafting Scale. Die Ergebnisse unterstreichen die Wichtigkeit der Berücksichtigung von regulatorischem Fokus im jeweiligen Kontext. Auffällig ist zudem, dass nur die drei Faktoren betrachtet wurden, die unter *approach crafting* fallen. Eine weitere Studie von Zhu et al. (2022) untersuchte den Zusammenhang zwischen *digital leadership* und Job Crafting in Abhängigkeit von erlebter Passung zwischen Arbeitsperson und Job. Hierbei zeigte sich ein positiver Zusammenhang zwischen *digital leadership* und Job Crafting, welcher von hoher erlebter Passung leicht ordinal verstärkt wurde (Zhu et al., 2022).

4.4 KI im Kontext von Job Crafting und Transformational Leadership

Der Kontext von Job Crafting, transformationaler Führung und künstlicher Intelligenz ist ein hochaktuelles Forschungsfeld mit eher wenigen wissenschaftlichen Vorarbeiten. Titareva (2021) identifiziert in einem Review über KI und Führungsverhalten drei Perspektiven. Die erste Perspektive ist als Erweiterungsperspektive gekennzeichnet und geht davon aus, dass KI Führungspersonen in ihren Aufgaben unterstützen wird, z. B. in Form von Entscheidungsunterstützung (Duan et al., 2019) oder bei administrativen Aufgaben. Die zweite Perspektive geht davon aus, dass Führungspersonen oder Mitarbeiter durch KI komplett ersetzt werden, und fokussiert ethische Perspektiven, u. a. im Hinblick auf Verzerrungen in den Trainingsdaten, die in desaströsen Entscheidungen resultieren können. Die dritte Perspektive hingegen ist als skeptische Perspektive gekennzeichnet und geht davon aus, dass die Debatte zwar kritisch geführt und begleitet werden sollte, KI jedoch mit übertriebenen Erwartungen aufgeladen wird. KI kann folglich Zielvorgaben verfehlen (indem diese z. B. bei Bewerbungsverfahren noch diskriminierender agiert) und ohnehin Fähigkeiten wie Empathie, die geforderte Führungsstile wie transformationalen Führungsstil ausmachen, nicht ersetzen kann (Titareva, 2021). Diesen Perspektiven lassen sich die Rolle von Führungspersonen bei der Einführung von KI, die Reaktionen von Arbeitspersonen auf die Einführung von KI sowie KI-basierte Assistenzsysteme hinzufügen.

G. He et al. (2023) konnten zeigen, dass eine hohe KI-Affinität von Führungspersonen zu höherer Veränderungsbereitschaft der Mitarbeiter führt und diese wiederum zu mehr Job Crafting. Dieser Effekt wird jedoch abgeschwächt, wenn Mitarbeiter vermuten, dass es sich bei der KI-Affinität der Führungsperson um Selbstdarstellung handelt (G. He et al., 2023). Matsunaga (2022) konnte zeigen, dass, wenn Arbeitspersonen davon ausgehen, dass KI eine Gefahr für ihren Job darstellt, sich dies negativ auf ihre Arbeitsleistung auswirkt. Auf diesen Einfluss wirken jedoch zwei Moderatoreffekte: Bei wenig Unsicherheit wirkt sich transformationale Führung moderierend verstärkend auf die Arbeitsleistung aus, bei hoher Unsicherheit wirkt sich transformationale Führung nur positiv aus, wenn die Führungsperson zusätzlich über *digital literacy* verfügt (Matsunaga, 2022).

Hinsichtlich der Reaktionen durch den Einsatz von KI lassen sich die bei Strich et al. (2021), Zirar (2023) und Craig et al. (2019) beschriebenen Anpassungen im Arbeitsverhalten beim Einsatz von KI klar als Job Crafting einordnen, werden im Unterschied zu Perez et al. (2022) und Blazejewski und Walker (2018) aber nicht explizit so bezeichnet. Hierbei lässt sich zusammenfassen, dass der Einsatz von KI als Arbeitswerkzeug sowohl Ressourcen als auch Anforderungen hinzufügt und entzieht, weshalb Arbeitspersonen neue Ressourcen akquirieren, Beziehungen anpassen, Herausforderungen suchen und Rollenverständnisse anpassen, indem z. B. in KI nicht das Ersetzungs-, sondern das Ergänzungspotenzial für die eigene Rolle gesehen wird (Perez et al., 2022).

C. He et al. (2023) konnten herausfinden, dass die Einschätzung von KI als Herausforderung einen positiven Einfluss auf das Job Crafting der Arbeitspersonen hat, welcher von dem Wissen um KI moderierend verstärkt wird. Bei Kang et al. (2023) zeigt sich ein positiver Zusammenhang zwischen KI-bezogener Unsicherheit auf den empfundenen Leistungsdruck, welcher sich wiederum positiv auf das Job Crafting der Mitarbeiter auswirkt. In der Studie von Cheng et al. (2023) zeigte sich hingegen, dass der Einsatz von KI bei internaler Kontrollüberzeugung zu höherem *promotion crafting* und bei externaler zu höherem *prevention crafting* führt. Afiouni und Pinsonneault (2022) überführen auf Basis theoretischer Überlegungen KI-bezogenes Job Crafting entlang unterschiedlichem Kontroll- und Bewertungserleben in ein Wellenmodell, nach welchem sich verschiedene Job Crafting-Aktivitäten im Hinblick auf KI in einer bestimmten Reihenfolge befinden:

1. *Hybrid task crafting:* Aufgaben werden so gecraftet, dass sie in *Kollaboration* mit KI ausgeführt werden können, KI-Ergebnisse zur Kontrolle von Menschen erneut produziert werden (*Duplikation*), unter menschlicher Kontrolle an KI *delegiert* werden oder sich Menschen komplett von der Aufgabe *zurückziehen*.

2. *Human task crafting:* Durch KI werden menschliche Aufgaben *hinzugefügt*, *modifiziert*, *entzogen* oder neu priorisiert.

3. *Skill crafting:* Durch KI bemüht sich die Arbeitsperson, neue Fähigkeiten zu erwerben (*Upskilling*), bestehende Fähigkeiten neu zu *priorisieren* oder sie unternimmt nichts und kann/muss nicht mehr alle ihre Fähigkeiten einbringen (*Deskilling*).

4. *Relational crafting:* Durch KI bemüht sich die Arbeitsperson, *neue Beziehungen aufzubauen* oder *bestehende Beziehungen zu nutzen*, um KI-Expertise aufzubauen oder „Verbündete“ gegen KI zu suchen.

5. *Cognitive crafting:* Der bestehende Job wird kognitiv *aufgewertet*, *abgewertet* oder *gleich gehalten*.

Dies ist angesichts etablierter Konzeptionen von Job Crafting, welche verschiedene Aktivitäten zwar unterschiedlich klassifizieren, aber nicht in Reihenfolge setzen, eine neue und noch zu validierende Perspektive. Diese ermöglicht für die Einordnung des Einflusses von KI aber eine gute, erste Orientierung.

KI-basierte Assistenzsysteme nehmen in der digitalen Transformation eine Sonderstellung ein. Diese werden von Choudrie et al. (2023) als *virtual personal assistants* (VPAs) bezeichnet und können zur Bewältigung kleiner, aber gut automatisierbarer Aufgaben eingesetzt werden und z. B. in Echtzeit Übersetzungen anfertigen, Diktate anfertigen (*speech-to-text*), zur Zeiterfassung eingesetzt werden oder kleinere Fragen beantworten. Zudem sind viele VPAs bereits auf vielen Smartphones vorhanden und könnten gerade für kleine und mittelständische Unternehmen (KMUs) kostengünstig eingesetzt werden (Choudrie et al., 2023). Im Hinblick auf Job Crafting kann die Überlegung, diese Systeme im Arbeitskontext einzusetzen, als *hybrid task crafting* aufgefasst werden. Eine weitere Kategorie von KI-Technologie stellen die in Kapitel 3.2.3 bereits erwähnten *digital productivity assistants* (DPAs) dar. KI nimmt hierbei die Funktion eines Coaches ein und gibt individualisierte Vorschläge, persönliche Ziele besser zu erreichen, Führungsqualität zu entwickeln oder die Work-Life-Balance zu verbessern (Cranefield et al., 2023). Ein solches System ist Vici[3], ein KI-Chatbot, welcher auf dem GROW-Coaching-Modell (Akronym für *Goal, Reality, Options, Will do*) nach Grant (2020) basiert und Nutzer in der Formulierung und Erreichung ihrer Ziele so effektiv unterstützt wie ein menschlicher Coach (Terblanche et al., 2022). Ein anderes System namens Butterfly.ai[4] verarbeitet Feedback und Sprachdaten der Mitarbeiter, um dem Vorgesetzten Vorschläge zu unterbreiten, seine Führungsfähigkeiten zu verbessern (Strong & Terblanche, 2020). Andere ähnliche Systeme wie PocketConfidant[5] oder Rocky.ai[6] (s.Abb. 4.7) versprechen Veränderungs- und Führungskompetenz zu vermitteln, sind jedoch bisher nicht wissenschaftlich validiert (Graßmann & Schermuly, 2020).

[3]https://www.coachvici.com/, Zugriff am 03.09.2023
[4]https://www.butterfly.ai/, Zugriff am 03.09.2023
[5]https://pocketconfidant.com/, Zugriff am 03.09.2023
[6]https://www.rocky.ai/, Zugriff am 03.09.2023

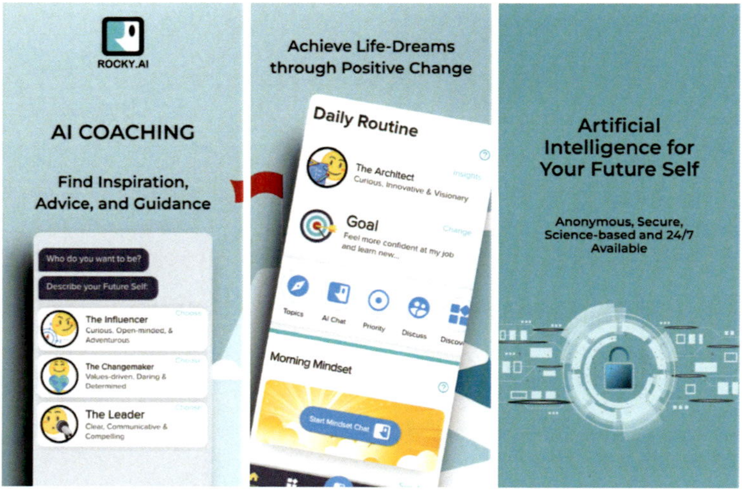

Abbildung 4.7: Vorschauelemente des KI-Coaches Rocky.ai im Google Playstore.[7]

Abseits von Chatbots erforschten Kocsis et al. (2019) im Projekt *SmartWork* eine KI-Systemarchitektur, um ältere Arbeitspersonen bei der Büroarbeit zu unterstützen. Diese umfasst mehrere KI-Systeme zur Überwachung von Vitalparametern, aber auch KI-basierte Entscheidungsunterstützung und Hinweise zur Erhaltung der psychophysischen Kapazität (Kocsis et al., 2019). Ein weiteres System namens EntityBot trainiert ein personenspezifisches KI-Modell auf Basis von allen zwei Sekunden getätigten Screenshots und unterbreitet Vorschläge über weitere Arbeitsschritte, um kognitiven Aufwand zu reduzieren (Jacucci et al., 2021; Vuong et al., 2022).

Insgesamt sind solche Systeme zeitlich komplett unabhängig und relativ kostengünstig, weshalb Organisationen oder Arbeitspersonen selbst eine Anschaffung in Erwägung ziehen könnten (Graßmann & Schermuly, 2020). Es bestehen Potenziale für ältere wie jüngere Arbeitspersonen sowie Strukturierungshilfen für Telework, aber auch erhebliche Risiken im Hinblick auf Privacy, Diskriminierung, Zweckentfremdung oder Missbrauch des Systems sowie das Risiko eines problematischen Machtgefälles zwischen Arbeitnehmer und Arbeitgeber (Dantas et al., 2021). Zusätzlich nehmen KI-Coaches in der Transformation der Arbeitswelt eine interessante Metafunktion ein, da sie gleichzeitig Ergebnis digitaler Transformation sind und andererseits digitale Transformation befördern, da ihre Nutzung – sofern diese nicht angeordnet ist – Job Crafting darstellt und zu weiterem Job Crafting und/oder transformationaler Führung ermutigt und befähigt.

[7] https://play.google.com/store/apps/details?id=ai.rocky.app&hl=en_US. Zugriff am 03.09.2023

4.5 Zusammenfassung

In diesem Kapitel wurde der Forschungsstand zu Technikakzeptanz, Job Crafting und transformationaler Führung im Kontext der digitalen Transformation dargestellt. Hierbei zeigte sich, dass Akzeptanz in der digitalen Transformation der Arbeit nicht hinreichend mit etablierten Technikakzeptanzmodellen wie TAM oder UTAUT evaluiert werden kann, da Technikbereiche verwischen und Prämissen der Technikakzeptanzforschung durch KI infrage gestellt werden. Es besteht erheblicher Forschungsbedarf in der Identifikation geeigneter Evaluationskriterien für akzeptierte digitale Transformation, insbesondere in der Identifikation eines Verhaltens, welches als Handlungsakzeptanz aufgefasst werden kann. Dies stellt insgesamt aber nur eine Facette der Akzeptanzproblematik dar, da digitale Transformation auch ohne Technologieeinsatz erfolgen kann, z. B. durch die Umstellung von Prozessen oder den stärkeren Einbezug der Mitarbeiter.

Job Crafting stellt ein proaktives Verhalten der Arbeitsperson dar, welches in einer rollenbasierten und einer ressourcenbasierten Auffassung unter Bezug auf die JD-R-Theorie konzipiert ist. Es besteht weiterer Forschungsbedarf zu Job Crafting im Zusammenhang zur Qualität von Veränderungskommunikation und weiteren digitalen Implikationen, da es sich zwar um eine typische Verhaltensweise der digitalen Transformation handelt, diese jedoch bislang nicht ausreichend erforscht ist.

Transformationale Führung stellt einen umfassend erforschten Forschungsstil dar, welcher auch im Kontext der digitalen Transformation das höchste Potenzial aufweist. Großer Forschungsbedarf ergibt sich aus der bisherigen Fokussierung des Konzeptes auf Vorgesetzte und ihre Mitarbeiter, da aufgrund veränderter Entscheidungshierarchien auch Arbeitspersonen derselben Hierarchieebene transformationale Führungspersonen sein können. Da gleichzeitig eine große Herausforderung darin gesehen wird, transformationale Führungspersonen zu „entdecken“ und zu fördern, besteht Forschungsbedarf in einer Klassifikation anhand von Persönlichkeitsmerkmalen, wobei neben den etablierten Big-5 auch die Merkmale der sog. dunklen Tetrade untersucht werden sollten. Weiterer Forschungsbedarf besteht im Zusammenhang zwischen transformationaler Führung und digital transformativer Führung, auch im Zusammenhang zu Job Crafting.

Im Hinblick auf KI zeigte sich im Forschungsstand, dass KI einerseits zu Job Crafting führt, da Arbeitspersonen nach Einführung von KI z. B. ihr Berufsverständnis anpassten, Job Crafting aber andererseits auch zu KI führt, da z. B. KI-Assistenzsysteme auf die Frage untersucht werden, für welche Arbeitsaufgabe sie geeignet sind. Letztlich kommt KI auch in der Vermittlung von Job Crafting und transformationaler Führung zum Einsatz, indem KI-Coaches entsprechende Unterstützung in der Formulierung von Zielen liefern oder Führungskompetenz durch Training vermitteln. In der Evaluation von KI-Coaches besteht großes Potenzial, da von dieser Technologie auch Risiken ausgehen.

5 Work-Life Balance: Trennung im Wandel

Ein weiterer Forschungsbereich der Transformation der Arbeitswelt widmet sich der Diffusion zwischen Arbeit und Nicht-Arbeit. Das hierbei verwendete Schlagwort *Work-Life-Balance* wird nicht erst seit der digitalen Transformationsdebatte verwendet, um ein intaktes Gleichgewicht dieser scheinbaren Gegensätze zu beschreiben. Um das Phänomen in der digitalen Transformation einordnen zu können, wird in Kapitel 5.1 der Begriffswandel skizziert und die Definitionsproblematik dargestellt. Im darauffolgenden Kapitel 5.2 werden digitale Zugänge zu Work-Life-Balance herausgearbeitet, konkret *Telework*, *Telepressure* und *Technostress*. Vor diesem Hintergrund werden in Kapitel 5.3 die Einflussfaktoren (engl. *antecedents*) und Auswirkungen (engl. *outcomes*) von Work-Life-Balance beschrieben, anschließend werden in Kapitel 5.3.4 die Querbezüge zu Job Crafting und transformationaler Führung dargestellt. Kapitel 5.3.5 widmet sich schließlich konkreten Maßnahmen zur Förderung von Work-Life-Balance auf individueller, organisationaler und gesellschaftlicher Ebene. Im abschließenden Kapitel 5.5 wird eine Zusammenfassung vorgenommen, eine Arbeitsdefinition aufgestellt sowie Forschungslücken aufgezeigt.

5.1 Transformation des Begriffes

Work-Life-Balance gilt als schwierig zu definieren, schwer zu erreichen und hochgradig individuell (Mattock, 2015), zudem gibt es zahlreiche ähnliche Terminologien – Beigi et al. (2019) identifizierten N=48 unterschiedliche – wie *work-family balance*, *work-life interface*, *work-life interference* und *work-nonwork balance*, welche sich grundsätzlich in ihrem Priming (negativ, balanciert, positiv) und ihrem Abdeckungsbereich (*work* vs. *family* oder *work* vs. *non-work*) unterscheiden. Die Ursprünge des Diskurses um das Verhältnis zwischen *work* und *life* reichen zurück bis in die Zeit nach dem Zweiten Weltkrieg, als Frauen begannen, einer Erwerbsarbeit nachzugehen und folglich der Herausforderung ausgesetzt waren, die zwei Rollen Arbeitskraft und Mutter miteinander zu vereinbaren (Roberts, 2007). Der konkrete Begriff *Work-Life-Balance* entstand in den 1970er-Jahren und wurde lange mit *work-family balance* gleichgesetzt (Joseph, Sebastian et al., 2019). Die männliche Perspektive war hingegen von Überforderungsgefühl und Karrieredruck geprägt (Evans et al., 2013) und lange nicht im Fokus der Forschung (Duckworth & Buzzanell, 2009).

5.1.1 Balance zwischen zwei dynamischen Entitäten

Diese strikt genderspezifisch getrennte Auffassung des Konzeptes änderte sich mit der Etablierung der Familie mit zwei Einkommen (Gilbert & Rachlin, 1987), setzt *life* aber noch lange mit Elternschaft gleich. Dies wird laut Kelliher et al. (2019) der Komplexität sich verändernder Familienmodelle aus mehreren Gründen nicht gerecht, u. a., weil auch Familienmitglieder abseits der Eltern stark in die Kinderfürsorge eingebunden sein können oder nur Paare im Forschungsstand berücksichtigt wurden. Wer alleinerziehend ist oder keine eigenen Kinder hat, war also lange vom Diskurs um Work-Life-Balance nicht erfasst.

Life ist nicht gleich *Family*

Die sich aus der Gleichsetzung von *life* und *family* ergebenden Forschungslücken wurden von Özbilgin et al. (2011) systematisch untersucht. Die Ergebnisse dieser Analyse der Fachliteratur seit 1990 bestätigt, dass sich die Mehrheit der Forschungsarbeiten versucht, Work-Life-Balance in positivistischer Tradition zu konzeptionalisieren und *life* mit der Kernfamilie gleichsetzt. Selbst Forschungsarbeiten, die bestehende Konzeptionalisierungen kritisch behandeln, weichen in der Auffassung von *life* hiervon nur geringfügig ab und schließen u. a. Singlehaushalte aus, weshalb *life* laut Özbilgin et al. eher als *non-work* aufgefasst werden sollte. Auch in früheren Arbeiten wird dafür plädiert, sämtliche nicht direkt arbeitsbezogenen Aktivitäten als *life* zu berücksichtigen, also sämtliche freie Zeit (engl. *free time*) und Freizeit (engl. *leisure time*) (Guest, 2002).

Work ist nicht gleich *Work*

Guest (2002) kritisiert an der Gleichsetzung von *work* und bezahlter Arbeit, dass gerade die unbezahlte Arbeit in Form von Überstunden, der Weg zur Arbeit sowie eine nicht vorhandene räumliche Trennung von Wohnung und Arbeitsort – gemeint sind Landwirte und Hoteliers – besonders riskant für die Work-Life-Balance der Arbeitspersonen sein können. Weitere Herausforderungen ergeben sich aus der Möglichkeit des Teleworks und einer Omnipräsenz von IKT, welche zweifelsfrei in negativen oder positiven Zusammenhängen zur Work-Life-Balance stehen, jedoch von ursprünglichen Begriffsverständnissen nicht abgedeckt sind. Ein weiteres Phänomen, bei dem mehrere Arbeitsprojekte zueinander in Konflikt stehen, wird von Griffin (2022) als *work-work balance* bezeichnet.

5.1.2 Schwierigkeit der Definition

Angesichts dieser zahlreichen Veränderungen in Arbeitsleben und Familienstruktur gestaltet sich der Versuch einer Definition von Work-Life-Balance als schwierig. Zusätzlich erschwert wird dies durch die hohe Geschwindigkeit des öffentlichen, nicht wissenschaftlichen Diskurses (Wayne et al., 2021) sowie der Vielzahl bereits vorhandener Definitionen und zugrunde liegender Theorien. In einer systematischen Literaturanalyse der Forschungsliteratur bis 2016 konnten Casper et al. (2018) N=233 konzeptuelle und N=204 operationale Definitionen identifizieren.

Die meisten Definitionen stützen sich hierbei auf Theorien, die sozialen Rollen fokussieren, wie z. B. die Theorie der Rollenbelastung (engl. *role strain theory* nach Goode (1960)) oder die des Rollenkonfliktes (engl. *role conflict theory* nach Kahn et al. (1964)), wobei es die es in Arbeits- und Nicht-Arbeitsleben vorhandenen sozialen Rollen miteinander zu vereinbaren und Inter-Rollenkonflikte (d. h. zwei unterschiedliche Rollen, die miteinander in Konflikt stehen) zu vermeiden gilt (Sirgy & Lee, 2018). In der Klassifikation von Greenhaus und Beutell (1985) werden Rollenkonflikte in Bezug auf *work-family balance* in Zeitkonflikte, Belastungskonflikte und Verhaltenskonflikte unterteilt. Letzterer gilt als schwierig zu operationalisieren und wird in empirischen Untersuchungen meist ausgeklammert (Kelloway et al., 1999; Mauno et al., 2006) oder nur bei speziellen Berufsgruppen (z. B. Gefängniswärtern) in Betracht gezogen (Kossek & Lee, 2017).

Die von Casper et al. identifizierten Definitionen wurden in ein insgesamt vier Oberkategorien umfassendes Schema eingeordnet (s. Abb. 5.1), während sich die bereits beschriebenen Wandlungen der Termini *work* und *life* in der Kategorie *Vermittlungsgegenstand* wiederfinden.

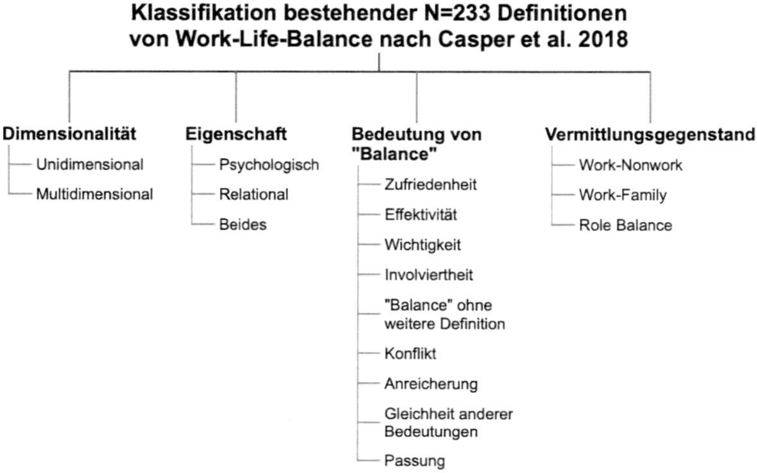

Abbildung 5.1: Merkmale bestehender Definitionen von Work-Life-Balance nach Casper et al. (2018). Eigene Darstellung, übersetzt.

Der Ergebnisse dieser Analyse zeigen, dass die meisten Definitionen Work-Life-Balance als eindimensionales Konstrukt auffassen und zusätzlich keine Wirkrichtung dahingehend spezifizieren, ob sich das Arbeitsleben konfliktbringend auf das Familienleben auswirkt oder umgekehrt. Manche Definitionen nehmen eine solche Unterscheidung vor und unterscheiden zwischen *work-family interference* (Abk. WIF, *work interferes with family*) und *family-work interference* (Abk. FIW, *family interferes with work*) (Byron, 2005).

Zusätzlich zeigen die Ergebnisse von Casper et al. (2018), dass Work-Life-Balance in den meisten Definitionen als psychologisches Konstrukt definiert wird, welches außerhalb des Individuums nicht beobachtbar ist. Die meiste Divergenz in den Definitionen findet sich in der Bedeutung von Balance, wobei die meisten Definitionen mehrere Aspekte umfassen und meistens Effektivität beinhalten. Hierbei wird Work-Life-Balance als Fähigkeit aufgefasst, mehrere Rollenanforderungen effektiv in Waage zu halten (Hill et al., 2001). Zusätzlich wird Balance laut den Ergebnissen von Casper et al. (2018) oft als subjektive Zufriedenheit (Lyness & Judiesch, 2008) aufgefasst oder als gleiche Wichtigkeit, die den verschiedenen Rollen zugeschrieben wird, oder als gleiche Involviertheit (Gardiner et al., 2007). Andere Definitionen fokussieren eine positive Anreicherung (engl. *enrichment*) der Rollen (Frone, 2003), wohingegen Balance eher selten als wortwörtliche Gleichheit zweier Aspekte aufgefasst wird (Greenhaus et al., 2003). Letztlich konnten auch Definitionen identifiziert werden, die Balance als

Passung zwischen den jeweiligen Anforderungen im Kontext definieren, z. B., wenn Arbeitsressourcen und familiäre Ressourcen ausreichend sind, die jeweiligen Bedarfe zu erfüllen (Voydanoff, 2005). Auf rein quantitativer Ebene fassten die meisten Definitionen *life* als *non-work* auf und schlossen Faktoren wie Nachbarschaft, Freundschaft und Selbstfürsorge mit ein (Casper et al., 2018).

Metaanalytisch konnten Casper et al. (2018) nachweisen, dass in der Forschungsliteratur sowohl verschiedene Bedeutungen unter demselben Begriff als auch gleiche Bedeutungen unter verschiedenen Begriffen verwendet werden und unterbreiten als Vorschlag eine Definition von Work-Nonwork-Balance, welche psychologisch konzipiert ist und die Bedeutungen Effektivität, Zufriedenheit, Passung und Involviertheit umfasst.

Zeitlich parallel zu Casper et al. (2018) erstellten Sirgy und Lee (2018) eine weitere Metaanalyse mit dem Ziel, Work-Life-Balance integrativ neu zu konzeptionalisieren. Der grundsätzliche Ansatz besteht in Abgrenzung zu Casper et al. (2018) aber nicht darin, bestehende Definitionen zu klassifizieren, sondern eher darin, Schlüsselaspekte herauszuarbeiten und zu integrieren. Hierbei konnten Sirgy und Lee zwei Schlüsselaspekte identifizieren: Definitionen von Work-Life-Balance thematisieren das Engagement in mehreren Rollen aus Arbeit und Nicht-Arbeit sowie einen möglichst kleinen Rollenkonflikt zwischen Arbeitsrollen und Nicht-Arbeitsrollen (Sirgy & Lee, 2018).

Beiden Ansätzen von Casper et al. und Sirgy und Lee ist neben methodischem Ansatz und Jahr der Publikation gemein, dass Work-Life-Balance als Konzept verstanden wird, welches das Verhältnis zwischen den sozialen Rollen in Arbeitsleben und Nicht-Arbeitsleben beschreibt. Casper et al. setzt im Unterschied zu Sirgy und Lee allerdings einen subjektiven Fokus in der Definition. Beide Definitionen werden in der in Kapitel 5.5 gefassten Arbeitsdefinition aufgegriffen.

5.2 Work-Life Balance als digitales Konzept

Obwohl Digitalität bisher keinen Einzug in die Konzeptionalisierung von Work-Life-Balance hatte, wurden Implikationen von technischem Fortschritt auf Work-Life-Balance bereits früh identifiziert und diskutiert (Guest, 2002; Jackson et al., 2003). Hierbei wird technologischer Fortschritt eher als Bedrohung für die Work-Life-Balance angesehen (Khan & Fazili, 2016).

5.2.1 Telework und Telework-Paradox

Wir bereits in Kapitel 3.2.2 beschrieben, ist ein zentrales Merkmal der neuen Arbeitswelt, dass Arbeit durch IKT prinzipiell zu jeder Zeit und an jedem Ort ausgeführt werden kann (Stone, 2004). Hierbei ist typischerweise die eigene Wohnung gemeint (Guest, 2002). Relevant ist hierbei die Unterscheidung zwischen zwei Arten: Flexibilisierung als *employment practice* oder als *work practice*. Die *employment practice* beschreibt grundsätzlich sämtliche Prozesse, Mitarbeiter anzuwerben, einzustellen, einzusetzen, zu motivieren, zu beraten, zu entwickeln und zu binden (Godard, 2004). Im Gegensatz dazu adressiert eine *work practice* Arbeitsaufgaben direkt (Bryson et al., 2005). Telework bei einer *employment practice* könnte ein selbst gewählter Telework-Tag pro Woche sein, bei einer *work practice* hingegen sind Dienstreisen oder unübliche Arbeitszeiten gemeint, die aus globaler Zusammenarbeit und Zeitverschiebung entstehen (Boxall & Macky, 2009).

> **Arbeitsdefinition: Telework**
> Telework (im Deutschen auch *Homeoffice*) bezeichnet sämtliche Aktivitäten, Arbeit räumlich und zeitlich flexibel auszuführen. Typischerweise findet Telework in privaten Räumlichkeiten der Arbeitsperson statt und erfordert technische Infrastruktur, geeignete Arbeitsaufgaben und organisationale Zustimmung. Die Auswirkungen von Telework sind in der Regel durch starke Moderatoreffekte beeinflusst und können entsprechend positiv oder negativ ausfallen.
> (nach Vilhelmson und Thulin (2016) und Boell et al. (2016))

Auswirkungen von Telework

Es ist im Forschungsstand umstritten, welche Auswirkungen es hat, wenn Arbeitspersonen Telework im Rahmen einer *employment practice* in Anspruch nehmen. Leslie et al. (2012) konnten in einer Feldstudie herausfinden, dass Vorgesetzte die Inanspruchnahme einer Telework-Regelung nur positiv bewerten, wenn sie glauben, dass dies aus Produktivitätsgründen geschieht. Glauben Vorgesetzte hingegen, dass die Telework-Regelung in Anspruch genommen wird, um Arbeit und Familie besser miteinander zu vereinbaren, entsteht ein negatives Bild, welches sich wiederum negativ auf die Karrierechancen der Arbeitspersonen auswirkt (Leslie et al., 2012).

In einer systematischen Literaturanalyse konnten De Menezes und Kelliher (2011) keine eindeutigen Auswirkungen von Telework bei *employment practice* auf die Arbeitsqualität der gesamten Organisation, Kündigungsbestrebungen, Absentismus („blaumachen"), individuelle Arbeitsqualität, Arbeitszufriedenheit, Bindung zum Arbeitgeber und Wohlbefinden feststellen. Dies wird auf die Vielzahl unterschiedlicher Telework-Ausgestaltungen zurückgeführt, aber auch auf Mediator- und Moderatoreffekte, über die Forschungsbedarf besteht (De Menezes & Kelliher, 2011).

Felstead und Henseke (2017) konnten in einer Metaanalyse verschiedener Datensätze herausarbeiten, dass die Arbeit zuhause mit höherer Zufriedenheit und Identifikation mit dem Arbeitgeber einhergeht, aber auch mit einem Rückgang der Produktivität sowie mit Problemen in der Abgrenzung. Arbeitspersonen erleben ihre Arbeitszeit zu

Hause intensiver und arbeiten über die vertraglich vereinbarte Arbeitszeit hinaus, was eine Strategie sein könnte, die vermeintlich eingebüßte Produktivität zu kompensieren (Felstead & Henseke, 2017). Zusätzlich führen Felstead und Henseke dieses Verhalten darauf zurück, dass die Arbeit zu Hause autonomer und mit höherer intrinsischer Motivation erfolgt. Ein weiterer Erklärungsansatz besteht darin, dass dem Arbeitgeber als Dank für die ermöglichte Flexibilität etwas zurückgegeben werden soll (Kelliher & Anderson, 2010). Bal und De Lange (2015) konnten herausfinden, dass jüngere Arbeitspersonen sich von älteren in den Auswirkungen von Telework bei *employment practice* unterschieden: Während bei Jüngeren das Engagement stieg, steig bei Älteren die Produktivität. Dies wird von Bal und De Lange dahingehend interpretiert, dass ältere Arbeitnehmer im Laufe ihres Arbeitslebens lernen, ihre Nicht-Arbeitsrollen besser zu erfüllen und hierdurch zu Hause weniger Störungen entstehen. Zusätzlich hat das bloße Angebot von flexibler Beschäftigungspraxis einen positiven Effekt auf Engagement und Arbeitsleistung, unabhängig davon, ob dieses Angebot auch tatsächlich in Anspruch genommen wird (Bal & De Lange, 2015). Insgesamt kann keine pauschale Aussage darüber getroffen werden, ob sich flexibles Arbeiten positiv oder negativ auf Arbeitsleistung und Work-Life-Balance auswirken, was die Notwendigkeit der Untersuchung von Moderatoreffekten abermals unterstreicht.

Einen weiteren Grund für diese Uneindeutigkeit sehen Neirotti et al. (2019) in der unzureichenden Abgrenzung zwischen *employment practice* oder *work practice* im Forschungsstand. In einer Befragung konnten die Autoren herausfinden, dass beide Flexibilitätstypen einen positiven Einfluss auf die Arbeitszufriedenheit haben, dieser Einfluss im Fall der *work practice* jedoch nur positiv ausfällt, wenn die Arbeitsaufgabe gut durch IKT unterstützt werden kann. Dies wird von Neirotti et al. dahingehend interpretiert, dass IKT soziale Isolation abmildert (Cousins & Robey, 2015), während bei selbst gewähltem Telework der Grad der Verbindung zu Kollegen und Vorgesetzten selbst festgelegt wird und daher nicht negativ ins Gewicht fallen kann.

Telework während der COVID-19-Pandemie

Boxall und Macky stellen allgemein klar, dass *employment practice* und *work practice* nicht in jedem Fall trennscharf voneinander unterscheiden werden können. Zur erfolgreichen Umsetzung beider Arten sollten jeweilige Maßnahmen nicht isoliert umgesetzt werden, sondern vielmehr in Maßnahmenpaketen, die intern konsistent sind und in die gesamte Strategie des Unternehmens passen (Whitfield & Poole, 1997).

Es ist fraglich, wie die sprunghafte Zunahme von flexibler Arbeit aufgrund der COVID-19-Pandemie (Sostero et al., 2020) vor dem Hintergrund der Unterscheidung zwischen *employment practice* und *work practice* einzuordnen ist oder ob sich eine arbeitspersonenzentrierte Unterscheidung anbietet, die auf Kontrolle basiert. Die Ergebnisse von Nemteanu und Dabija (2023) stützen diese These, da flexible Arbeit während der COVID-19-Pandemie mit schlechterer Work-Life-Balance sowie stärkerer Isolation und sogar Ängsten um den Verlust des Arbeitsplatzes einherging. Kümmerten sich Unternehmen hingegen zufriedenstellend um die Herausforderungen der Pandemie, hatte dies einen positiven Einfluss auf die Work-Life-Balance und ging mit höherer Arbeitsleistung und Zufriedenheit einher (Olsen et al., 2023; Ortiz-Bonnin et al., 2023). In einer qualitativen Untersuchung konnten Keightley et al. (2022) herausfinden, dass der pandemiebedingte Wechsel zu Telework nicht nur zur physischen, sondern auch zur psychischen Verwischung der Grenze zwischen Arbeit und Nicht-Arbeit geführt hat, sodass am Ende des Arbeitstages schlechter von der Arbeit abgeschaltet werden konnte. In Konsequenz entwickeln Probanden entsprechende Coping-Strategien wie z. B. Spaziergänge oder Einrichtung einer „Arbeitsecke", die sich bei Freizeitaktivitäten nicht im Sichtfeld befindet, sodass letztlich auch positive Aspekte an Telework identifiziert werden. Grundsätzlich führt die Heimarbeit aber auch zu einer Verlängerung der Arbeitszeit, da kurze produktive Gespräche mit Kollegen unterblieben und stattdessen viele virtuelle Meetings abgehalten wurden, die von den Probanden als sinnlos und unnötig zeitintensiv erlebt wurden (Keightley et al., 2022).

Telework und Rollenkonflikte

Angesichts der Wichtigkeit von Coping-Strategien erscheint es angemessen, Work-Life-Balance um einen Verhaltensaspekt zu erweitern, der auf die Kompetenz ausgelegt ist, geeignete Abgrenzungsstrategien zu entwickeln und einzuhalten. Dieser Aspekt der Abgrenzung ist keineswegs neu und wird bereits in der *border theory* (Clark, 2000) aufgezeigt, welche wiederum in den in Kap. 5.1 beschriebenen Konzeptionalisierungen aufgegriffen wird (Casper et al., 2018; Sirgy & Lee, 2018). IKT verwischt die Begrenzungen zwischen Arbeit und Nicht-Arbeit, was ein erhebliches Risiko für die Work-Life-Balance von Arbeitspersonen darstellen kann (Keightley et al., 2022, 2023; Park et al., 2011). Die bei Keightley et al. (2022) beschriebene Situation, dass Teleworker aufgrund mangelnder Abgrenzung nicht einschlafen konnten, kann als Rollenkonflikt der Rollen Selbstfürsorge (Anforderung: Schlafen) und Arbeitskraft (Anforderung: Produktivität) aufgefasst werden und stellt einen Verhaltenskonflikt dar. Durch digitale Transformation entsteht im Hinblick auf Telework also keine gänzlich neue Form des Rollenkonfliktes, sondern der bislang nur bei speziellen Berufsgruppen als relevant geltende verhaltensbasierte Rollenkonflikt (Kossek & Lee, 2017) wird zum Massenphänomen.

5.2.2 Telepressure und Technostress

Die Auswirkungen der digitalen Transformation der Arbeitswelt auf die Work-Life-Balance werden neben dem Aspekt der Flexibilisierung auch unter dem Aspekt der Informationsüberflutung diskutiert. Diese kann definiert werden als Situation, in der die Effektivität und Effizienz der individuellen Informationsverarbeitung durch die Fülle von potenziell relevanter und nützlicher Information behindert wird (Bawden & Robinson, 2020). Informationsüberflutung kann sich hierin negativ auf Entscheidungs- und Kommunikationsprozesse auswirken und zu erheblicher mentaler Belastungen führen (Eppler & Mengis, 2004). Hierbei stellt es bereits ein Risiko für die Work-Life-Balance dar, wenn arbeitsbezogene Kommunikation auf privaten Smartphones anstatt dienstlich bereitgestellten Geräten erledigt wird (Harris, 2014). Zusätzlich erfolgt diese Bearbeitung zunehmend außerhalb der offiziellen Arbeitszeit, und gerade dienstjüngere Arbeitnehmer empfinden das Bedürfnis, permanent auf arbeitsbezogene Nachrichten reagieren zu müssen (Waller & Ragsdell, 2012). Sogenanntes *Telepressure* steht in negativem Zusammenhang zur Work-Life-Balance.

Arbeitsdefinition: Telepressure
Telepressure bezeichnet die Empfindung einer Arbeitsperson, auf arbeitsbezogene Nachrichten so schnell wie möglich und auch außerhalb der Arbeitszeit eingehen zu müssen.
(nach Barber und Santuzzi (2015))

(Santuzzi & Barber, 2018) fanden heraus, dass der Zusammenhang zwischen Telepressure und mentaler Erschöpfung stärker ist, wenn der Arbeitgeber keine Anforderung formuliert, dass auf Nachrichten umgehend reagiert werden soll. Dieser erwartungswidrige Befund wird von Santuzzi und Barber dahingehend interpretiert, dass sich Arbeitspersonen an die Anforderungen ihrer Arbeitgeber anpassen und in Berufen mit niedrigen Erwartungen die Adaption an Telepressure ein ungewohntes Verhalten darstellt. Auch qualitative Ergebnisse von Ninaus et al. (2015) zeigen, dass schädlicher Erwartungsdruck eher durch innere Faktoren wie der Einstellung zur eigenen Arbeitsleistung verstärkt wird als durch explizit formulierte Erwartungen des Arbeitgebers. Telepressure wird zudem schon dadurch erzeugt, dass der Arbeitgeber digitale Arbeitsmittel nur bereitstellt und keine explizite Erwartungshaltung formuliert (Ninaus et al., 2015). Hieran zeigt sich, dass auch ein Intra-Rollenkonflikt (d. h. unterschiedliche Erwartungen an dieselbe Rolle) problematisch für die Work-Life-Balance sein kann: Der Arbeitnehmer hat im Falle von Telepressure höhere Erwartungen an sich als sein Arbeitgeber.

Technostress

Die durch Telepressure erzeugte Verschmelzung zwischen *work* und *life* ist Teil eines übergeordneten Konzeptes, welches als *Technostress* bezeichnet wird.

> **Arbeitsdefinition: Technostress**
> *Technostress* bezeichnet die individuelle Schwierigkeit von Arbeitspersonen, mit Anforderungen am Arbeitsplatz umzugehen, die mit Informations- und Kommunikationstechnologie (IKT) in Zusammenhang stehen. Technostress hat fünf Unterdimensionen: *Techno-Overload* (Leistungsdruck durch IKT), *Techno-Invasion* (Verwischung zwischen Arbeit und Nicht-Arbeit), *Techno-Complexity* (Überforderung wegen unzureichenden Fähigkeiten), *Techno-Insecurity* (Angst vor Verlust des Arbeitsplatzes) und *Techno-Uncertainty* (Angst, sich ständig weiterbilden zu müssen). Technostress ist im Gegensatz zu anderen Stressformen nicht ambivalent, sondern immer negativ. (nach Tarafdar et al. (2010) und Ragu-Nathan et al. (2008))

Technostress ist in Form von Techno-Invasion eine konzeptuelle Schnittstelle zu Work-Life-Balance, wobei sich auch die anderen Faktoren grundsätzlich negativ auf die Work-Life-Balance auswirken (Saim et al., 2021). Hierbei sind die drei Faktoren Techno-Invasion, Techno-Overload und Techno-Uncertainty besonders relevant für die Work-Life-Balance, da erstere beiden zu einer Verringerung von Freizeit führen und letztere zu einem permanenten Bedrohungsgefühl (Bencsik & Juhasz, 2023). Grundsätzlich steht Technostress aber auch in Zusammenhang mit Rollenkonflikten, da durch Digitalisierung auch neue Organisationsformen wie virtuell verteilte Teams entstehen und so das individuelle Rollenset erweitert wird (Tarafdar et al., 2007).

5.3 Einflussfaktoren, Auswirkungen und Maßnahmen

Im Gegensatz zu der Frage nach der konkreten Definition besteht in der Forschungsliteratur Einigkeit darüber, dass die Auswirkungen von Work-Life-Balance stets positiv sind und eine fehlende Work-Life-Balance stets negative Implikationen hat.

5.3.1 Auswirkungen von Work-Life (Im)balance

Es gibt keinen einheitlichen Terminus für nicht vorhandene Work-Life-Balance. *Work-Life-Imbalance* ist definitorisch nicht eindeutig von *work-life conflict* oder *work-family conflict* abgegrenzt. In dieser Arbeit wird analog zu Hämmig et al. (2012) und Bellmann und Hübler (2021) der Begriff Work-Life-Imbalance verwendet, um die Abwesenheit von Work-Life-Balance zu beschreiben.

Sirgy und Lee (2018) nehmen eine bidirektionale Unterscheidung vor und unterteilen die Auswirkungen von Work-Life-(Im)balance in arbeitsbezogen und nicht-arbeitsbezogen. Sirgy und Lee identifizieren an arbeitsbezogenen Auswirkungen von Work-Life-Balance eine höhere Arbeitsleistung, höhere Arbeitszufriedenheit, höheres organisationales Engagement, verbesserte Karriereentwicklung, verringertes Risiko für Burn-out, weniger Entfremdung vom Arbeitsplatz, weniger Arbeitsstörungen, weniger Absentismus sowie verringerten Kündigungsbedarf. Die Ergebnisse unterscheiden sich nur geringfügig von den Ergebnissen von Allen et al. (2000), welche die Auswirkungen von *work-family conflict* untersuchten, sodass angenommen werden kann, dass eine starke Überschneidung zwischen diesen Konzepten angenommen werden kann.

Auch hinsichtlich der nicht-arbeitsbezogenen Auswirkungen unterscheiden sich *work-family conflict* und Work-Life-(Im)balance nicht wesentlich. Allen et al. (2000) und Sirgy und Lee (2018) identifizieren übereinstimmend höhere Lebenszufriedenheit, höhere Ehezufriedenheit, höhere Familienzufriedenheit, höhere Familienleistung (d. h. das Ausmaß, in dem Arbeitspersonen familiäre Aufgaben wahrnehmen können (Las Heras et al., 2017)) sowie höhere Zufriedenheit mit der Freizeitgestaltung. Zusätzlich identifizieren Sirgy und Lee (2018) eine verbesserte elterliche Zufriedenheit, verbesserten Gesundheitszustand und weniger Konflikte mit Familienmitgliedern. Work Life Imbalance führt hingegen zu psychischer Überforderung, Angstzuständen, Feindseligkeit und Depression, Bluthochdruck, erhöhtem Cholesterin und erhöhtem Alkohol- und Zigarettenkonsum (Sirgy & Lee, 2018; Whiston & Cinamon, 2015).

5.3.2 Einflussfaktoren von Work-Life (Im)balance

Die Einflussfaktoren von Work-Life-(Im)balance werden von Sirgy und Lee (2018) in persönliche und organisationale Faktoren unterteilt. Persönlich sind Involviertheit bei der Arbeit, Wichtigkeit der Arbeit und Selbstwirksamkeitserwartung im Arbeitskontext mit einer Verbesserung der Work-Life-Balance assoziiert. Zusätzlich wirken Verbesserungen in Coping-Strategien und Zeitmanagement positiv auf die Work-Life-Balance aus (Sirgy & Lee, 2018). Auf organisationaler Ebene wirken sich die folgenden Arbeitscharakteristiken positiv aus: Reduktion von Arbeitsanforderungen, Reduktion von Zeitdruck, Erhöhung von Autonomie, klare Rollenerwartungen in Arbeits- und Nicht-Arbeitskontext sowie zeitliche Flexibilisierung (entspricht *employment practice*). Weiterhin wirken sich organisationale Unterstützungsmaßnahmen positiv auf die Work-Life-Balance aus, diese werden in Kap. 5.3.5 vorgestellt.

5.3.3 Zyklische Verbindung von Auswirkungen und Einflussfaktoren

Neben der unzureichenden Berücksichtigung technologiebezogener Faktoren im Forschungsstand kritisieren Kossek und Lee (2017) die Verwendung derselben Variablen als Prädiktor, Mediator oder Moderator, weshalb künftige Studien eher auf die Identifikation weiterer Mediator- und Moderatoreffekte ausgerichtet sein sollte als auf eine Erweiterung des ohnehin ausführlichen Forschungsstandes über die Einflussfaktoren und Konsequenzen. Auch Shirmohammadi et al. (2022) kritisieren die in der Forschungspraxis gängige Einteilung in Einflussfaktoren und Konsequenzen, da diese unter Verweis auf die *COR-Theorie* (engl. *conservation of resources theory*) nach Hobfoll (1989) ohnehin dynamisch miteinander verbunden sind.

Die COR-Theorie besagt, dass Individuen oder Gruppen Stress erleben, sobald Ressourcen verloren gehen, von Verlust bedroht sind oder trotz signifikantem Aufwand nicht aufgebaut werden können (Hobfoll, 1989). Da Ressourcenverlust stets negativer bewertet wird als Ressourcengewinn positiv und zusätzlich Ressourcen investiert werden müssen, um Stress zu vermeiden, ergeben sich separate, selbstverstärkende Zykel, die als Ressourcengewinn (*resource gain cycle*) und Ressourcenverlust/Stress (*resource loss cycle*) aufgefasst werden (Hobfoll, 2011; Hobfoll et al., 2018). Eine Verbesserung der Work-Life-Balance führt gemäß COR-Theorie mittelbar zu einer weiteren Verbesserung, wohingegen Work-Life-Imbalance mittelbar zu weiterer Work-Life-Imbalance führt (s. Abb. 5.2). Jede Auswirkung von Work-Life-(Im)balance ist damit eine Vorbedingung und eine Auswirkung zugleich. Konkret könnte ein möglicher Gain-Cycle also darin bestehen, dass eine verbesserte Work-Life-Balance zu mehr Arbeitsautonomie führt, diese wiederum zu mehr Produktivität (und hierin weiteren Ressourcen) und diese wiederum zu einer verbesserten Work-Life-Balance. Umgekehrt könnte ein Loss-Cycle darin bestehen, dass Work-Life-Imbalance zu schlechterem Wohlbefinden führt, dieses wiederum zu höherer erlebter Arbeitsintensität, da Ressourcen verloren gehen, und diese wiederum zu noch stärkerer Work-Life-Imbalance (Shirmohammadi et al., 2022). Abbildung 5.2 zeigt die Ressourcen und Stressoren von Work-Life-Balance bei Telework während der COVID-19-Pandemie anhand der COR-Theorie.

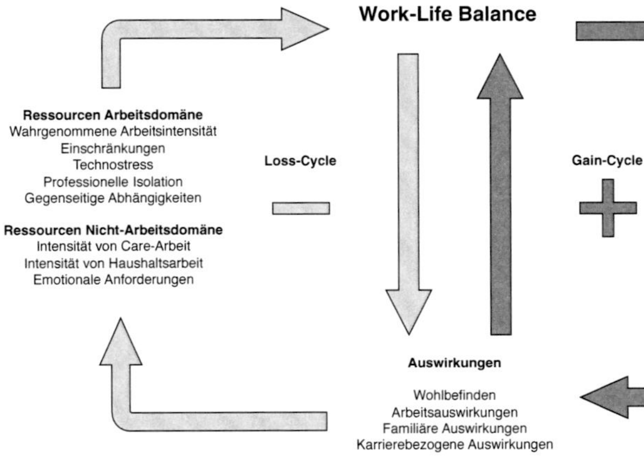

Abbildung 5.2: Einordnung der Vorbedingungen und Auswirkungen von Work-Life-Balance bei Telework während der Pandemie anhand der COR-Theorie. Übersetzt nach Shirmohammadi et al. (2022).

Hierbei identifizierten Shirmohammadi et al. (2022) folgende Ressourcen im Gain-Cycle: Arbeitsautonomie, organisationale Unterstützung, persönliche Anpassungsfähigkeit und familiäre Unterstützung. Stressoren im Loss-Cycle sind wahrgenommene Arbeitsintensität, mangelnder Platz zum Arbeiten, Technostress, professionelle Isolation und hohe Abhängigkeit von anderen Ressourcen. Die Intensität von Care-Arbeit, Intensität von Hausarbeit und emotionale Beanspruchung sind nicht-arbeitsbezogene Stressoren. Direkte Resultate als Folge von Work-Life-(Im)balance in beiden Zyklen sind Faktoren von Wohlbefinden/Gesundheit, arbeitsbezogene Folgen wie Produktivität und Arbeitsleistung, aber auch familiäre Folgen wie ein verbesserter Familienzusammenhalt (Shirmohammadi et al., 2022).

Beide Kritiken von Shirmohammadi et al. und Kossek und Lee an der gängigen Forschungspraxis weisen auf relativ fundamentale Herausforderungen hin, sodass zukünftige Forschung eher untersuchen sollte, inwiefern der Einfluss des Stressors auf die Work-Life-Balance von Ressourcen moderiert wird (Shirmohammadi et al., 2022). Auch eine Metastudie von Wood et al. (2020) zum Verhältnis zwischen Work-Life-Balance und Arbeitsengagement kam zu dem Ergebnis, dass die Wirkrichtung zwischen diesen beiden Faktoren wechselseitig ist, sodass Handlungsempfehlungen eher aus einer holistischen Perspektive heraus formuliert werden sollten (Wood et al., 2020). Hinsichtlich Moderatoreffekten konnte gezeigt werden, dass der Effekt zwischen Work-Life-Balance und Arbeitsengagement von u. a. präventiven Coping-Strategien, proaktiver Persönlichkeit, intrinsischer Motivation, Promotion Fokus und Prevention Fokus moderiert wird (Wood et al., 2020).

5.3.4 Bezüge zu Job Crafting und Transformational Leadership

Job Crafting

Bezüge zwischen Job Crafting und Work-Life-Balance in sind in den Reviews zu Vorbedingungen und Konsequenzen nicht explizit erwähnt, was insofern verwunderlich ist, als beide Faktoren auf Ressourcen- und Rollentheorien basieren und sich bestimmte Job Crafting u. a. als Anreicherung von Arbeitsrollen auffassen lässt. In der ressourcenbasierten Job-Crafting-Konzeption nach Tims et al. (2012) lassen sich die Suche nach allgemeinen Ressourcen und Suche nach einer Reduktion des Arbeitsaufwandes als individuelle Strategien zur Verbesserung der Work-Life-Balance auffassen, wohingegen die Suche nach Herausforderungen einen Stressor darstellen könnte, da hohe Arbeitsanforderungen als eine Vorbedingung für Work-Life-Imbalance gelten (Byron, 2005; Sirgy & Lee, 2018; Wood et al., 2020). Insgesamt kann Job Crafting also auf theoretischer Ebene in Hinblick auf Work-Life-Balance eine förderliche oder schädliche Verhaltensweise darstellen, die in Form von Ressourcengewinn zum Gain-Cycle oder in Form von Überforderung zum Loss-Cycle beitragen kann.

Anhand der Analyse von Arbeitspersonen des finnischen öffentlichen Sektors konnte gezeigt werden, dass die Suche nach strukturellen Ressourcen und die Suche nach einer Reduktion des Arbeitsaufwandes positiven Einflüsse auf das Arbeitsengagement und ein gesundes Verhältnis zur Arbeit (in Abgrenzung zu Workaholismus) hat, wohingegen negative Einflüsse von Job-Crafting-Faktoren auf Work-Life-Balance Faktoren nicht identifiziert werden konnten (Nissinen et al., 2022). Anhand einer italienischen Stichprobe konnten Mondo et al. (2023) feststellen, dass der negative Zusammenhang zwischen Work-Life-Imbalance und Arbeitszufriedenheit vollständig von Job Crafting mediiert wird. Dies wird dahingehend interpretiert, dass Job Crafting einen „Schutzfaktor“ darstellt, der die negativen Auswirkungen von Work-Life-Imbalance abmildern kann (Mondo et al., 2023).

Qualitativ konnten (Nielsen & Yarker, 2020) anhand einer englischen Stichprobe herausfinden, dass Arbeitspersonen, welche aufgrund von häufigen psychischen Krankheiten (z. B. Stress, Angststörung und Depression) längere Zeit krankgeschrieben waren und in den Beruf zurückkehren, Job Crafting (in Konzeption nach Wrzesniewski und Dutton (2001)) betreiben und u. a. Aufgaben auf andere Art strukturieren und Kollegen mit ähnlichen Krankheitsbildern unterstützen. Zusätzlich beschrieben die Probanden, dass sie seit ihrer Rückkehr in den Beruf klarere Grenzen zwischen Arbeit und Nicht-Arbeit ziehen und nach Feierabend keine E-Mails mehr lesen (Nielsen & Yarker, 2020).

Im speziellen Hinblick auf die Fähigkeit, Telework zu „erlernen“, plädieren Wessels et al. (2019) dafür, sogenanntes *time-spatial job crafting* als weitere Dimension des

Job Craftings aufzufassen, bei der raumzeitliche Anforderungen proaktiv erfüllt werden, sodass keine Nachteile durch Telework entstehen. Sturges (2012) konnte anhand einer qualitativen Studie herausfinden, dass Arbeitspersonen „inoffizielle Techniken" verwenden, die über die bloße Inanspruchnahme von formal festgehaltenen Angeboten des Arbeitgebers hinausgehen, um ihre Work-Life-Balance sicherzustellen. In Anlehnung an die Job-Crafting-Konzeption von Wrzesniewski und Dutton (2001) werden diese Aktivitäten in physische, kognitive und relationale Aktivitäten unterteilt. Die Autorin identifiziert hierbei u. a. die bewusste Auswahl von Arbeitgebern mit Work-Life-Balance-Unterstützung als *physical crafting*, die Erarbeitung einer individuellen Definition von Work-Life-Balance als *cognitive crafting* sowie die Pflege von Arbeitsbeziehungen als *relational crafting*. Ein hierauf basierendes Messinstrument zeigt, dass sich Maßnahmen des bidirektionalen *work-nonwork balance crafting* insofern unterscheiden, als arbeitsbezogene Tätigkeiten mit guter Rollenbalance in Beziehung stehen (Kerksieck et al., 2022). Dies deutet darauf hin, dass Work-Life-Balance eher über Arbeit bestimmt wird als über Nicht-Arbeit. Zusätzlich konnte Tuan (2022) zeigen, dass die Entwicklung von proaktiven Coping-Strategien zu Technostress von Promotion Fokus positiv und von Prevention Fokus negativ beeinflusst wird.

Insgesamt zeigt sich, dass die Bezüge zwischen Job Crafting und Work-Life-Balance bisher nicht ausreichend empirisch erforscht sind, da meist entweder Bezüge zwischen Job Crafting und indirekt verbundenen Konzepten wie Arbeitsengagement oder Arbeitszufriedenheit im Forschungsinteresse stehen oder Job Crafting nicht in seinen Unterdimensionen betrachtet wird.

Transformational Leadership

Im Hinblick auf transformationale Führung unterscheiden sich die Perspektiven auf Work-Life-Balance dahingehend, ob die Unterstützung durch Vorgesetzte oder Kollegen als unterstützende organisationale Rahmenbedingung aufgefasst wird oder ob die Work-Life-Balance von transformationalen Führungspersonen im Forschungsinteresse steht.

Grundsätzlich konnte transformationale Führung metaanalytisch von K. A. Arnold (2017) als Prädiktor des Wohlbefindens von Arbeitspersonen identifiziert werden, wobei der Fokus der Forschungsliteratur eher auf der Identifikation mediierender Faktoren liegt, sodass weiterer Forschungsbedarf vorwiegend in der Identifikation moderierender Faktoren besteht. Der Einfluss transformationaler Führung auf das Wohlbefinden der Arbeitspersonen erfolgt auch indirekt über die folgenden Faktoren: erlebter Arbeitssinn, Vertrauen in den/die Vorgesetzte, Gemeinschaftsgefühl, Qualität des Arbeitslebens, Mitarbeitermotivation, Teamwirksamkeit, Möglichkeit zur Rollenentwicklung, soziale Unterstützung und Innovationsklima. Die Auswirkung transformationaler Führung ist hierbei stets positiv (K. A. Arnold, 2017).

Wie bereits erwähnt, ist die Unterstützung durch andere im Hinblick auf die Work-

Life-Balance ein Schlüsselfaktor mit starkem Effekt (Bryson et al., 2005; Sirgy & Lee, 2018). Dies schließt die Unterstützung durch transformationale Führungspersonen mit ein, insbesondere bei der Unterstützung in *time-spatial job crafting* (Wessels et al., 2019). Allgemein werden transformationale Führungspersonen von Arbeitspersonen auch als besonders unterstützend für die Vereinbarkeit von Familie und Beruf wahrgenommen (Kossek et al., 2018) und stehen mit ihrer eigenen Work-Life-Balance in Vorbildfunktion (Mattock, 2015; Schröder, 2008).

Syrek et al. (2013) konnten zeigen, dass bei deutschen Arbeitspersonen aus der IT-Branche transformationale Führung den Zusammenhang zwischen Zeitdruck und Erschöpfung sowie den Zusammenhang zwischen Zeitdruck und Work-Life-Balance zugunsten der Arbeitsperson moderierend abschwächt. Auch im Hinblick auf Telework fällt transformationale Führung positiv ins Gewicht (Walsh et al., 2023). Bei dänischen Pflegekräften konnten (Munir et al., 2012) zeigen, dass sich transformationale Führung positiv auf das Wohlbefinden der Mitarbeiter auswirkt und dieser Einfluss komplett von Work-Life-Balance mediiert wird, was für eine Schutzfunktion von transformationaler Führung spricht. Bei einer explorativen Untersuchung der Einflussfaktoren von Wohlbefinden am Arbeitsplatz fanden Yap und Badri (2020) heraus, dass für jüngere Arbeitspersonen der erlebte Sinn am Arbeitsplatz den größten Einflussfaktor darstellt, gefolgt von transformationaler Führung und Work-Life-Balance mit annähernd gleich starkem Effekt.

5.3.5 Maßnahmen zur Herstellung von Work-Life Balance

Die Herstellung von Work-Life-Balance ist aufgrund der bereits diskutierten positiven Einflüsse für Arbeitnehmer wie Arbeitgeber eine besonders erstrebenswerte, wenn auch herausfordernde Zielgröße. Allgemein lassen sich Maßnahmen zur Herstellung, Wiederherstellung und iterativen Verbesserung von Work-Life-Balance auf verschiedenen Ebenen verorten, z. B. analog zu Shanafelt und Noseworthy (2017) Individuum, Arbeitseinheit/Organisation und Staat/Gesetzgeber.

Individuelle Maßnahmen

Zu Maßnahmen auf individueller Ebene zählen Verhaltensweisen, die das Individuum ergreift, um Arbeitsrollen und Nicht-Arbeitsrollen miteinander zu vereinbaren. Diese können proaktiv sein (z. B. Job Crafting), es kann sich aber auch um reaktive Coping-Strategien handeln. Es gibt grundsätzliche Anzeichen dafür, dass die Entwicklung individueller Strategien sich im Laufe des Arbeitslebens verbessert, weshalb ältere Arbeitspersonen eine bessere Work-Life-Balance aufweisen als jüngere Arbeitspersonen (Spieler et al., 2018). Hiervon abzugrenzen sind individuelle Maßnahmen, die auf Basis von empirischen Ergebnissen empfohlen werden. Beispiele hierfür finden sich bei Keightley et al. (2023) und Shirmohammadi et al. (2022), die u. a. ausreichende Flüssigkeitszufuhr, Pausen, eine strikte räumliche Trennung zwischen Arbeits- und Nicht-Arbeitsbereich sowie einen offenen Austausch mit Arbeitskollegen über Work-Life-Balance-Probleme empfehlen.

Maßnahmen der Arbeitseinheit / Organisation

Hinsichtlich der Abgrenzung von individuellen und organisationalen Strategien konnten Zheng et al. (2016) anhand einer australischen Stichprobe zeigen, dass organisationale Maßnahmen keinen direkten Effekt auf das Wohlbefinden der Arbeitspersonen hatten, sondern indirekt über die individuellen Strategien wirkten. An organisationale Maßnahmen identifizieren Sirgy und Lee (2018) Flexibilisierungsangebote, Möglichkeit zur Teilzeitarbeit, Unterstützung in der Kinderbetreuung, besondere Angebote für Eltern, betriebliche Gesundheits- und Wellnessprogramme, Elternzeit und soziale Unterstützung[1]. Die Auswirkungen von organisationalen Maßnahmen und Initiativen zur Förderung der Work-Life-Balance der Mitarbeiter sind neben der potenziellen Produktivitätssteigerung (Sheppard, 2016) für Unternehmen auch von strategischem Interesse, da Unternehmen, die sich um die Work-Life-Balance ihrer Mitarbeiter kümmern, attraktiver für Arbeitssuchende sind. Besonders talentierte Arbeitspersonen werden von solchen Initiativen angezogen und in ihrer Potenzialentfaltung gefördert (Caligiuri & Givelekian, 2008; Thomas, 2014). In einer Experimentalstudie, in der 310 Arbeitspersonen randomisiert in eine flexibel arbeitende Gruppe oder eine Kontrollgruppe eingeteilt wurden, konnte gezeigt werden, dass flexibles Arbeiten (operationalisiert als ein flexibler Tag pro Woche in Rücksprache mit den Vorgesetzten — also klar *employment practice*) einen kausal positiven Einfluss auf die Produktivität, Zufriedenheit und Work-Life-Balance der Arbeitspersonen hat (Angelici & Profeta, 2023).

Dass die Frage nach den positiven Auswirkungen von Work-Life-Balance-Maßnahmen stets unter dem Aspekt der Vorteile für das Unternehmen behandelt wird, bezeichnet A. James (2011) als Teil einer neoliberalen Agenda, bei der Regierungen sich scheuen, gesetzliche Rahmenbedingungen zu verankern, und den Profit von Unternehmen über die Gesundheit der Arbeitnehmer stellen. Von sich aus würden Unternehmen demnach keine geeigneten Maßnahmen ergreifen, da sie diese als kostenintensiven Luxus auffassen (A. James, 2014). Ein weiteres Problem sieht A. James in dem in der Forschung vorherrschenden Fokus auf Evaluationskriterien aus Arbeitgebersicht (konkret Produktivität, Profitabilität und Konkurrenzfähigkeit) sowie der unzureichenden Erforschung des „Work-Life-Balance-Geschäftsmodells", also der Frage, ob sich die Work-Life-Balance der Mitarbeiter finanziell für Unternehmen lohnt. A. James (2017) lehnt eine alleinige Fokussierung auf den Geschäftsmodellgedanken ab, konnte diesen

[1] Dies kann viele verschiedene Maßnahmen beinhalten, von wahrgenommener Wertschätzung bis zu konkreter instrumenteller Hilfe. Übersicht siehe Jolly et al. (2021)

aber in einer Literaturanalyse bestätigen: Work-Life-Balance verbessert die gesamte Unternehmensleistung und führt zu niedrigerem Absentismus („blaumachen“) und weniger Kündigungen A. James (2017).

Perrigino et al. (2018) nimmt gegenüber bestehenden organisationalen Work-Life-Balance-Maßnahmen ebenfalls eine kritische Position ein und identifiziert mehrere Formen des *work-family backlash*, bei dem bestehende Maßnahmen zur Förderung der Work-Life-Balance zwar bestehen, aber wegen Stigmatisierung oder impliziter Bestrafung (z. B. durch ausbleibende Gehaltserhöhungen) nicht angenommen werden. Hinsichtlich der Problematik der Informationsüberflutung identifiziert Eppler und Mengis (2004) anhand einer systematischen Literaturanalyse folgende organisationale IKT-Maßnahmen: Evaluationsstrukturen für Informationen, eine Favorisierung von Push- gegenüber Pull-Kommunikation sowie die Verwendung von „intelligenten“ Systemen zur Informationsfilterung und Unterscheidungsunterstützung sowie darunter auch KI-basierte Systeme, die auf natürlicher Sprache beruhen. Diese Empfehlung geht auf Nelson (1994) zurück, welcher argumentiert, dass ein Suchauftrag, der an ein KI-basiertes System übergeben wird, den Nutzer davor schützt, die Informationsmenge selbst bearbeiten zu müssen. Dies ist angesichts der Jahreszahl und dem damals nicht abzusehendem Erfolg von Suchmaschinen wie Google und Sprachmodellen wie ChatGPT ein höchst interessanter Gedanke, zumal fraglich ist, ob sich die Problematik der Informationsüberflutung durch solche Systeme nicht verschärft hat (Bawden & Robinson, 2020). Eine zusätzliche Maßnahme zur Vermeidung von Technostress stellt die Abkehr von einer 24/7-Kommunikationskultur dar, bei der Arbeitnehmer nicht verpflichtet sind, auf Anrufe und E-Mails umgehend zu reagieren (Vayre & Vonthron, 2019).

Weitere organisationale Maßnahmen umfassen die Bereitstellung von Diagnosen und Empfehlungen. Majumder et al. (2022) entwickelten hierfür ein interaktives Web-Interface namens „Wheel of Life“, in welchem Arbeitspersonen anhand von Selbstauskünften entlang der 5 Kategorien Arbeitsleben, kreatives Leben, Sozialleben, Liebesleben und Lebenssinn Informationen über Ihre Work-Life-Balance erhalten. Zusätzlich erhalten Nutzer die Möglichkeit, diese Werte zu modifizieren, um eine Prognose über die Verbesserung oder Verschlechterung ihrer Work-Life-Balance zu erhalten. Eine Evaluation anhand von N=120 indischen Arbeitspersonen zeigte, dass sich die Work-Life-Balance nach Anpassung der Werte verbesserte, eine exakte Evaluation sowie der Einbezug künstlicher Intelligenz zur Hinzunahme konkreter Empfehlungen steht allerdings aus (Majumder et al., 2022). Grundsätzlich zielen auch die in Kapitel 4.4 vorgestellten KI-Coaches auf die Verbesserung der Work-Life-Balance ab (Cranefield et al., 2023), formulieren dies aber nicht explizit unter diesem Begriff, sondern eher unter *healthcare*. Hierzu gibt es zahlreiche Ansätze, u. a. *youper*[2], ein KI-Chatbot mit der Möglich-

[2]https://www.youper.ai/, Zugriff am 01.08.2023

keit, eine Videotelefonieverbindung zu Ärzten aufzubauen, *Babylon Health*[3], einer KI zur Selbstdiagnose von Krankheiten, sowie *woebot*[4] oder *wysa*[5], zwei KI-Modellen zur Verhaltenstherapie (D. Lee, 2023; Strong & Terblanche, 2020).

Die Rolle des Staates

Der Fokus des Work-Life-Balance-Diskurses liegt meist auf individuellen oder organisationalen Auswirkungen und Verantwortlichkeiten, was dem Phänomen angesichts der volkswirtschaftlichen und gesamtgesellschaftlichen Tragweite nicht gerecht wird. Aufgrund kultureller Unterschiede ist der direkte Vergleich der Auswirkungen staatlicher Rahmenbedingungen außerdem erschwert, da sich Staaten sowohl hinsichtlich Individualismus und Kollektivismus unterscheiden als auch in der Rolle der wahrgenommenen öffentlichen Verantwortung hinsichtlich Care-Arbeit (Brough et al., 2008). Dennoch werden staatliche Interventionen meist als Eingriff in den freien Markt angesehen, weshalb A. James (2011) kritisiert, dass hierdurch erhebliches gesellschaftliches Verbesserungspotenzial ungenutzt bleibt.

Auf Ebene der Europäischen Union werden Richtlinien diskutiert, die einheitliche Regelungen für Mutterschutz und Elternzeit unter den Mitgliedsstaaten anstreben und folglich Work-Life-Balance als Vereinbarkeit von Familie und Beruf auffassen (Chieregato, 2020). Eine gesetzlich verankerte Abkehr von der 24/7-Kommunikationskultur wird unter dem Schlagwort „Recht abzuschalten" (engl. *right to disconnect*) diskutiert, verbleibt in den meisten Staaten aber im Status der Selbstverpflichtung des Arbeitgebers (Secunda, 2019). Ebenso verhält es sich mit einem Recht auf mobiles Arbeiten, welches in Deutschland bereits im Jahr 2020 diskutiert, aber bisher nicht umgesetzt wurde (Kunze et al., 2020).

5.4 KI-basierte Vorhersage von Work-Life Balance

Neuere Forschungsarbeiten zeigen, dass KI-Modelle zur Vorhersage der subjektiven Work-Life-Balance von Arbeitspersonen eingesetzt werden können.

Ein anhand der Selbstauskünfte von N=800 polnischen Arbeitspersonen trainiertes KI-Modell ist in der Lage, die Work-Life-Balance anhand weniger Angaben (reale Arbeitszeit in Stunden, reale Freizeit (Likert-Skala), Arbeit am Wochenende (ja/nein), Selbstständigkeit (ja/nein), subjektiver finanzieller Status) mit 81% Genauigkeit vorherzusagen (Pawlicka et al., 2020). Auffällig ist dabei, dass andere Faktoren wie Demografie, Pflege von Kindern oder Angehörigen oder Maßnahmen des Arbeitgebers keinen signifikanten Einfluss haben. Hierbei ist kritisch anzumerken, dass der Ergebnis-

[3] https://www.babylonhealth.com/, Zugriff am 01.08.2023
[4] https://woebothealth.com/, Zugriff am 01.08.2023
[5] https://www.wysa.com/, Zugriff am 01.08.2023

vektor Work-Life-Balance binär aufgefasst wird. Eine Zusatzanalyse zur Identifikation des Kipppunktes zeigt außerdem, dass das Modell „keine Work-Life-Balance" prognostiziert, sobald die Anzahl der realen Arbeitsstunden über 40 steigt (Pawlicka et al., 2020). Die Ergebnisse sind auch insofern interessant, als die Arbeitszeit als Vorbedingung für Work-Life-Balance zwar bekannt ist, der Umgang mit Überstunden als naheliegende organisationale Maßnahme gemäß den Reviews von Brough und O'Driscoll (2010) oder Sirgy und Lee (2018) im Forschungsstand aber nicht hinreichend diskutiert wird.

Ein weiterer KI-Ansatz von Gupta et al. (2022), trainiert auf den Daten von N=425 indischen Arbeiterinnen aus der IT-Branche, kommt zu einem ähnlichen Ergebnis dahingehend, als dass die durchschnittliche Arbeitszeit pro Tag einen der stärksten Prädiktoren darstellt. Hieran ist abermals kritisch anzumerken, dass die Operationalisierung von Work-Life-Balance nicht ausreichend dokumentiert ist. Diese Problematik liegt auch in anderen Arbeiten vor, bei denen Work-Life-Balance z. B. mit Kündigungsabsicht gleichgesetzt wird (Radha & Rohith, 2021) oder ein fiktionaler Datensatz der Firma IBM zum Modelltraining verwendet wird (Fallucchi et al., 2020; Sunar & Tümen, 2023; Vinoodhini et al., 2022) ohne diesen als solchen zu kennzeichnen[6]. Lediglich Alduayj und Rajpoot (2018) kennzeichnen den Datensatz als synthetisch.

5.5 Zusammenfassung

Insgesamt hat *Work-Life-Balance* als Begriff mehrere Wandlungen und Definitionen durchlaufen, die aus Veränderungen der allgemeinen Lebens- und Arbeitsstruktur resultieren, aber auch aus unterschiedlichen theoretischen Verankerungen. Die umfassenden Literaturanalysen von Sirgy und Lee (2018) und Casper et al. (2018) stimmen darin überein, dass Work-Life-Balance ein möglichst klein gehaltener Rollenkonflikt ist. Bisherige Konzeptionen haben jedoch keinen digitalen Bezug (Kossek & Lee, 2017), weshalb Lott et al. (2022) empfehlen, bestehende Messinstrumente von Work-Life-Balance zu modifizieren oder neu zu konzipieren, um „moderne Realitäten" der Arbeitswelt abdecken zu können. Hinsichtlich der digitalen Transformation der Arbeit hat sich gezeigt, dass bislang untypische Formen von Rollenkonflikten entstehen (Verhaltenskonflikt und Intra-Rollenkonflikt), jedoch keine neue theoretische Fundierung vorgenommen werden muss.

> **Arbeitsdefinition: Work-Life Balance / Work-Nonwork Balance**
> Work-Life-Balance (eigentlich Work-Nonwork-Balance) beschreibt einen Zustand mit möglichst kleinem Rollenkonflikt innerhalb einer Arbeitsrolle oder zwischen einer Arbeitsrolle und einer Nicht-Arbeitsrolle. Dieser Zustand ist nicht extern

[6] https://www.kaggle.com/datasets/pavansubhasht/ibm-hr-analytics-attrition-dataset, „About Dataset [...] This is a fictional data set created by IBM data scientists.", aufgerufen am 10.08.2023

> beobachtbar, subjektiv, eindimensional und unidirektional. Er entsteht, wenn die Kombination der sozialen Rollen der Arbeitsperson durch die Arbeitsperson positiv bewertet wird, weil emotionale Erfahrungen, Engagement und Effektivität in Arbeits- und Nichtarbeitsrollen dem Wert entsprechen, der diesen Rollen beigemessen wird. Work-Life-Balance ist immer erstrebenswert und hat ausschließlich Vorteile für die Arbeitsperson. Im Kontext der digitalen Transformation der Arbeitswelt stellen Technostress, Telepressure und Telework Risikofaktoren dar. Das Gegenteil von Work-Life-Balance ist Work-Life-Imbalance.
> (nach Sirgy und Lee (2018), Casper et al. (2018) und Kossek und Lee (2017))

Forschungsbedarf besteht darin, den Unterschied zwischen *work practice* und *employment practice* bei Telework dahingehend genauer zu untersuchen, ob die Kontrolle der Arbeitsperson der entscheidende Faktor ist. Die Wirkmechanismen können hierbei sehr implizit sein, da z. B. die Bereitstellung eines Diensthandys schon zu Telepressure führt oder sich das Angebot eines Telework-Tages positiv auf die Zufriedenheit auswirkt, auch wenn dieser nicht in Anspruch genommen wird. Aufgrund des umfassenden Forschungsstandes über Einflussfaktoren und Auswirkungen von Work-Life-Balance empfehlen Shirmohammadi et al. (2022), Stressoren und Ressourcen innerhalb der COR-Theorie zu verorten und im Moderatorzusammenhang zu untersuchen. Es besteht grundsätzlicher Forschungsbedarf über technische Stressoren und geeignete Ressourcen. Insgesamt zeigen sich auch Überschneidungen zwischen Job Crafting und Work-Life-Balance dahingehend, dass Arbeitspersonen proaktiv Tätigkeiten ergreifen, um die eigene Work-Life-Balance sicherzustellen.

Bestrebungen, Work-Life-Balance mittels KI vorherzusagen, weisen bisher keine ausreichende Dokumentation der Konzeption von Work-Life-Balance auf, operationalisieren das Konzept zu grob oder setzen es mit der Kündigungsabsicht gleich. Zudem sind manche Modelle auf einem synthetischen Datensatz trainiert. KI-Coaches zur Förderung von Work-Life-Balance sind eher im allgemeinen Gesundheitskontext angesiedelt und adressieren Work-Life-Balance durch klassische Coachingmethoden und Therapie, aber auch durch allgemeine Verfügbarkeit von medizinischen Services.

Teil III

Untersuchungskonzept und methodischer Zugriff

6 Konkretisierung der Zielsetzung

In diesem Kapitel sollen die in Teil II identifizierten Forschungslücken zusammengefasst und in ein Forschungsmodell überführt werden.

6.1 Zusammenfassung der Forschungslücken

Insgesamt hat sich gezeigt, dass Arbeit einem erheblichen Wandel unterliegt, welcher über bisherigen Arbeitswandel hinausgeht und einen technischen Bezug hat, jedoch nicht auf diesen reduziert werden kann. Im Kontext der digitalen Transformation erfordern Fragen der Technikakzeptanz eine neue Theoriebildung, da insbesondere KI-Technologie geltende Prämissen infrage stellt und nicht nur als Werkzeug begriffen werden kann, welches zur Erledigung einer bestimmten Arbeitsaufgabe eingesetzt wird.

Proaktives Verhalten der Arbeitsperson stellt ein Schlüsselkriterium der digitalen Transformation dar, ist in seinen digitalen Implikationen und im Moderatorzusammenhang zu regulatorischem Fokus aber bisher nicht ausreichend erforscht. Die Qualität von Veränderungskommunikation am Arbeitsplatz stellt hierbei einen bisher nicht ausreichend erforschten Faktor mit großem Potenzial für praktische Implikationen dar.

Das Konzept der transformationalen Führung weist starke inhaltliche Bezüge zu Anforderungen auf, die an Führungspersonen im Rahmen der digitalen Transformation formuliert werden. Empirisch hat sich zudem gezeigt, dass transformationale Führungspersonen auch digitale Transformation unterstützen. Gleichzeitig sind digitale Führungskonzepte wie digitale Führung oder digital transformative Führung bisher nicht ausreichend erforscht und zu transformationaler Führung in Beziehung gesetzt. Die bisherige Forschung verortet transformationale Führung zudem allein bei Personen mit formal zugewiesener Führungsrolle. Diese Betrachtung ist in der digitalen Transformation jedoch nicht ausreichend, da Führung auch unter hierarchisch gleichgestellten Teammitgliedern stattfindet. Forschungsbedarf besteht in dem Bezug zwischen transformationaler Führung (durch Vorgesetzte) als Unterstützungsfunktion bei Job Crafting in digitalen Kontexten sowie in der Erforschung des Zusammenhangs von transformationaler Führung (in der Selbsteinschätzung) zu Persönlichkeitsmerkmalen und einer dezidiert digitalen Ausrichtung, die im Folgenden „digitale Vorbildfunktion“ genannt wird, um den Aspekt der gleichen Hierarchiestufe hervorzuheben. Zusätzlich besteht Forschungsbedarf in der Erforschung der Frage, zu welchen Anteilen digitale

Vorbilder Job Crafter und transformationale Führungspersonen sind.

Im Kontext von Work-Life-Balance gibt es Anzeichen dafür, dass sich das Telework-Paradox auflösen lässt, wenn zwischen Telework als *employment practice* und Telework als *work practice* differenziert wird. Im Hinblick auf Ähnlichkeiten zwischen Telework als *work practice* und Telework während der COVID-19-Pandemie besteht Forschungsbedarf darin, ob sich diese Unterteilung aus Managementperspektive auch aus Sicht der Arbeitsperson als selbstbestimmtes oder fremdbestimmtes Telework operationalisieren lässt. Weiterer Forschungsbedarf besteht in der Identifikation von Ressourcen und digitalen Stressoren im Moderatorzusammenhang sowie in der Erforschung der Rolle der Passung zwischen digitalem Arbeitsplatz und Technikaffinität.

Letztlich besteht großer Forschungsbedarf in der Evaluation von Interventionen zur digitalen Transformation der Arbeit, die eine Verbesserung von Job Crafting, transformationaler Führung oder Work-Life-Balance der Arbeitspersonen anstreben sowie in der Rolle von KI-basierten Interventionen in Form von KI-Coaches oder KI-Assistenten. Abbildung 6.1 zeigt die identifizierten Forschungslücken anhand der Schnittmengen zwischen Job Crafting, transformationaler Führung und Work-Life-Balance auf und illustriert eine Zuordnung zu den durchgeführten fünf empirischen Studien.

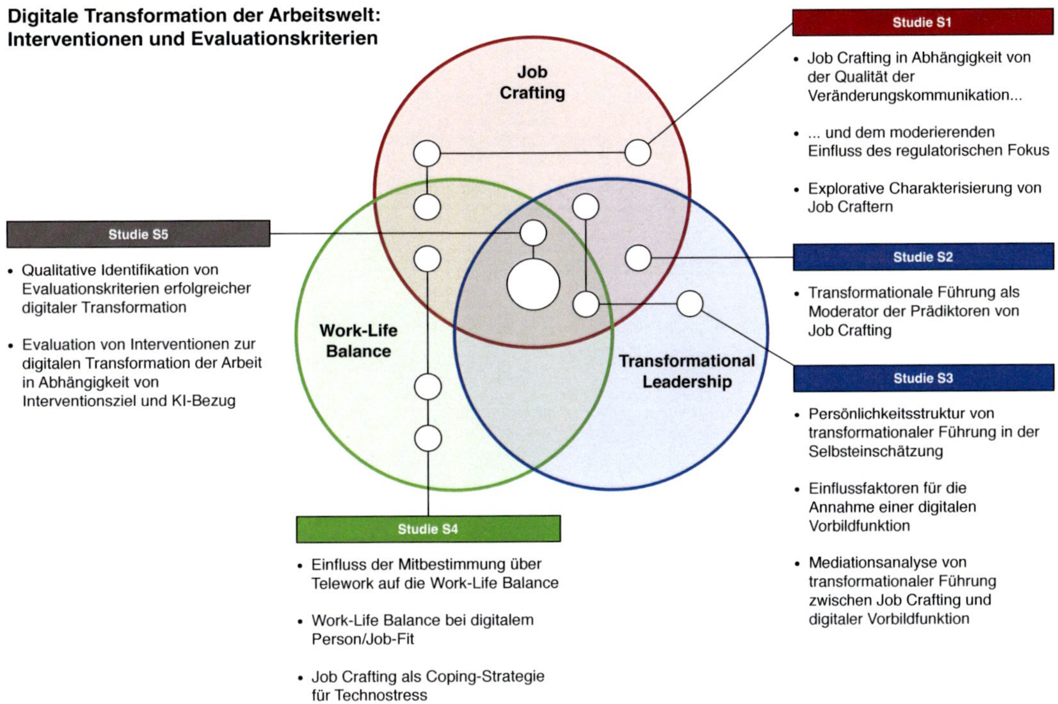

Abbildung 6.1: Identifizierte Forschungslücken und Forschungsmodell der vorliegenden Forschungsarbeit.

6.2 Forschungsfragen und Forschungsmodell

Bei Adressierung der Forschungslücken werden die folgenden inhaltlichen Einschränkungen vorgenommen. Die empirischen Studien fokussieren bestehende Arbeitsverhältnisse. Faktoren der vertraglichen Flexibilität wie z. B. angestrebte Arbeitsplatzwechsel, Karriereentscheidungen, Gig-Work und horizontale Karriere liegen nicht im Studieninteresse. Fokussiert wird hingegen raumzeitliche Flexibilität (Telework) sowie in Form von Job Crafting eine Flexibilität in der Umgestaltung der eigenen Arbeit. Das Ziel dieser Forschungsarbeit liegt zudem nicht darin, Handlungsempfehlungen für die Steigerung der Produktivität abzuleiten oder finanzielle Zielgröße zu adressieren. Beide Faktoren werden naheliegenderweise als Evaluationskriterien in Studie S5 identifiziert, werden aber nicht als abhängige Variable gesetzt und in den anderen Studien nicht erhoben. Zusätzlich werden keine Leistungstests zur Messung von digitalen Kompetenzen durchgeführt. Aufgrund des Forschungsstandes wird davon ausgegangen, dass Job Crafter diese Kompetenzen eigenständig identifizieren und sich eigenständig aneignen und digital transformative Führungspersonen über digitale Kompetenzen verfügen. Die Sinnfrage von Arbeit wird ebenfalls nicht explizit adressiert, da die Theoriebildung entlang objektiver und subjektiver Sinnlosigkeit bislang nicht abgeschlossen ist. Basierend auf dem Forschungsstand wird davon ausgegangen, dass Job Crafter mehr Sinn in ihrer Arbeit erleben sowie dass der Wert von subjektiver Sinnhaftigkeit der Arbeit durch das Alter der Arbeitsperson getragen wird und mit steigendem Alter abnimmt. Diese Aspekte werden in den empirischen Studien nicht explizit adressiert, aber in der Diskussion und Methodenreflexion in Teil V wieder aufgegriffen. Abbildung 6.2 zeigt den Aufbau des empirischen Teils dieser Forschungsarbeit.

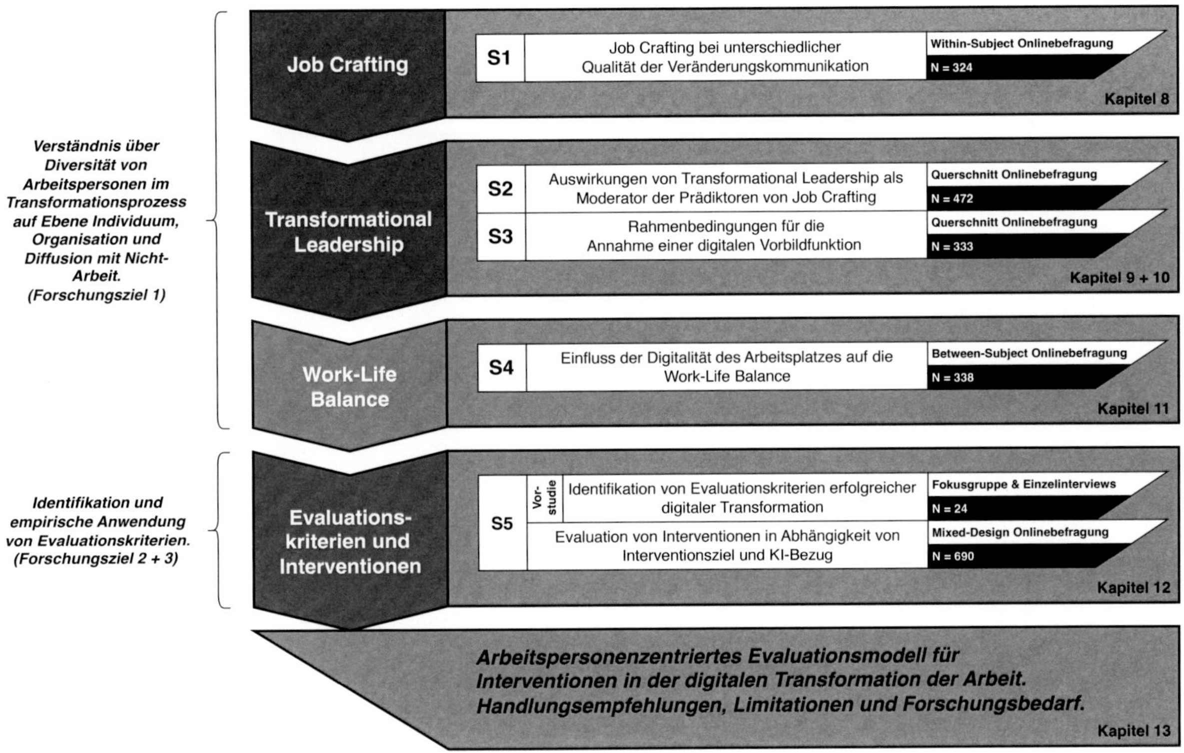

Abbildung 6.2: Aufbau des empirischen Teils dieser Forschungsarbeit.

Studie S1 wird im Thema Job Crafting verortet und adressiert die Forschungsfrage, welchen Einfluss die Qualität der Veränderungskommunikation auf das Job Crafting der Arbeitspersonen hat und inwiefern dieser Einfluss von regulatorischem Fokus moderiert wird. Studie S2 und S3 sind dem Thema transformationale Führung zugeordnet. Studie S2 adressiert die Forschungsfrage, inwiefern transformationale Führung den Einfluss von Prädiktoren des Job Craftings verstärkend moderiert. Studie S3 widmet sich der Forschungsfrage, welche Rahmenbedingungen dazu beitragen, ob Arbeitspersonen eine digitale Vorbildfunktion annehmen. Studie S4 untersucht die Forschungsfrage, welchen Einfluss die Digitalität des Arbeitsplatzes auf die Work-Life-Balance der Arbeitsperson hat sowie durch welche Ressourcen digitale Stressoren in ihrem Einfluss auf die Work-Life-Balance abgemildert werden können. Studie S5 besteht aus einer qualitativen Vorstudie und einer quantitativen Hauptstudie. In der Vorstudie wird die Forschungsfrage adressiert, welche Evaluationskriterien Arbeitspersonen an digitale Transformation ansetzen. Die abschließende Hauptstudie erprobt ein anhand dieser Ergebnisse aufgestelltes Evaluationsmodell anhand der Bewertung von sechs unterschiedlichen Interventionen, die sich in ihrem Ziel und ihrem KI-Bezug unterscheiden.

7 Hinweise zu den empirischen Erhebungen

7.1 Operationalisierung, Datenerhebung und Datenaufbereitung

Um Redundanzen in den Methodenbeschreibungen zu vermeiden, gelten die folgenden Hinweise zu Datenerhebung, Operationalisierung, Aufbereitung und Auswertung für alle quantitativen Erhebungen, sofern im jeweiligen Unterkapiteln der jeweiligen Studie keine anderen Angaben gemacht werden. Hinweise zur qualitativen Studie finden sich in Kapitel 12.2.5.

Operationalisierung

Hinweise zur Operationalisierung der erhobenen Konstrukte finden sich in den Unterkapiteln *Erhebungsinstrument* der jeweiligen empirischen Kapitel. Hinsichtlich demografischer Merkmale wurden Geschlecht, Alter, Bildungsabschluss und die Art des aktuellen Beschäftigungsverhältnisses erhoben. Geschlecht wurde hierbei konstant per Einfachauswahl in den drei Ausprägungen *männlich*, *weiblich* und *divers* erhoben. Alter wurde über Freitextfelder erhoben, die eine numerische und ganzzahlige Eingabe erforderten. Der Bildungsabschluss wurde ebenfalls über Einfachauswahl, jedoch ordinal in 5 Ausprägungen erhoben: *(noch) kein Schulabschluss*, *Hauptschulabschluss*, *Realschulabschluss*, *Abitur* und *Höher als Abitur*. Die Art des Beschäftigungsverhältnisses wurde nominal per Einfachauswahl in den 6 Ausprägungen *In Ausbildung*, *Arbeitnehmer*, *Arbeitgeber*, *Selbstständig*, *Beamter*, *Rentner* und *Sonstiges* vorgenommen. Technikaffinität wird in den Studien S1 und S2 als *Kontrollüberzeugung im Umgang mit Technik* (KUT) nach Beier (2004) operationalisiert und in S3 bis S5 als *Affinity Towards Technology Interaction* (ATI) nach Franke et al. (2019). Sofern nicht anders angegeben, wurden Verhaltensweisen und Einstellungen reflektiv konzipiert (Bühner, 2021) und über Likert-Items gemessen, welche mit *Stimme gar nicht zu* bis *Stimme sehr zu* beschriftet waren und von ordinal 1 bis 6 beziffert werden. Sofern nicht auf validierte Skalen zurückgegriffen werden konnte, wird der Prozess der Konzeptionalisierung kurz beschrieben und ein repräsentatives Beispielitem in der Beschreibung des Erhebungsinstrumentes angegeben. Englischsprachige Items wurden ins Deutsche übersetzt und in Pretests mit den Originalitems abgeglichen. Eine vollständige Liste aller verwendeten Items befindet sich in Anhang B.

Datenerhebung

Die empirischen Erhebungen wurden im Zeitraum von Mai 2018 bis Januar 2023 durchgeführt. Die Teilnahme war für alle Probanden freiwillig und – sofern nicht anders angegeben – ohne materielle Incentivierung. Teilnehmer hatten jederzeit und ohne die Angabe von Gründen die Möglichkeit, die Teilnahme an Fragebogen, Interview oder Fokusgruppe abzubrechen. Zu Beginn jeder Erhebung wurden Teilnehmer über das jeweilige Forschungsziel sowie darüber, dass Ihre Daten ausschließlich anonymisiert und zu wissenschaftlichen Zwecken aufbereitet und analysiert werden, informiert. Sofern nicht anders angegeben, erfolgte die Probandenakquise im universitären Umfeld, über soziale Netzwerke sowie im Falle von qualitativen Erhebungen über die direkte Ansprache von zur Verfügung stehenden Probanden, die die jeweiligen Kriterien der Stichprobenauswahl erfüllten. Die Erhebung von Onlinefragebögen erfolgte über Qualtrics.

Datenaufbereitung

Die statistische Aufbereitung wurde in R (Version 4.2.1) durchgeführt, eine Liste der verwendeten Pakete befindet sich im Softwareverzeichnis. Vor der Analyse wurden die Datensätze einer Qualitätskontrolle unterzogen sowie einzelne Likert-Items zu Skalenwerten zusammengefasst.

Qualitätskontrolle

Quantitative Daten wurden vor der Analyse einer Bereinigung unterzogen. Um möglichst nur Arbeitspersonen zu erheben, wurden Probanden, die als Beschäftigungstyp *Rentner* angegeben haben, entfernt sowie Personen unter 18 Jahren. Hinsichtlich Qualitätskontrolle wurden die Daten auf Vollständigkeit, Beantwortungszeit und Plausibilität überprüft (Leiner, 2019). Sofern nicht anders angegeben, wurden Probanden entfernt, die den Fragebogen nicht zu 100% abgeschlossen hatten, sowie Probanden, die in ihrer Beantwortungszeit schneller waren als die Hälfte des Medians der übrigen Beantwortungszeit.

Skalenbildung

Bei reflektiv konzipierten Skalen werden Likert-Items per Mittelwertberechnung zu einer Skala zusammengefasst, sofern die Prüfung der Reliabilität anhand der Stichprobe kein inakzeptables Ergebnis liefert. Als Kriterium für diese quantitative Reliabilitätsabschätzung wird üblicherweise Cronbachs-α für die innere Konsistenz herangezogen, wobei ein Wert unter 0.5 eine Skala als inakzeptabel ausweist, ein Wert unter 0.6 als schlecht, unter 0.7 als fragwürdig und über 0.7 als akzeptabel bis exzellent (Blanz, 2021). Da Cronbachs-α eine annähernd gleiche Ladung aller Items voraussetzt (τ-Äquivalenz) und bei Verletzung dieser Annahme (z. B. durch Verwendung von sehr wenigen Items) nur als untere Schranke gelten kann (Cortina, 1993), wird zur Bewertung der Reliabilität zusätzlich McDonalds-ω berücksichtigt (Dunn et al., 2014), welches im selben Wertebereich interpretiert wird. McDonalds-ω ist zusätzlich in der Lage, eventuelle Subskalenstrukturen in der Reliabilitätsabschätzung zu berücksichtigen, sodass bei Skalen mit Unterdimensionen α in Bezug auf alle Einzelitems und ω für die Item- und Subskalenstruktur angegeben wird. Dieses Vorgehen ermöglicht eine bessere Abschätzung der Qualität der Messinstrumente und des weiteren Forschungsbedarfs, da die Phänomene im Kontext der digitalen Transformation der Arbeitswelt einer hohen Dynamik unterliegen. Inakzeptable Skalen ($\omega < 0.5$) werden verworfen, sofern keine ausführliche deutschsprachige Validierung der Skala vorliegt und die Skala durch Weglassen eines einzelnen Items $\omega > 0.5$ verfehlt. Die Skalenreliabilität wird insbesondere bei schlechten und fragwürdigen Skalen ($0.5<\omega<0.7$) in der Interpretation berücksichtigt. Nach Zusammenfassen der einzelnen ordinalen Likert-Items werden Skalen als intervallskaliert aufgefasst und mit parametrischer Statistik ausgewertet (Carifio & Perla, 2008), sofern die übrigen statistischen Voraussetzungen erfüllt sind. Diese sind in den Konventionen am Anfang dieser Forschungsarbeit beschrieben.

7.2 Struktur der Ergebniskapitel

Da es sich in den meisten Fällen um Omnibusbefragungen handelt, enthält der Ergebnisbericht nur die für die jeweilige Forschungsfrage relevanten Faktoren. In den jeweiligen Kapiteln *Zielsetzung der Studie* werden Forschungsfrage und adressierte Forschungslücken beschrieben. In den Unterkapiteln *Hypothesen* werden literaturgestützt und unter Rückbezug auf vorherige Studien Hypothesen formuliert. Bei der Formulierung der Hypothesen ist die Strukturierung des Forschungsinteresses ausschlaggebend, sodass mehrere Hypothesen vom selben statistischen Test abgedeckt werden können. Explorative Forschungsvorhaben werden ebenfalls im Unterkapitel *Hypothesen* begründet und benannt. In den Unterkapiteln *Methode* wird das Forschungsdesign beschrieben und Operationalisierungen, ihre Abkürzungen und eventuelle Szenarien dargestellt. Eine konkrete Auflistung aller Szenarien befindet sich in Anhang A. In den Unterkapiteln *Hinweise zu Durchführung, Aufbereitung und Auswertung* werden Abweichungen zu o. g. Angaben beschrieben und eine Zuordnung zwischen Hypothese und statistischem Verfahren vorgenommen. Die Unterkapitel *Ergebnis* beginnen jeweils mit deskriptiven Statistiken der erhobenen Variablen. Hiernach werden die Ergebnisse der inferenzstatistischen Hypothesentests präsentiert. Die Kapitel enden jeweils mit einem Unterkapitel *Zusammenfassung der zentralen Erkenntnisse.* Diese enthalten eine kurze hypothesengeleitete Zusammenfassung und Schlussfolgerungen für Folgestudien. Die Ergebnisse aller Studien werden abschließend ausführlich in Teil V dieser Forschungsarbeit diskutiert und insgesamt methodisch reflektiert.

Teil IV

Empirische Studien

8 Job Crafting und die Qualität von Veränderungskommunikation

8.1 Zielsetzung der Studie (S1)

In dieser ersten Studie sollen zwei Digitalisierungsszenarien im Hinblick auf unterschiedliche Facetten des Job Craftings untersucht werden. Hierbei soll die Forschungsfrage adressiert werden, ob gute und schlechte Veränderungskommunikation unterschiedliche Formen des Job Craftings evozieren sowie ob diese Einflüsse durch regulatorischen Fokus moderiert werden. Zusätzlich soll eine explorative Überprüfung der Zusammenhänge zwischen Job Crafting und demografischen Faktoren sowie zwischen Job Crafting und anderen Arbeitsfaktoren vorgenommen werden.

8.2 Hypothesen

Grundsätzlich ist basierend auf van Zoonen et al. (2022) davon auszugehen, dass eine hohe Qualität der Veränderungskommunikation zu mehr Job Crafting anregt als Maßnahmen, die von schlechter Kommunikation begleitet sind. Dies ergibt sich auch aus der Vorarbeit von Schiuma et al. (2022), wonach Veränderungskommunikation eine Eigenschaft guter transformativer Führung darstellt. Basierend auf den Vorarbeiten von Petrou et al. (2018) ist zusätzlich davon auszugehen, dass dieser Einfluss durch Promotion oder Prevention Fokus moderiert wird. Hierbei wird angenommen, dass schlechte Veränderungskommunikation auf Personen mit Prevention Fokus einen positiven Einfluss hat, während sich gute Veränderungskommunikation nur bei Personen mit Promotion Fokus positiv auswirkt.

- **H1:** Die Qualität der Veränderungskommunikation hat einen Einfluss auf das resultierende Job Crafting der Arbeitspersonen: Begleitete Maßnahmen resultieren in höherem Job Crafting als unbegleitete Maßnahmen.

- **H2:** ...dieser Einfluss wird von Promotion moderiert. Hoher Promotion Fokus verstärkt Job Crafting bei guter Veränderungskommunikation.

- **H3:** ...dieser Einfluss wird von Prevention moderiert. Hoher Prevention Fokus verstärkt Job Crafting bei schlechter Veränderungskommunikation.

Abbildung 8.1 zeigt die Hypothesenstruktur hinsichtlich der Szenarienevaluation.

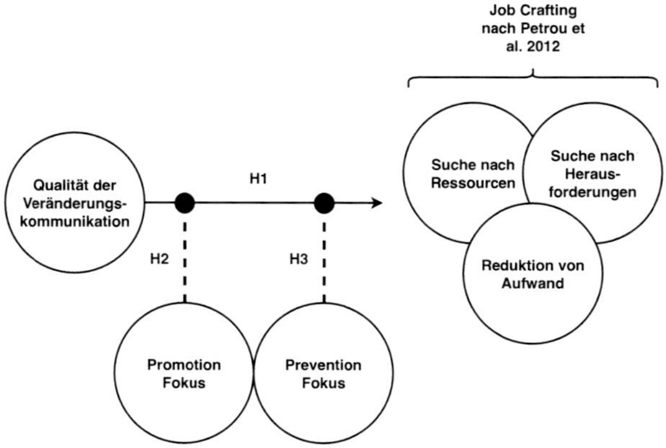

Abbildung 8.1: Hypothesen H1, H2 und H3 im Pfadmodell.

In Ergänzung hierzu soll überprüft werden, wie demografische Eigenschaften (Geschlecht, Alter, Bildungsstand), Technikaffinität, Promotion Fokus, Prevention Fokus sowie Work-Life-Balance mit unterschiedlichen Subdimensionen des Job Craftings, konkret den drei Faktoren des *approach crafting* nach Tims et al. (2012) zusammenhängen. Basierend auf der Vorarbeit von De Vos et al. (2019) wird ein positiver Zusammenhang zu Technikaffinität angenommen, da Arbeit bereits digital stattfindet und Ressourcen und Herausforderungen entsprechend digital assoziiert sind. Basierend auf der Arbeit von Zhang und Parker (2019) wird ein ebenfalls positiver Zusammenhang zu Promotion angenommen, da *approach crafting* positiv mit Promotion Fokus und entsprechend negativ mit Prevention Fokus assoziiert ist. Zusätzlich wird ein positiver Zusammenhang zwischen Work-Life-Balance und Job Crafting angenommen, da Suche nach Ressourcen und Herausforderungen eine Indikation für einen Gain-Cycle darstellt und ein entsprechender Zusammenhang bereits qualitativ identifiziert wurde (Lazazzara et al., 2020; Shirmohammadi et al., 2022). Die Überprüfung dieser Zusammenhänger erfolgt rein explorativ zur Generierung von Hypothesen für Folgestudien.

8.3 Methode

Zur Beantwortung der Forschungsfrage wurde ein Within-Subject-Design gewählt, um die beiden Szenarien auch bei kleinerer Stichprobe besser vergleichen zu können.

8.3.1 Erhebungsinstrument

Nach Erhebung der demografischen Merkmale wurde Technikaffinität in Konzeption KUT nach Beier (2004) in 4 Items abgefragt. Hiernach folge die Messung des regulatorischen Fokus als Promotion (PRO) und Prevention (PRE) anhand der Items von Neubert et al. (2008) in jeweils 4 Items. Anschließend erfolgte die Erhebung von Job Crafting (ohne Szenarienbezug) in Konzeption der *Job Crafting Scale* (JCS) nach Tims et al. (2012), analog zu Hetland et al. (2018) in drei Unterkonstrukten: Erhöhung von strukturellen Ressourcen (ISTR, *increasing structural job resources*), Erhöhung von sozialen Ressourcen (ISCR, *increasing social resources*) und Erhöhung von herausfordernden Arbeitsanforderungen (ICJD, *increasing challenging job demands*) in jeweils 3 Items. Die Unterkonstrukte werden im Folgenden als *strukturelle Ressourcen*, *soziale Ressourcen* und *Herausforderungen* referenziert.

Für die Erhebung von Work-Life-Balance (WLB) wurde gemäß den Empfehlungen von Lott et al. (2022) eine eigene Operationalisierung vorgenommen. Die Entwicklung erfolgte im Rahmen eines Methodenseminars, in dem die Studierenden nach ausführlicher Theoriearbeit in rational deduktiver Konstruktionsstrategie (Pospeschill, 2022) angeleitet wurden. Das Instrument enthält 7 Items (z. B. „Ich bin damit zufrieden, wie meine Arbeit und mein Privatleben zusammenpassen.“).

Hiernach wurden in randomisierter Reihenfolge ein Digitalisierungsszenario mit hoher Qualität der Veränderungskommunikation und ein Szenario mit niedriger Qualität präsentiert. In beiden Szenarien geht es um die Einführung einer digitalen Kommunikationsanwendung, welche im Szenario mit hoher Qualität der Veränderungskommunikation (SZ1) über eine optionale Informationsveranstaltung erfolgt sowie unter Nennung klarer Ansprechpartner für Rückfragen. Im Szenario mit niedriger Qualität (SZ2) erfolgt die Kommunikation über die Veränderung informell durch Kollegen, zufällig, ohne die Angabe von Gründen für die Veränderung und ohne Nennung ihrer Ziele. Der Faktor der Qualität der Veränderungskommunikation wird im Folgenden als *Qualität* referenziert. Die abschließende Evaluation der Szenarien erfolgte in Konsistenz zu Petrou et al. (2018) in 3 Ausprägungen des Job Craftings, welche sich von der Job Crafting Scale (Tims et al., 2012) unterscheiden: Ausmaß der Suche nach Ressourcen (LSR, *level of seeking resources*), Ausmaß der Suche nach Herausforderungen (LSC, *level of seeking challenges*) sowie Suche nach Aufwandsverringerung (LRD, *level of reducing demands*). Diese werden im Folgenden als *Ressourcen*, *Herausforderungen* und *Aufwand* referenziert.

8.3.2 Durchführung, Aufbereitung und Auswertung

Zur Stichprobenbereinigung wurden Antworten der Pretester entfernt und ein Fragebogenfortschritt von 100% angelegt. Durch Entfernung vermeintlicher Speeder wurde die Stichprobe um n=39 Probanden verkleinert. Die explorative Überprüfung der Korrelationsstruktur erfolgt bei intervallskalierten Merkmalspaaren anhand der Pearson-Korrelation. Bei mindestens einem Merkmal auf einem niedrigeren Skalenniveau wird Kendall-τ angegeben. Geschlecht wurde hierzu mit 1 = männlich und 2=weiblich dummy-codiert. Die inferenzstatistische Überprüfung von H1 bis H3 erfolgt anhand einer einzelnen ANOVA mit Messwiederholung (*repeated measure ANOVA*). Hierbei stellt die Bewertung der 3 Subdimensionen von Job-Crafting sowie die Qualität der Veränderungskommunikation in den 2 Abstufungen *niedrig* und *hoch* zwei unabhängige Within-Effekte dar. Für jeden Probanden gibt es also 6 abhängige Variablen. Die Untersuchung der Moderation von Promotion (H2) und Prevention (H3) stellt zwei Between-Effekte dar. Beide Skalenwerte des regulatorischen Fokus wurden hierfür anhand eines Median-Splits in zwei Gruppen eingeteilt, die mit *niedrig* und *hoch* benannt sind. Bei der Prüfung der statistischen Voraussetzungen wurde vorab ein Mauchly-Test auf Sphärizität durchgeführt. Hierbei zeigte sich, dass diese Voraussetzung in Job Crafting ($W=0.83$, $p<.001$, $\epsilon=0.86$) und in der Interaktion von Qualität und Job Crafting ($W=0.80$, $p<0.001$, $\epsilon=0.84$) jeweils verletzt ist, sodass eine Greenhouse-Geisser-Korrektur der Freiheitsgrade und der Teststatistik angewendet wurde. Auf Bedingungen mit zwei Ausprägungen – hier Qualität, Promotion und Prevention – hat diese Korrektur keine Auswirkungen, da die Bedingung immer erfüllt ist (Field et al., 2014).

8.3.3 Stichprobe

Nach Anwendung aller Qualitätskriterien umfasst die bereinigte Stichprobe N=324 Teilnehmer. Die soziodemografischen Stichprobenmerkmale sind in Tabelle 8.1 dargestellt.

	n	Verteilung
Alter in Jahren		min=18, max=64 M=30.99, SD=12.64
Geschlecht		
Männlich	118	36.42 %
Weiblich	206	63.58 %
Divers	0	0 %
Bildungsstand		
(Noch) kein Schulabschluss	1	0.36 %
Hauptschulabschluss	8	2.95 %
Realschulabschluss	24	8.86 %
Abitur	111	40.96 %
Höher als Abitur	127	46.86 %
Art der Beschäftigung		
In Ausbildung	158	48.76 %
Arbeitnehmer	150	46.77 %
Arbeitgeber	0	0 %
selbstständig	16	4.94 %
Beamter	0	0 %
Sonstige	0	0 %
Technikaffinität (KUT)		min=1, max=6 M=2.50, SD=1.20 α=0.86, ω=0.87

Tabelle 8.1: Soziodemografie der Stichprobe (N=324).

Zunächst ist auffällig, dass es sich um eine eher weibliche Stichprobe handelt: Der Anteil der Frauen beträgt 63.58%, wohingegen der Anteil der Männer 36.42% beträgt. Diverse Personen sind in der Stichprobe nicht vorhanden. Außerdem ist die Stichprobe schulisch hoch ausgebildet: n=111 Probanden haben Abitur (40.96%), n=127 haben einen noch höheren Abschluss (46.77%). Auf die Bildungsabschlüsse unter Abitur entfallen n=24 Probanden mit Realschulabschluss (8.86%), n=8 mit Hauptschulabschluss (2.95%) und lediglich eine Person hat (noch) keinen Schulabschluss (0.36%). Hinsichtlich der Art der Beschäftigung ist der Anteil derer, die sich noch in Ausbildung befinden (48.76%), annähernd gleich groß wie der Anteil der Arbeitnehmer (46.77%). Der Anteil der Selbstständigen beträgt 4.94%, auf die übrigen Ausprägungen entfallen jeweils keine Probanden.

Die Technikaffinität deckt das volle theoretische Spektrum ab, der Mittelwert befindet sich jedoch in der unteren Hälfte der Skala (M=2.50, SD=1.20). Zusätzlich zum Ungleichgewicht bei den Geschlechtern ist das Alter der Probanden rechtsschief verteilt (s. Abb. 8.1). Es handelt sich also um eine junge, eher weibliche und technikaverse Stichprobe.

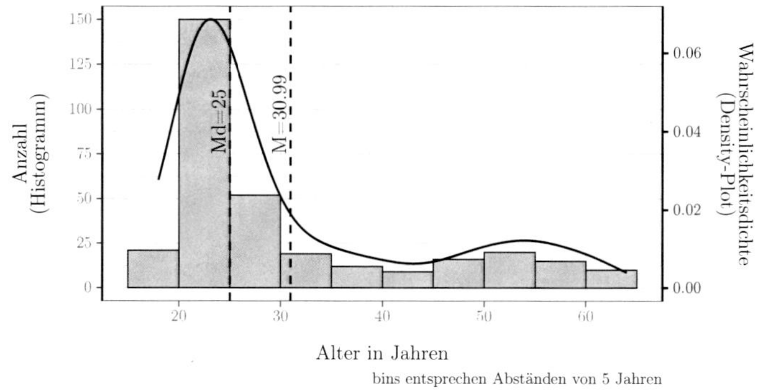

Abbildung 8.2: Histogramm-Density-Plot der Altersverteilung.

Das Durchschnittsalter der Stichprobe beträgt M=30.99 Jahre (SD=12.94), die Altersverteilung reicht dabei von min=18 bis max=64 Jahren und ist leicht bimodal.

8.4 Ergebnisse

8.4.1 Deskriptive Ergebnisse

In diesem Unterkapitel werden die erhobenen Faktoren zunächst deskriptiv untersucht. Tabelle 8.2 zeigt die unabhängigen Faktoren des regulatorischen Fokus und Work-Life-Balance sowie die Faktoren der Job Crafting Scale.

	Kürzel	**M**	**SD**	**min**	**max**	α	ω
Regulatorischer Fokus (WRFQ)							
Promotion	PRO	2.43	0.92	1.00	5.40	0.77	0.79
Prevention	PRE	1.60	0.77	1.00	6.00	0.80	0.81
Work-Life-Balance							
Work-Life-Balance	WLB	3.01	0.86	1.00	5.40	0.76	0.77
Job Crafting (JCS)	JC	2.90	0.87	1.00	6.00	0.81	0.87[1]
Strukturelle Ressourcen	ISTR	2.41	0.95	1.00	6.00	0.64	0.67
Soziale Ressourcen	ISCR	3.42	1.15	1.00	6.00	0.74	0.77
Herausforderungen	ICJD	2.87	1.15	1.00	6.00	0.73	0.73

[1] ω unter Berücksichtigung der Unterkonstrukte

Tabelle 8.2: Deskriptive Statistik der Faktoren zu regulatorischem Fokus, Work-Life-Balance und Job Crafting.

Alle Faktoren konnten mit zufriedenstellender Reliabilität erhoben werden, lediglich

ISTR liegt leicht unter dem Kriterium von 0.7 (α=0.64, ω=0.67). Auffällig ist, dass sich sowohl Promotion (M=2.43, SD=0.92) als auch Prevention (M=1.60, SD=0.77) im unteren Skalenspektrum befinden und Promotion die Skala real nicht voll abbildet (max=5.40). Auf der gesamten Job Crafting Scale (M=2.90, SD=0.87) liegt der Mittelwert ebenfalls im leicht unteren Spektrum, was bei näherer Betrachtung der Unterkonstrukte darauf zurückzuführen ist, dass sich ISTR (M=2.41, SD=0.95) und ICJD (M=2.87, SD=1.15) ebenfalls im unteren Spektrum befinden. Der Mittelwert von IS-CR befindet sich hingegen nahe dem theoretischen Skalenmittelpunkt von 3.5 (M=3.42, SD=1.15). Tabelle 8.3 zeigt die deskriptiven Statistiken der abhängigen Variablen nach dem Szenario.

	Kürzel	**M**	**SD**	**min**	**max**	α	ω
Job Crafting (SZ1)	JC_SZ1	2.62	0.77	1.00	6.00	0.75	0.87[1]
Ressourcen	LSR_SZ1	2.69	0.98	1.00	6.00	0.57	0.64
Herausforderungen	LSC_SZ1	2.48	1.08	1.00	6.00	0.74	0.75
Aufwandsverringerung	LRD_SZ1	2.70	1.15	1.00	6.00	0.81	0.81
Job Crafting (SZ2)	JC_SZ2	2.75	0.78	1.00	6.00	0.75	0.86[1]
Ressourcen	LSR_SZ2	2.66	0.97	1.00	6.00	0.54	0.58
Herausforderungen	LSC_SZ2	2.92	1.22	1.00	6.00	0.80	0.80
Aufwandsverringerung	LRD_SZ2	2.66	1.07	1.00	6.00	0.77	0.78

[1] ω unter Berücksichtigung der Unterkonstrukte

Tabelle 8.3: Deskriptive Statistik zu Job Crafting als Evaluationsmaß in Abhängigkeit des jeweiligen Szenarios.

Hinsichtlich der Evaluationsmetriken fällt auf, dass die Mittelwerte sich alle im unteren Spektrum der Skala befinden. Deskriptiv liegt der Gesamtmittelwert für Job Crafting bei hoher Qualität (M=2.62, SD=0.77) unter dem Mittelwert von Job Crafting bei niedriger Qualität (M=2.75, SD=0.78). Hinsichtlich der Subdimensionen liegen die Mittelwerte für das Suchen nach Ressourcen nah beieinander (SZ1 M=2.69, SD=0.98 vs. SZ2 M=2.66, SD=0.97), ebenso die Mittelwerte für die Verringerung von Aufwand (SZ1 M=2.70, SD=1.15 vs. SZ2 M=2.66, SD=1.07). Die deskriptiv größte Differenz liegt im Suchen nach Herausforderungen (SZ1 M=2.48, SD=1.15 vs. SZ2 M=2.29, SD=1.22), wodurch die Abweichung in der Gesamtbewertung zustande kommt. Jede Skala schöpft ihr theoretisches Spektrum voll aus und ist mit Ausnahme der Messung von Ressourcen reliabel. Da sich diese Skalen in vorherigen Studien (Petrou et al., 2018) jedoch als ausreichend reliabel herausgestellt haben, wird ausreichende Reliabilität angenommen.

8.4.2 Explorative Korrelationsanalyse

Tabelle 8.4 zeigt die Zusammenhänge der von grundsätzlichem Job-Crafting, demografischen Angaben und Nutzerfaktoren.

Korrelation zwischen Job Crafting und anderen Arbeitsfaktoren

	Korr. Koeff.	**ISTR**	**ISCR**	**ICJD**
Strukturelle Ressourcen (ISTR)	Pearson's r	—		
Soziale Ressourcen (ISCR)	Pearson's r	0.4***	—	
Herausforderungen (ICJD)	Pearson's r	0.59***	0.39***	—
Geschlecht (dummy)	Kendall-τ	0.12*		0.12*
Alter	Pearson's r		0.22***	
Bildungsstand	Kendall-τ		-0.17***	
Technikaffinität (KUT)	Pearson's r	0.21***	0.11*	0.3***
Promotion (PRO)	Pearson's r	0.48***	0.3***	0.5***
Prevention (PRE)	Pearson's r	0.29***	0.13*	0.28***
Work-Life-Balance (WLB)	Pearson's r			-0.17**

$*p < 0.05, **p < 0.01, ***p < 0.001$

Tabelle 8.4: Signifikante Korrelationen zwischen demografischen Faktoren, regulatorischem Fokus, Work-Life-Balance und Job Crafting.

Bei der grundsätzlichen Bewertung von Job Crafting fällt auf, dass die Unterkonstrukte jeweils positiv zusammenhängen: Die Erhöhung struktureller Ressourcen hängt positiv mit der Erhöhung sozialer Ressourcen (r=0.4***, p<0.001) sowie mit der Suche nach Herausforderungen zusammen (r=0.59***, p<0.001), wobei die letztgenannten ebenfalls positiv assoziiert sind (r=0.39***, p<0.001).

Geschlecht – mit 1=männlich und 2=weiblich dummy-codiert – hat einen Einfluss auf die Erhöhung struktureller Ressourcen (τ=0.12*, p<0.05) und der Suche nach Herausforderungen (τ=0.12*, p<0.05), wobei diese Tätigkeiten jeweils weiblich behaftet sind. Die Erhöhung von sozialen Ressourcen hängt signifikant mit steigendem Alter zusammen (r=0.22**, p<0.01), während mit steigendem Bildungsabschluss eine Verringerung der Suche nach sozialen Ressourcen einhergeht (r=-0.17***, p<0.001). Work-Life-Balance befindet sich zur Suche nach Herausforderungen in signifikant negativem Zusammenhang (r=-0.17**, p<0.01). Alle weiteren Merkmale (KUT, PRO und PRE) hängen mit jeder Subdimension von Job Crafting positiv zusammen.

8.4.3 Inferenzstatistische Hypothesenprüfung

Zur Überprüfung der Hypothese wurde eine *repeated measure ANOVA* berechnet, bei der Szenarienbedingung und Job Crafting als Within-Faktoren (Qualität und Job Crafting) sowie Promotion (PRO) und Prevention (PRE) als Between-Faktoren in das statistische Modell eingefügt wurden.

Between-Effekte

Tabelle 8.5 zeigt die Ergebnisse der Haupteffekte über Promotion und Prevention.

Between-Effekt	**Sum of Squares**	**df**	**Mean Squares**	**F**	**p**	ω^2
PRO	16.94	1	16.94	5.64	*	0.01
PRE	12.37	1	12.37	4.12	*	<0.01
Residual	964.40	321	3.00			

*p<0.05, **p<0.01, ***p<0.001

Tabelle 8.5: Between-Subject Haupteffekte durch Promotion (PRO) und Prevention (PRE) auf Job Crafting in beiden Szenarien.

Beide Haupteffekte sind signifikant: Hoher Promotion Fokus (M=2.80, SD=0.71) resultiert in signifikant höherem Job Crafting als niedriger Promotion Fokus (M=2.61, SD=0.72), was sich post-hoc durch einen Bonferroni-Test bestätigt (d=-0.17, p<0.05). Analog verhält es sich bei Prevention Fokus (d=-0.15, p<0.05): Hoher Fokus resultiert in signifikant höherem Job Crafting (M=2.79, SD=0.71) als niedriger Fokus (M=2.63, SD=0.72). Beide Haupteffekte sind in Abbildung 8.3 dargestellt.

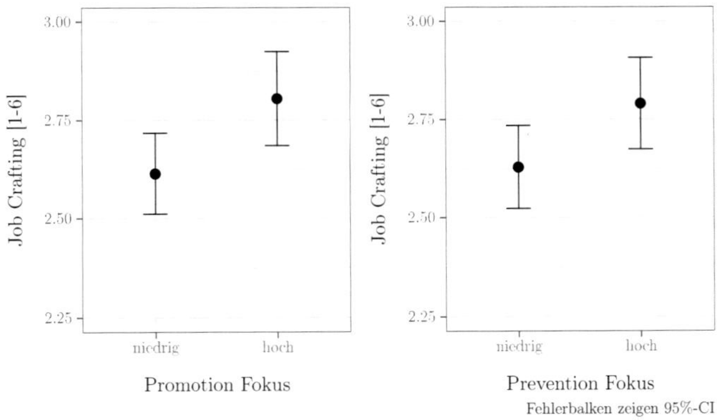

Abbildung 8.3: Between-Subject-Haupteffekte von Promotion und Prevention Fokus auf Job Crafting.

Within- und Mixed-Effekte

Tabelle 8.6 zeigt die Within-Subject-Ergebnisse der Auswertung sowie die Ergebnisse der gemischten Effekte aus Within- und Between-Bedingungen.

Within-Effekt Mixed-Effekt	**Sum of Squares**	**df**	**Mean Squares**	**F**	**p**	ω^2
Qualität	6.42	1	6.42	11.92	***	0.01
Qualität×PRO	2.16	1	2.16	4.00	*	$<$0.01
Qualität×PRE	1.18	1	1.18	2.19	0.14	$<$0.01
Residual	173.04	321	0.54			
JC	1.18	1.71	0.59	0.52	0.60	$<$0.01
JC×PRO	19.95	1.71	9.97	8.76	***	0.01
JC×PRE	0.95	1.71	0.47	0.42	0.66	$<$0.01
Residual	731.25	548.67	1.14			
Qualität×JC	22.58	1.67	11.29	21.10	***	0.02
Qualität×JC×PRO	0.14	1.67	0.07	0.13	0.88	$<$0.01
Qualität×JC×PRE	1.35	1.67	0.68	1.26	0.28	$<$0.01
Residual	343.50	537.10	0.54			

*p$<$0.05, **p$<$0.01, ***p$<$0.001

Tabelle 8.6: Within-Effekte von Qualität der Veränderungskommunikation und Job Crafting (JC) sowie gemischte Effekte durch Promotion (PRO) und Prevention (PRE).

Der Within-Subject-Haupteffekt der Szenarienbedingung Qualität ist signifikant (F(1, 321)=11.92, p$<$0.001), wobei eine hohe Qualität der Veränderungskommunikation zu weniger Job Crafting (M=2.65, SD=0.77) führt als eine niedrige Qualität (M=2.77, SD=0.79), auch wenn der Effekt nur von geringer Stärke ist (ω^2=0.01), stellt er sich in einem Bonferroni-Test post-hoc als signifikant heraus (d=-0.15, p$<$0.001). Der Effekt ist in Abbildung 8.4 dargestellt.

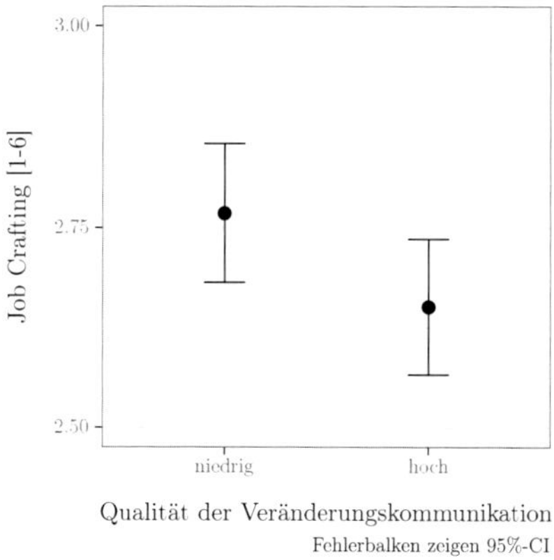

Abbildung 8.4: Within-Subject-Haupteffekt der Qualität der Veränderungskommunikation auf Job Crafting.

Zudem ist der Within-Subject-Interaktionseffekt signifikant (F(1.67,537.10)=21.10, p<0.001) und in Abbildung 8.5 dargestellt. Die Interaktion ist hybrid, wodurch der nicht-signifikante Haupteffekt durch Job Crafting nicht global interpretierbar ist. Der signifikante Haupteffekt über die Qualität lässt sich hingegen dadurch erklären, dass die Bewertung in den Unterdimensionen lediglich in Herausforderungen differiert: Niedrige Qualität der Veränderungskommunikation ist mit höherer Suche nach Herausforderungen assoziiert (M=2.95, SD=1.23) als hohe Qualität (M=2.53, SD=1,07). Von den insgesamt 15 paarweisen Vergleichen sind 5 anhand der Post-hoc-Tests signifikant: Die Suche nach Herausforderungen im Szenario mit niedriger Qualität unterscheidet sich hierbei paarweise von allen anderen Szenarien, also Ressourcen bei niedriger Qualität (d=-0.25, p<0.01), Ressourcen bei hoher Qualität (d=-0.23, p<0.05), Herausforderungen bei hoher Qualität (d=-0.41, p<0.001), Anforderungen bei hoher Qualität (d=0.25, p<0.01) und Anforderungen bei niedriger Qualität (d=-0.29, p<0.001).

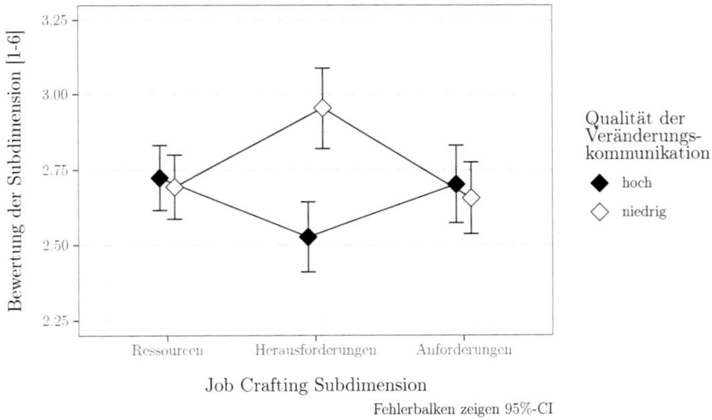

Abbildung 8.5: Gemischter hybrider Interaktionseffekt der Qualität der Veränderungskommunikation auf die Unterdimensionen von Job Crafting.

Zusätzlich gibt es einen gemischten Interaktionseffekt über Qualität und Promotion (F(1,321)=4.00, p<0.05), der in Abbildung 8.6 dargestellt ist: Die Interaktion ist hybrid, wobei das Job Crafting in der Gruppe der Probanden mit niedrigem Promotion Fokus zwar insgesamt niedriger ist als in der Gruppe mit hohem Promotion Fokus (s. signifikanter Haupteffekt Abb. 8.3), sich dieser Effekt bei niedrigem Promotion Fokus aber nach unten verstärkt: Niedriger Promotion Fokus resultiert bei hoher Qualität der Veränderungskommunikation in signifikant niedrigerem Job Crafting (M=2.52, SD=0,77) als bei schlechter Veränderungskommunikation (M=2.71, SD=0,79; d=-0.18, p<0.001), aber auch in niedrigerem Job Crafting als dies bei hohem Promotion Fokus bei schlechter Veränderungskommunikation (M=2.83, SD=0,78; d=-0.29, p<0.01) oder guter Veränderungskommunikation (M=2.78, SD=0,76, d=-0.24, p<0.05) der Fall ist.

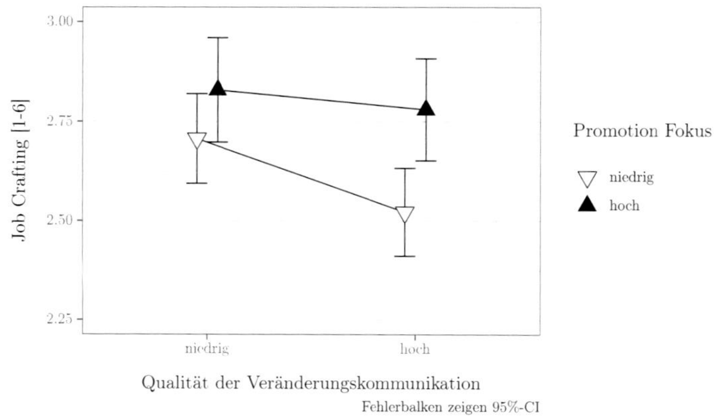

Abbildung 8.6: Gemischter ordinaler Interaktionseffekt der Qualität der Veränderungskommunikation und Promotion Fokus auf Job Crafting.

Letztlich gibt es einen weiteren signifikanten gemischten Interaktionseffekt über Job Crafting und Promotion Fokus auf Ebene der Unterdimensionen (s. Abb. 8.7), wonach sich Probanden mit niedrigem Promotion Fokus von denen mit hohem Promotion Fokus vor allem in den Unterdimensionen Ressourcen (M=2.57, SD=0.86 resp. M=2.84, SD=0.85) und Herausforderungen (M=2.54, SD=1.00 resp. M=2.94, SD=0.99) unterscheiden, nicht aber in der Unterdimension Anforderungen (M=2.73, SD=0.98 resp. M=2.63, SD=0.97). Anhand eines post-hoc Tests sind 3 der 15 möglichen paarweisen Vergleiche signifikant: Die Suche nach Herausforderungen bei hohem Promotion Fokus unterscheidet sich signifikant von der Reduktion von Anforderungen (d=0.29, p<0.05), aber auch von der Suche nach Ressourcen (d=-0.34, p<0.01) und der Suche nach Herausforderungen bei niedrigem Promotion Fokus (d=-0.35, p<0.01). Weitere Effekte, insbesondere die Interaktionseffekte unter Bezugnahme von Prevention Fokus, sind nicht signifikant.

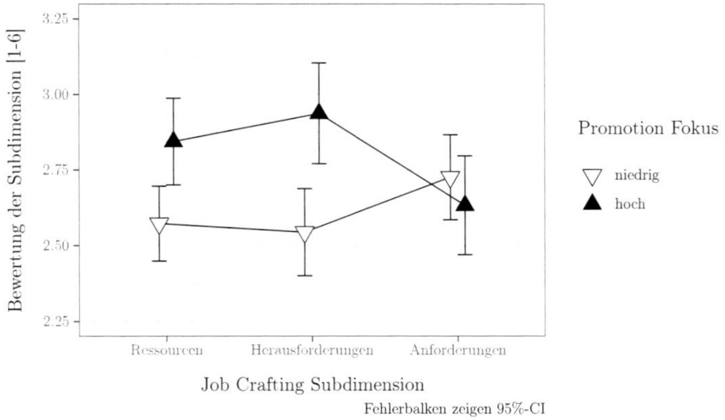

Abbildung 8.7: Gemischter disordinaler Interaktionseffekt von Promotion Fokus auf die Unterdimensionen von Job Crafting.

8.5 Zusammenfassung der zentralen Erkenntnisse

Zusammengefasst kann festgehalten werden, dass die Qualität der Veränderungskommunikation einen signifikanten Einfluss auf das resultierende Job Crafting hat, sich dieser Einfluss aber entgegengesetzt zum Forschungsstand ausprägt: Niedrige Qualität der Veränderungskommunikation ist mit höherem proaktivem Verhalten assoziiert als eine hohe Qualität der Veränderungskommunikation. H1 kann daher zugunsten der Gegenhypothese verworfen werden. Im Detail macht sich dieser Unterschied nicht in allen Subdimensionen des Job Crafting bemerkbar, lediglich in der Suche nach Herausforderungen.

Einflüsse des regulatorischen Fokus der Arbeitsperson sind auf Haupteffektebene analog zueinander: Ein hoher Fokus wirkt sich stets positiv auf Job Crafting aus. Zusätzlich gibt es einen moderierenden Effekt durch Promotion Fokus, wonach sich niedriger Promotion Fokus und gute Veränderungskommunikation besonders negativ auf das Job Crafting der Arbeitsperson auswirkt. H2 kann daher angenommen werden, wenn auch in anderer Beziehung als von Petrou et al. (2018) angenommen. Ein moderierender Effekt von Prevention Fokus konnte nicht identifiziert werden, sodass die Nullhypothese von H3 behalten wird.

Zusätzlich zeigte sich, dass Unterdimensionen der Job Crafting Scale (Tims et al., 2012) mindestens mittelstark miteinander assoziiert sind und strukturgleich mit Faktoren der Arbeitsperson in Beziehung stehen. Job Crafting ist demnach positiv mit Technikaffinität, Promotion Fokus und Prevention Fokus assoziiert, wohingegen sich demografische Merkmale und Work-Life-Balance auf einzelne Subdimensionen auswirken. Frauen neigen demnach eher zur Suche nach Ressourcen und zur Suche nach

Herausforderungen als Männer, wohingegen mit steigendem Alter und Dienstalter eine vermehrte Suche nach sozialen Ressourcen einhergeht. Höherer Bildungsstand geht hingegen mit verminderter Suche nach sozialen Ressourcen einher. Die Suche nach Herausforderungen steht hingegen in negativer Beziehung zur Work-Life-Balance, was auf einen Stressor hindeutet, welcher in Folgestudien genauer zu untersuchen ist.

9 Transformational Leadership als Moderator von Job Crafting

9.1 Zielsetzung der Studie (S2)

Ziel dieser Studie ist es, den Einfluss von transformationaler Führung im Zusammenhang der bereits explorativ identifizierten Einflussfaktoren von Job Crafting zu untersuchen. Hierbei soll die Forschungsfrage adressiert werden, inwiefern transformationale Führung direkt mit Job Crafting zusammenhängt und ob die Beziehungen zwischen anderen Einflussfaktoren und Job Crafting durch transformationale Führung moderiert wird.

9.2 Hypothesen

In der vorherigen Studie konnten signifikante Einflüsse von Alter, Technikaffinität, Promotion Fokus, Prevention Fokus und Work-Life-Balance auf Job Crafting bereits explorativ identifiziert werden (s. Kap 8). In Ergänzung werden intrinsische und extrinsische Arbeitsmotivation untersucht sowie die allgemeine Veränderungsbereitschaft, um Arbeitsmotivation abseits des regulatorischen Fokus konkreter eingrenzen zu können und um zu untersuchen, ob Veränderungsbereitschaft der eigentliche Faktor hinter dem Einfluss des Alters darstellt. Hierbei ist basierend auf der Vorarbeit von J. W. Lee und Song (2020) davon auszugehen, dass intrinsische Motivation einen positiven Einfluss auf Job Crafting hat, wohingegen extrinsische Motivation eher mit *avoidance crafting* assoziiert ist (Berdicchia et al., 2022) und im Kontext der Hypothese eine Forschungslücke adressiert. Alter ist mit beständiger Verbesserung der Entwicklung von Coping-Strategien assoziiert, weshalb basierend auf Spieler et al. (2018) von einem ebenfalls positiven Einfluss auszugehen ist. Auch Technikaffinität stellt einen potenziell positiven Einflussfaktor für Job Crafting dar (Afiouni & Pinsonneault, 2022; De Vos et al., 2019), ist im Kontext transformationaler Führung aber noch nicht untersucht. Laut Lichtenthaler und Fischbach (2019) und Zhang und Parker (2019) ist davon auszugehen, dass Promotion Fokus einen positiven Einfluss auf Job Crafting hat, der von transformationaler Führung ausgeglichen wird, sofern er bei der Arbeitsperson niedrig ausfällt. In Bezug auf Prevention Fokus unterscheiden sich die beiden Vorarbeiten jedoch, da Lichtenthaler und Fischbach (2019) einen negativen Zusammenhang zwischen Prevention Fokus und *approach crafting* annimmt, Zhang und Parker (2019) jedoch einen positiven. Der Einfluss zwischen Work-Life-Balance und Job Crafting wird als negativ angenommen, da Leistungsdruck (Bohnlein & Baum, 2022) und Arbeitsbelastung (Bakker & de Vries, 2020) negativ mit Job Crafting assoziiert sind. Der Einfluss von Veränderungsbereitschaft in Zusammenhang mit transformationaler Führung auf Job Crafting wird ebenfalls als positiv angenommen, da sich in Vorarbeiten von Lazazzara et al. (2020) und De Vos et al. (2019) bereits gezeigt hat, dass transformationale Führung in dynamischen Veränderungskontexten eine verstärkende Funktion einnimmt. Transformationale Führung als Haupteffekt wird ebenfalls als positiver Einflussfaktor von Job Crafting erwartet, da hiermit eine Unterstützung der Passung zwischen Job und Arbeitsperson assoziiert ist (G. Wang et al., 2011) bzw. laut Hetland et al. (2018) ein direkt positiver Einfluss auf Job Crafting besteht.

- **H1:** Job Crafting wird positiv beeinflusst von Alter, Technikaffinität, Promotion Fokus, Prevention Fokus, Work-Life-Balance, intrinsischer Motivation, extrinsischer Motivation, allgemeiner Veränderungsbereitschaft und der transformationalen Führung durch Vorgesetzte.

In Ergänzung zu H1 soll untersucht werden, ob und inwiefern die Einflüsse der erwähnten Faktoren von transformationaler Führung moderiert werden, da basierend auf den Vorarbeiten von Zhang und Parker (2019) und (Eisenbeiss et al., 2008) davon auszugehen ist, dass transformationale Führung Potenziale der Mitarbeiter abrufbar macht, sofern diese nicht ohnehin vorhanden sind.

- **H2:** Die in H1 erwähnten Einflüsse werden von transformationaler Führung durch Vorgesetzte verstärkend moderiert.

Abbildung 9.1 zeigt die Struktur der Hypothesen H1 und H2 im Pfadmodell.

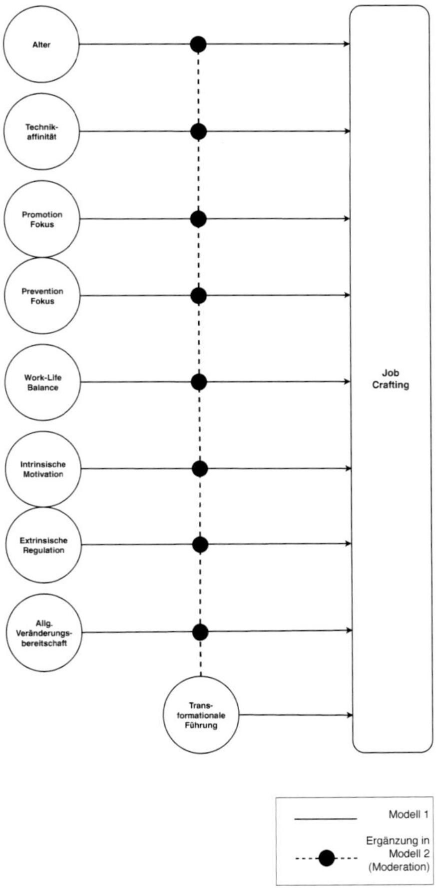

Abbildung 9.1: Hypothesen H1 und H2 im Pfadmodell.

9.3 Methode

Die Studie wurde als Querschnittstudie ohne Randomisierung konzipiert.

9.3.1 Erhebungsinstrument

Nach Abfrage der demografischen Daten wurde die allgemeine Veränderungsbereitschaft (AVB) in 7 Items abgefragt (Szebel, 2015), gefolgt von der Arbeitsmotivation in je 3 Items für intrinsische Motivation (IM) und externale Regulation (ER) (Tremblay et al., 2009). Es folgte die Messung von Promotion (PRO) und Prevention (PRE) Fokus anhand der je 5 Items von Neubert et al. (2008). Hiernach wurde transformationale

Führung anhand der MLQ5-Skala in Konzeption nach Bass und Avolio (1995) in Übersetzung von Felfe (2006) abgefragt. Hierbei entfielen auf die 5 Subdimensionen jeweils 2 Items. Hiernach wurde Technikaffinität (KUT) in 5 Items erhoben (Beier, 2004) sowie Work-Life-Balance in denselben Items, die in Studie S1 (Kap. 8) verwendet wurden. Abschließend wurde die Job Crafting Scale nach Tims et al. (2012) in insgesamt 9 Items erhoben.

9.3.2 Durchführung, Aufbereitung und Auswertung

Zur Qualitätskontrolle wurden Antworten unter 100% Fragebogenfortschritt und insgesamt n=18 vermeintliche Speeder entfernt. Job Crafting und transformationale Führung wurden in Gesamtscores überführt, die aus den jeweiligen Unterkonstrukten bestehen. Beide Hypothesen werden mittels multipler linearer Regression überprüft, wobei die Moderatoreffekte aus H2 als multiplikative Verknüpfung beider unabhängigen Variablen in die Regressionsgleichung eingehen (Backhaus et al., 2016). Insgesamt entstehen zwei aufeinander aufbauende Regressionsmodelle, wobei die Regressionsgewichte der direkten Pfade in Modell 2 nur Effekte unter der Bedingung darstellen, dass die andere am Interaktionsterm beteiligte Variable null ist (Hayes, 2017). Für die Interpretation der direkten Effekte aus H1 ist daher nur Regressionsmodell 1 maßgeblich, für die Interaktionseffekte Regressionsmodell 2. Um Art und Richtung der so identifizierten Interaktionen zu bestimmen, werden bei signifikanten Interaktionen Moderatoranalysen post-hoc durchgeführt (Selker, 2019a), wobei zur inferenzstatistischen Absicherung der Prädiktorengewichte die z-Statistik betrachtet wird (Field et al., 2014). Zur Visualisierung der Moderation werden *simple slopes* analysiert, für die die intervallskalierte Moderatorvariable MLQ5 in drei ordinale Untergruppen *Niedrig (M-1SD)*, *Durchschnitt (M)* und *Hoch (M+1SD)* eingeteilt wird.

9.3.3 Stichprobe

Nach Qualitätsbereinigung umfasst die Stichprobe N=472 Probanden. Die Geschlechterverteilung fällt mit n=204 (43.33%) männlichen, n=267 (55.57%) weiblichen und n=1 diversen Probanden (0.21%) leicht zugunsten der weiblichen Teilnehmer aus. Der Großteil der Stichprobe verfügt über einen Bildungsabschluss höher als Abitur (n=231, 84.00%). Lediglich n=34 Teilnehmer verfügen über niedrigere Abschlüsse, konkret n=11 (4.00%) über einen Realschulabschluss und n=33 (12.00%) über Abitur. Hinsichtlich der Art der Beschäftigung liegt keine primär studentische Stichprobe vor: n=183 (38.77%) der Teilnehmer befinden sich derzeit in Ausbildung, während die Mehrheit der Stichprobe sich in einem Arbeitnehmerverhältnis befindet (n=227, 48.09%) oder selbstständig (n=24, 5.08%) oder verbeamtet (n=32, 6.78%) ist. n=6 Probanden gaben an, in einem sonstigen Beschäftigungsverhältnis zu stehen (n=6, 1.27%).

	n	Verteilung
Alter in Jahren		min=18, max=70 M=32.07, SD=12.71
Geschlecht		
Männlich	204	43.22 %
Weiblich	267	56.57 %
Divers	1	0.21 %
Bildungsstand		
(Noch) kein Schulabschluss	0	0 %
Hauptschulabschluss	0	0 %
Realschulabschluss	11	4.00 %
Abitur	33	12.00 %
Höher als Abitur	231	84.00 %
Art der Beschäftigung		
In Ausbildung	183	38.77 %
Arbeitnehmer	227	48.09 %
Arbeitgeber	0	0 %
Selbstständig	24	5.08 %
Beamter	32	6.78 %
Sonstiges	6	1.27 %
Technikaffinität (KUT)		min=1.60, max=6 M=4.46, SD=0.86 α=0.79, ω=0.81

Tabelle 9.1: Soziodemografie der Stichprobe (N=472).

Die Stichprobe deckt hinsichtlich ihrer Technikaffinität das theoretische Spektrum der KUT-Skala unten nicht voll ab (min=1.60), während sich der Mittelwert (M=4.46, SD=0.86) in der eher oberen Hälfte des Spektrums befindet. Es handelt sich also um eine eher technikaffine Stichprobe.

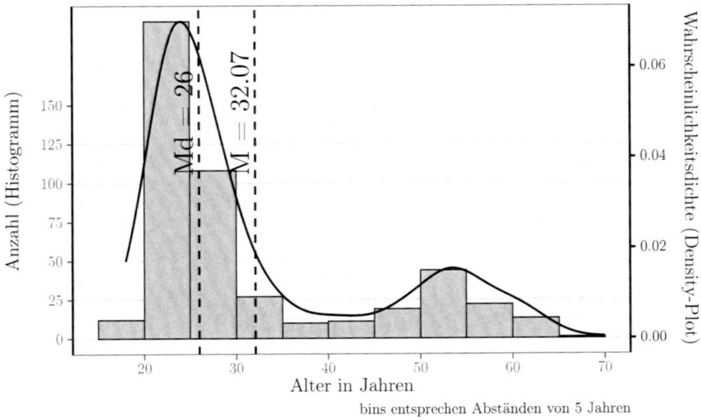

Abbildung 9.2: Histogramm-Density-Plot der Altersverteilung.

Die Altersverteilung bewegt sich im Bereich zwischen 18 und 70 Jahren, während das Durchschnittsalter M=32.07 (SD=12.71) Jahre beträgt. Insgesamt ist das Alter der Stichprobe leicht rechtsschief und bimodal verteilt (s. Abb. 9.2).

9.4 Ergebnisse

9.4.1 Deskriptive Ergebnisse

Tabelle 9.2 zeigt eine zunächst deskriptive Analyse der erhobenen Variablen.

	Kürzel	**M**	**SD**	**min**	**max**	α	ω
Individuelle Arbeitsfaktoren							
Promotion	PRO	4.01	0.94	1.00	6.00	0.79	0.79
Prevention	PRE	4.99	0.64	1.20	6.00	0.77	0.79
Work-Life-Balance	WLB	4.00	0.86	1.33	6.00	0.74	0.76
Intrinsische Motivation	IM	4.58	0.95	1.00	6.00	0.83	0.83
Externale Regulation	ER	4.23	1.00	1.00	6.00	0.61	0.68
Allg. Veränderungsbereitschaft	AVB	4.13	0.64	1.71	5.71	0.76	0.77
Job Crafting							
Job Crafting	JC	3.77	0.96	1.00	6.00	0.83	0.83[1]
Transformationale Führung	MLQ5	4.10	0.97	1.00	6.00	0.93	0.96[1]
Idealized Influence attributed	IIA	3.98	1.14	1.00	6.00	0.75	0.75
Idealized influence behavior	IIB	4.17	1.09	1.00	6.00	0.70	0.70
Inspirational Motivation	IM	4.43	1.07	1.00	6.00	0.79	0.79
Intellectual Stimulation	IS	4.24	1.13	1.00	6.00	0.75	0.75
Individualized Consideration	IC	4.12	1.20	1.00	6.00	0.88	0.88

[1] ω unter Berücksichtigung der Unterkonstrukte

Tabelle 9.2: Deskriptive Statistik der individuellen Arbeitsfaktoren und transformationaler Führung.

Alle gebildeten Variablen, mit Ausnahme von externaler Regulation (ER, M=4.23, SD=1.00) weisen Reliabilitätswerte im akzeptablen Bereich auf, sodass alle Variablen sinnvoll gebildet werden können. Die Reliabilitätswerte von ER liegen dennoch im sinnvollen Bereich ($\alpha > .50$, $\omega > .50$), sodass auch diese Variable interpretierbar ist. Mit Ausnahme von allgemeiner Veränderungsbereitschaft (min=1.71, max=5.71, M=4.13, SD=0.64), Prevention Fokus (min=1.20, M=4.99, SD=0.64) und WLB (min=1.33, M=4.00, SD=0.86) schöpft jede Variable ihren theoretischen Bereich von 1 bis 6 voll aus. Die Operationalisierung für transformationale Führung (MLQ5, M=4.10, SD=0.97) besteht aus insgesamt 5 Unterkonstrukten, welche eine hohe Reliabilität des Gesamtkonstruktes aufweisen, sowohl bei einzelner Zusammenfassung der Items (α =.93) als auch bei Zusammenfassung der Unterskalen (ω =.96). Dies deutet auf eine hohe Interkorrelation der Unterkonstrukte hin, sodass die Gesamtbetrachtung von MLQ5 hier gerechtfertigt ist. Dies trifft auch auf die Messung von Job Crafting zu (M=3.77, SD=0.96).

9.4.2 Inferenzstatistische Hypothesenprüfung

Zur Überprüfung der Hypothesen mittels linearer Regression wurden zwei Regressionsmodelle aufgestellt (Abb. 9.1). Regressionsmodell 1 enthält demnach alle direkten Effekte von Alter, KUT, PRO, PRE, WLB, IM, ER, AVB und MLQ5 auf JC, Regressionsmodell 2 enthält als Ergänzung alle acht möglichen Interaktionspfade.

			Modelltest		**Modellvergleich**		
Modell	R^2	Adj.R^2	F(df1,df2)	p	hinzugefügte Variablen	F(df1,df2)	p
1	0.13	0.11	F(9,460)=7.69	***	dir. Pfade		
2	0.18	0.15	F(17,452)=5.85	***	↳ ×MLQ5	F(8,452)=3.42	***

$*p < 0.05, **p < 0.01, ***p < 0.001$

Tabelle 9.3: Vergleich der linearen Regressionsmodelle zur Vorhersage von Job Crafting anhand direkter Prädiktoren und Interaktionen mit transformationaler Führung (MLQ5).

Die Gegenüberstellung der beiden Modelle (Tab. 9.3) zeigt, dass Modell 1 einen Anteil von gerundet 12% ($Adj.R^2 = 0.12$) mehr Varianz erklärt als der Mittelwert von JC allein, während Modell 2 gerundet 4% mehr der Varianz erklärt ($Adj.R^2 = 0.15$). Sowohl Modell 1 (F(9,460)=7.69, p<0.001) als auch Modell 2 (F(17,452)=5.85, p<0.001) sind für sich genommen signifikant. Durch Hinzunahme der Interaktionsterme in Modell 2 ergibt sich zudem eine signifikante Verbesserung gegenüber Modell 1 (F(8,452)=3.42, p<0.001). Modell 2 ist also auch unter dem Aspekt geringerer Komplexität das bessere Modell.

	Est.	SE	95%-CI	t	p	std.Est
Intercept	0.97	0.55	[-0.11,2.05]	1.76	0.08	
Alter	0.01	0.00	[0.00,0.02]	2.50	*	0.12
Technikaffinität (KUT)	0.12	0.05	[0.01,0.23]	2.15	*	0.11
Promotion (PRO)	0.14	0.05	[0.03,0.24]	2.55	*	0.13
Prevention (PRE)	0.01	0.07	[-0.13,0.15]	0.13	0.90	0.01
Work-Life-Balance (WLB)	-0.02	0.05	[-0.12,0.08]	-0.40	0.69	-0.02
Intrinsische Motivation (IM)	0.12	0.05	[0.02,0.22]	2.34	*	0.12
Extrinsische Regulation (ER)	-0.04	0.04	[-0.13,0.04]	-0.98	0.33	-0.04
Allg. Veränd.-bereitschaft (AVB)	0.10	0.07	[-0.04,0.25]	1.40	0.16	0.07
Transf. Führung (MLQ5)	0.16	0.05	[0.07,0.25]	3.49	***	0.17

$*p < 0.05, **p < 0.01, ***p < 0.001$

Tabelle 9.4: Prädiktoren des linearen Regressionsmodells zur Vorhersage von Job Crafting anhand direkter Pfade.

Tabelle 9.4 zeigt Regressionsmodell 1 im Detail. Das Modell hat insgesamt 5 signifikante Prädiktoren. Demnach wirken sich Alter (t=2.50, p<0.05), KUT (t=2.15, p<0.05), PRO (t=2.55, p<0.05), IM (t=2.34, p<0.05) signifikant und ähnlich stark auf Job Crafting aus. Der direkte Einfluss durch MLQ5 (t=3.49, p<0.001) ist etwas stärker (std.Est=0.17). Alle genannten Einflüsse sind positiv. Job Crafting einer Arbeitsperson lässt sich demnach vorhersagen durch hohe transformationale Führung durch Vorgesetzte, hohen Promotion Fokus, hohe intrinsische Motivation, hohes Alter sowie hohe Technikaffinität.

	Est.	SE	95%-CI	t	p	std.Est
Intercept	0.68	2.22	[-3.69,5.05]	0.31	0.76	
Alter	-0.04	0.02	[-0.08,-0.01]	-2.84	**	0.13
Technikaffinität (KUT)	0.08	0.22	[-0.36,0.52]	0.38	0.71	0.10
Promotion (PRO)	0.14	0.22	[-0.30,0.58]	0.61	0.54	0.14
Prevention (PRE)	0.20	0.26	[-0.31,0.70]	0.76	0.45	-0.00
Work-Life-Balance (WLB)	0.68	0.23	[0.24,1.13]	3.02	**	-0.01
Intrinsische Motivation (IM)	0.34	0.18	[-0.01,0.70]	1.90	0.06	0.13
Externale Regulation (ER)	0.05	0.17	[-0.29,0.39]	0.28	0.78	-0.03
Allg. Veränd.-bereitschaft (AVB)	-0.57	0.32	[-1.20,0.05]	-1.80	0.07	0.05
Transf. Führung (MLQ5)	0.23	0.54	[-0.83,1.29]	0.42	0.67	0.13
Alter×MLQ5	0.01	0.00	[0.01,0.02]	3.53	***	0.17
KUT×MLQ5	0.01	0.05	[-0.10,0.11]	0.14	0.89	0.01
PRO×MLQ5	0.00	0.05	[-0.10,0.11]	0.05	0.96	0.00
PRE×MLQ5	-0.05	0.07	[-0.18,0.08]	-0.73	0.47	-0.03
WLB×MLQ5	-0.17	0.05	[-0.27,-0.06]	-3.15	**	-0.15
IM×MLQ5	-0.05	0.05	[-0.14,0.04]	-1.16	0.25	-0.05
ER×MLQ5	-0.02	0.04	[-0.10,0.06]	-0.44	0.66	-0.02
AVB×MLQ5	0.16	0.08	[0.01,0.31]	2.08	*	0.10

$*p < 0.05, **p < 0.01, ***p < 0.001$

Tabelle 9.5: Prädiktoren des linearen Regressionsmodells zur Vorhersage von Job Crafting anhand der Interaktionspfade der Prädiktoren mit transformationaler Führung (MLQ5).

Aufgrund der vorhandenen Interaktionsterme in Modell 2 (s. Tab. 9.5) werden die direkten Einflüsse in diesem Modell nicht interpretiert (s. Kap. 9.3.2). Die Hinzunahme der Interaktionsterme zeigt, dass es einen kombinierten Effekt zwischen Alter und MLQ5 gibt, welcher über die Einzeleffekte hinaus geht: Der Effekt Alter×MLQ5 ist signifikant (t=3.53, p<0.001) und positiv. Eine weitere Interaktion zwischen WLB und MLQ ist signifikant (t=-3.15, p<0.01), wenn auch etwas schwächer und negativ. Auffällig ist hierbei, dass in Modell 1 WLB keinen direkten signifikanten Einfluss auf JC hatte. Der kombinierte Effekt von AVB und MLQ5 bildet eine dritte signifikante Interaktion (t=2.08, p<0.05). Diese drei Interaktionseffekte werden im Folgenden genauer untersucht, beginnend mit Alter×MLQ5.

	Est.	SE	95%-CI	z	p
Alter	0.01	0.00	[-0.00,0.01]	1.61	0.11
MLQ5	0.22	0.04	[0.14,0.31]	5.16	***
Alter×MLQ5	0.01	0.00	[0.01,0.02]	3.85	***
MLQ5 niedrig (-1SD)	-0.01	0.00	[-0.02,0.00]	-1.67	0.10
MLQ5 Durchschnitt	0.01	0.00	[-0.00,0.01]	1.58	0.11
MLQ5 hoch (+1SD)	0.02	0.01	[0.01,0.03]	3.58	***

$*p < 0.05, **p < 0.01, ***p < 0.001$

Tabelle 9.6: Pfadgewichte der Moderatoranalyse zur Vorhersage von Job Crafting durch Alter×Transformationale Führung (MLQ5).

Tabelle 9.6 zeigt die Interaktion zwischen Alter und MLQ5 im Detail. Hiernach liegt kein direkter Effekt des Alters vor (z=1.61, p=0.11, n.s.), wohingegen der direkte Effekt durch MLQ5 (z=5.16, p<0.001), als auch die Interaktion signifikant ist (z=3.85, p<0.001). Bei Betrachtung der Untergruppen von MLQ5 in der Simple-Slope-Analyse zeigt sich zudem, dass der Effekt nur in der Gruppe von hohem MLQ5 (MLQ5+1SD) signifikant ist (z=3.58, p<0.001), in den Gruppen MLQ5-Durchschnitt (z=1.58, p=0.11, n.s.) und niedrigem MLQ5 (z=-1.67, p=0.10, n.s.) jedoch nicht. Der Einfluss von Alter auf Job Crafting wird also durch MLQ5 dahingehend moderiert, dass er nur bei hohem MLQ5 überhaupt auftritt. Die Moderation ist demnach ordinal (s. Abb. 9.3): Alter wirkt sich nur positiv auf das Job Crafting der Mitarbeiter aus, wenn Führungspersonen zusätzlich transformational agieren.

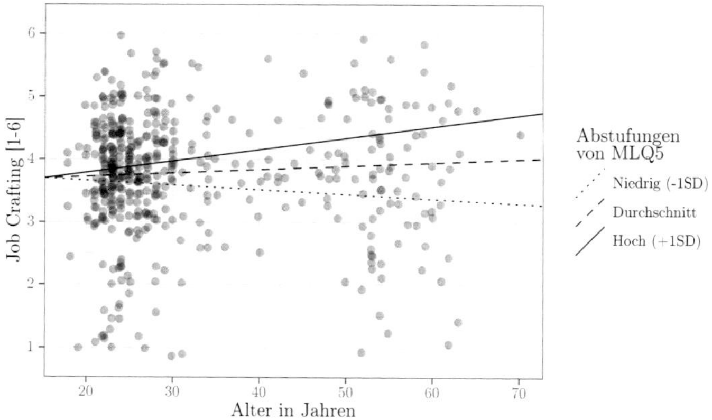

Abbildung 9.3: Simple-Slope-Jitterplot des Zusammenhangs zwischen Alter und Job Crafting. Regressionsgraden zeigen verschiedene Abstufungen von transformationaler Führung (MLQ5).

Bei Betrachtung des Interaktionseffektes WLB×MLQ5 zeigt sich ein ähnliches Bild: Auch hier gibt es neben MLQ5 (z=4.98, p<0.001) keinen signifikanten direkten Einfluss durch WLB (z=-0.77, p=0.44, n.s.), wohl aber eine signifikante Interaktion (z=-1.88, p<0.05), die negativ ausfällt (s. Tab 9.7). Bei genauerer Betrachtung der Untergruppen von MLQ5 zeigt sich auch hier, dass es nur in der Gruppe mit hohem MLQ5 einen signifikanten Einfluss gibt (z=-2.22, p<0.05), bei den anderen Abstufungen von MLQ5 jedoch keinen.

	Est.	SE	95%-CI	z	p
WLB	-0.04	0.05	[-0.13,0.06]	-0.77	0.44
MLQ5	0.22	0.04	[0.13,0.30]	4.98	***
WLB×MLQ5	-0.09	0.05	[-0.19,0.00]	-1.88	*
MLQ5 niedrig (-1SD)	0.05	0.07	[-0.08,0.19]	0.76	0.45
MLQ5 Durchschnitt	-0.04	0.05	[-0.14,0.06]	-0.76	0.44
MLQ5 hoch (+1SD)	-0.13	0.07	[-0.26,-0.02]	-2.22	*

$*p < 0.05, **p < 0.01, ***p < 0.001$

Tabelle 9.7: Pfadgewichte der Moderatoranalyse zur Vorhersage von Job Crafting durch Work-Life-Balance (WLB)×Transformationale Führung (MLQ5).

Abbildung 9.4 zeigt die auch hier ordinalen, jedoch negative Interaktion im Detail: Nur bei hohem MLQ5 gibt es einen negativen Einfluss von WLB auf JC. Eine gute Work-Life-Balance wirkt sich demnach negativ auf das Job Crafting aus, sofern Führungspersonen transformational agieren.

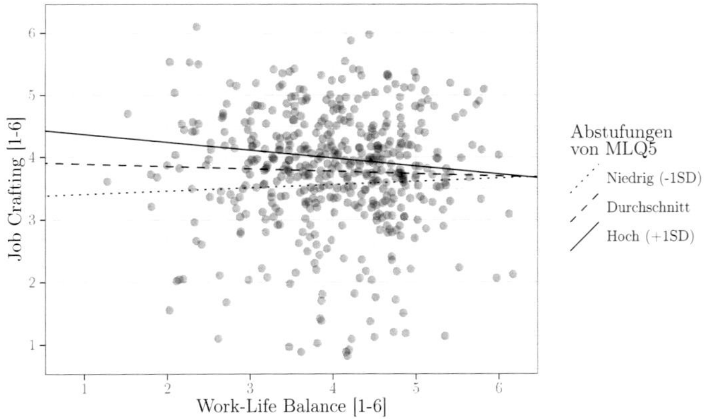

Abbildung 9.4: Simple-Slope-Jitterplot des Zusammenhangs zwischen Work-Life-Balance und Job Crafting. Regressionsgraden zeigen verschiedene Abstufungen von transformationaler Führung (MLQ5).

Die statistischen Kennwerte der dritten Interaktion zwischen Veränderungsbereitschaft und MLQ5 ist in Tabelle 9.8 dargestellt. Hierbei zeigt sich, dass im Gegensatz zum Ergebnis der linearen Regression keine signifikante Interaktion gibt (z=1.06, p=0.29, n.s.), wohl aber zwei signifikante Haupteffekte über AVB (z=3.71, p<0.001) und MLQ5 (z=4.71, p<0.001). Jede einzelne Untergruppe von MLQ5 zeigt eine signifikant positive Steigung, welche über die Steigung von MLQ5 leicht zunimmt, sich jedoch nicht signifikant voneinander unterscheidet.

	Est.	SE	95%-CI	z	p
AVB	0.24	0.07	[0.11,0.37]	3.71	***
MLQ5	0.21	0.04	[0.12,0.29]	4.79	***
AVB×MLQ5	0.07	0.06	[-0.06,0.20]	1.06	0.29
MLQ5 niedrig (-1SD)	0.18	0.09	[0.00,0.35]	1.96	*
MLQ5 Durchschnitt	0.24	0.07	[0.11,0.37]	3.70	***
MLQ5 hoch (+1SD)	0.31	0.09	[0.13,0.49]	3.37	***

$*p < 0.05, **p < 0.01, ***p < 0.001$

Tabelle 9.8: Pfadgewichte der Moderatoranalyse zur Vorhersage von Job Crafting durch allgemeine Veränderungsbereitschaft (AVB)×Transformationale Führung (MLQ5).

Abbildung 9.5 zeigt die Regressionsgeraden der drei Untergruppen von MLQ5 im Detail. Hierbei deutet sich visuell eine ordinale Verstärkung durch MLQ5 an, die Interaktion ist jedoch nicht signifikant.

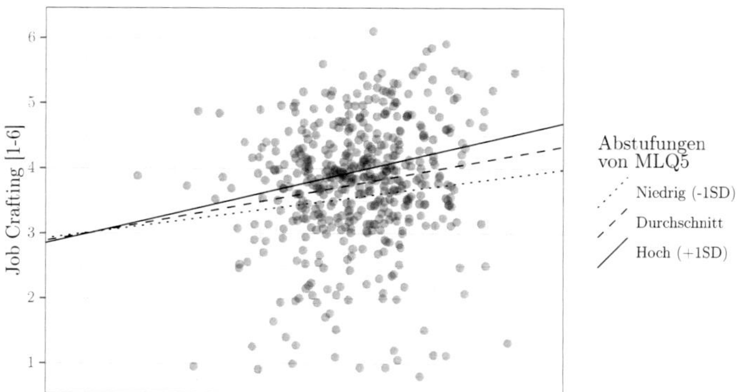

Abbildung 9.5: Simple-Slope-Jitterplot des Zusammenhangs zwischen allgemeiner Veränderungsbereitschaft und Job Crafting. Regressionsgraden zeigen verschiedene Abstufungen von transformationaler Führung (MLQ5).

9.5 Zusammenfassung der zentralen Erkenntnisse

In dieser Studie hat sich gezeigt, dass sich transformationale Führung sowohl direkt als auch moderierend auf das Job Crafting von Arbeitspersonen auswirkt. Die Berücksichtigung dieser Moderatoreffekte führt zu einer signifikanten Verbesserung der Vorhersagegüte des Regressionsmodells. Die direkten Effekte zeigen, dass das Job-Crafting-Verhalten der Arbeitspersonen positiv von Ihrem Alter, ihrer Technikaffinität, ihrem Promotion Fokus, ihrer intrinsischen Motivation sowie dem Ausmaß der transformationalen Führung ihres Arbeitsumfeldes beeinflusst wird. Dies repliziert die vorherigen Ergebnisse teilweise und sichert sie inferenzstatistisch ab. H1 kann daher teilweise angenommen werden.

Zusätzlich moderiert die transformationale Führung durch Vorgesetzte den Einfluss von Alter auf Job Crafting dahingehend, dass dieser Einfluss nur bei hoher transformationaler Führung überhaupt auftritt. Das Ergebnis zeigt, wie wichtig es ist, ältere Arbeitspersonen hinsichtlich der Mitgestaltung am Arbeitsplatz einzubinden, da anderenfalls Potenzial ungenutzt bleibt. Ein zweiter Moderatoreffekt konnte hinsichtlich der Work-Life-Balance festgestellt werden: Bei hoher transformationaler Führung wirkt sich Work-Life-Balance negativ auf Job Crafting aus. Das Ergebnis lässt sich dahingehend interpretieren, dass transformationale Führung auch Druck auf Arbeitspersonen auswirken kann, der eine Mitgestaltung in der digitalen Transformation der Arbeitswelt unterbindet. Interpretiert man dieses Ergebnis im Hinblick auf Work-Life-Balance, zeigt sich, dass hohe transformationale Führung durch Vorgesetzte auch einen Stressor darstellen kann, der sich bei gleichzeitig hohem Job Crafting negativ auf die Work-Life-Balance auswirkt. In der folgenden Studie soll daher genauer untersucht werden, welche Faktoren beeinflussen, inwiefern man eine Rolle als transformationale Führungsperson und darüber hinaus als digitales Vorbild einnimmt.

10 Transformational Leadership und digitale Vorbildfunktion

10.1 Zielsetzung der Studie (S3)

In dieser Studie sollen die Forschungsfragen untersucht werden, wie Persönlichkeitseigenschaften mit der Selbsteinschätzung als transformationale Führungsperson in Beziehung stehen sowie welche Eigenschaften von Arbeitspersonen mit der Annahme einer digitalen Vorbildfunktion in Beziehung stehen. Das Verhältnis zwischen den Faktoren Job Crafting, transformationaler Führung durch Vorgesetzte und transformationaler Führung in der Selbsteinschätzung ist aufgrund der Forschungslücke um den letztgenannten Faktor gänzlich ungeklärt, sodass die Hypothesen dieser Studie einen eher explorativen Charakter haben.

10.2 Hypothesen

Die Untersuchung der Zusammenhänge zwischen Persönlichkeit und transformationaler Führung in der Selbsteinschätzung stellt eine Forschungslücke dar, da transformationale Führung bisher nur bei Personen mit formalisierter Führungsrolle untersucht wurde. Diese Vorarbeiten nehmen einen positiven Zusammenhang zwischen allen Big-5-Persönlichkeitsfaktoren außer Extraversion an (De Hoogh et al., 2005), bzw. unter Verweis auf Zhang und Parker (2019) einen positiven Zusammenhang zwischen allen Faktoren außer Neurotizismus bei *approach crafting*. Die Hinzunahme der Faktoren der dunklen Tetrade stellt eine Forschungslücke dar (Schyns et al., 2020), da grundsätzlich davon auszugehen ist, dass sich Merkmalsträger dieser Eigenschaften für charismatisch halten (Robbins et al., 2013).

- **H1:** Es gibt einen Zusammenhang zwischen der Selbsteinschätzung als transformationale Führungsperson und den Big-5- und Dark-4-Persönlichkeitseigenschaften.

Zusätzlich sollen die Prädiktoren der Selbsteinschätzung als digitales Vorbild genauer untersucht werden, was dem bei Philip (2021) und Garad et al. (2023) formulierten Forschungsbedarf entspricht. Basierend auf Studie S2 wird ein positiver Einfluss von Alter, Technikaffinität und Promotion angenommen, was den Ergebnissen von Lichtenthaler und Fischbach (2019) entspricht, da Promotion mit Engagement assoziiert ist. Da sich transformationale Führungspersonen besonders in hochdynamischen Veränderungskontexten einbringen, ist ferner davon auszugehen, dass sich die Selbsteinschätzung als transformationale Führungsperson sowie das Vorhandensein anderer transformationaler Führungspersonen positiv auf die Annahme einer digitalen Vorbildfunktion auswirkt (Aloisi, 2019; Prasad & Junni, 2016; Wackernagel & Haner, 2022). Aufgrund des uneindeutigen Ergebnisses in S2 soll der Zusammenhang zwischen Veränderungsbereitschaft erneut untersucht werden und wird ebenfalls als positiv angenommen. Zusätzlich wird angenommen, dass digitale Vorbilder auch Job Crafter sind (Schiuma et al., 2022).

- **H2:** Die Wahrnehmung der eigenen digitalen Vorbildfunktion ist abhängig von Alter, Technikaffinität, Promotion Fokus, Veränderungsbereitschaft, Job Crafting, der Selbstwahrnehmung als transformationale Führungskraft und dem Ausmaß transformationaler Führung im Arbeitsumfeld.

Zusätzlich soll mittels Mediatoranalyse untersucht werden, ob es sich bei diesem erwarteten Einfluss zwischen Job Crafting und der digitalen Vorbildfunktion um einen direkten Zusammenhang handelt oder ob dieser indirekt über die Selbsteinschätzung als transformationale Führungsperson erfolgt. Der Zusammenhang zwischen transformationaler Führung und digitaler Vorbildfunktion liegt in der konzeptionellen Nähe von digitaler und transformationaler Führung begründet (Avolio et al., 2000; Kahai, 2012; Saugbacs & Erdougan, 2022), ist jedoch bisher nicht explizit untersucht.

- **H3:** Der Einfluss von Job Crafting auf die Selbsteinschätzung als digitales Vorbild erfolgt indirekt über die Selbsteinschätzung als transformationale Führungsperson.

10.3 Methode

Die Studie wurde als Querschnittstudie ohne Randomisierung konzipiert.

10.3.1 Erhebungsinstrument

Der Fragebogen startete mit der Erhebung der Demografie und der Big-5-Persönlichkeitsmerkmale in der Kurzskala nach Rammstedt et al. (2013), konkret in 2 Items pro Merkmal. Hiernach wurde die allgemeine Veränderungsbereitschaft in 5 Items abgefragt (Szebel, 2015). Es folgte die Messung der Technikaffinität in Form des ATI nach Franke et al. (2019) in 9 Items. Promotion Fokus wurde in Konzeption nach Neubert et al. (2008) erhoben (5 Items), Job Crafting analog zu den vorherigen Studien nach Tims et al. (2012) und Hetland et al. (2018) in insgesamt 9 Items. Transformationale Führung wurde anhand des Multilevel-Leadership-Questionnaires (MLQ5) von Bass und Avolio (1995) in Übersetzung von Felfe (2006) in 10 Items verwendet. Dieses Messinstrument bildete die Grundlage für die Messung der eigenen transformationalen Führungsfähigkeit in 10 Items, indem die Items auf eine Selbsteinschätzung umformuliert wurden (z. B. „Ich schlage neue Wege vor, wie Aufgaben/Aufträge bearbeitet werden können.“). Zur Unterscheidung werden die Skalenabkürzungen MLQ5 und MLQ5_S (MLQ5 Selbsteinschätzung) verwendet, um die Originalskala von der Adaption zu unterscheiden. Zusätzlich wurde eine Skala zur Messung der Selbsteinschätzung der eigenen digitalen Vorbildfunktion in 6 Items rational-deduktiv konzipiert (Beispielitem: „Ich wäre in der Lage, auf der Arbeit eine Art digitale Vorbildfunktion einzunehmen.“). Um Abbrucheffekte zu vermeiden, wurde die Messung der dunklen Persönlichkeitsmerkmale (Malesza et al., 2019; O'Meara et al., 2011) am Ende des Fragebogens platziert.

10.3.2 Durchführung, Aufbereitung und Auswertung

Aufgrund der Erhebung dunkler Persönlichkeitsmerkmale wurde als Qualitätskriterium ein Fragebogenfortschritt von 90% angesetzt. Zudem wurden n=35 Probanden als vermeintliche Speeder identifiziert und ausgefiltert. Hypothese 1 und 2 werden mittels multipler linearer Regressionen überprüft, Hypothese 3 anhand einer Mediatoranalyse durch ein Strukturgleichungsmodell mit drei Variablen. Bei der Überprüfung von H1 und H2 wurde die Strategie schrittweise vorwärts gewählt, um unter Berücksichtigung geringer Komplexität das beste Modell zu erhalten.

10.3.3 Stichprobe

Die bereinigte Stichprobe umfasst N=333 Probanden, deren Soziodemografie in Tabelle 10.1 dargestellt ist.

	n	Verteilung
Alter in Jahren		min=18, max=76 M=30.89, SD=12.89
Geschlecht		
Männlich	113	33.93 %
Weiblich	219	65.77 %
Divers	1	0.3 %
Bildungsstand		
(Noch) kein Schulabschluss	0	0 %
Hauptschulabschluss	4	1.20 %
Realschulabschluss	29	8.71 %
Abitur	183	54.95 %
Höher als Abitur	117	35.14 %
Art der Beschäftigung		
In Ausbildung	69	20.72 %
Arbeitnehmer	195	58.56 %
Arbeitgeber	2	0.60 %
Selbstständig	24	7.21 %
Beamter	5	1.50 %
Sonstiges	38	11.41 %
Technikaffinität (ATI)		min=1, max=6 M=3.48, SD=1.07 α=0.93, ω=0.93

Tabelle 10.1: Soziodemografie der Stichprobe (N=333).

Die Stichprobe ist hinsichtlich der Geschlechterverteilung eher weiblich (65.77%), der Anteil der Männer hingegen beträgt 33.93%. Zusätzlich befindet sich n=1 diverse Person (0.3%) in der Stichprobe. In Bezug auf den Bildungsstand haben 54.95% mindestens Abitur, 35.14% einen noch höheren Abschluss. Auf die übrigen Bildungsabschlüsse Realschulabschluss und Hauptschulabschluss sind zu 8.71%, resp. 1.2%, kein Proband gab an, (noch) keinen Schulabschluss aufzuweisen. Der Großteil der Stichprobe besteht aus Arbeitnehmern (58.56%), die zweitgrößte Gruppe besteht aus den Personen in Ausbildung (20.72%). Im Gegensatz dazu sind Arbeitgeber (0.6%), Selbstständige (7.21%) und Beamte (1.5%) eher weniger vertreten. Weitere n=38 Probanden (11.41%) gaben an, einer sonstigen Beschäftigungsform nachzugehen.

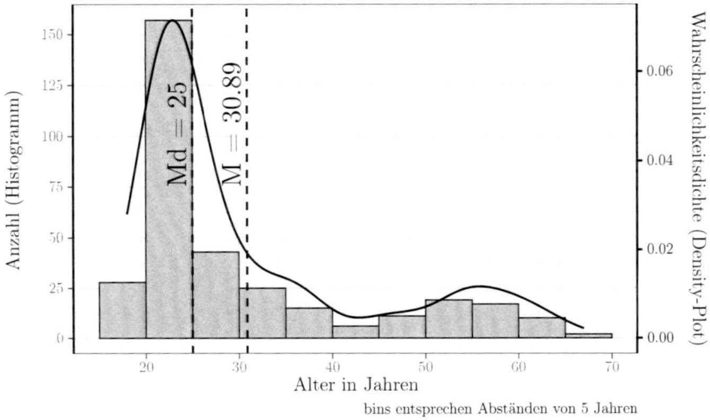

Abbildung 10.1: Histogramm-Density-Plot der Altersverteilung.

Die Altersverteilung der Stichprobe ist in Abbildung 10.1 abgebildet. Die Altersspanne reicht hierbei von 18 bis 76 Jahren bei einem Mittelwert von M=30.89 (SD=12.89). Die Technikaffinität (ATI) konnte sehr reliabel gemessen werden und schöpft das theoretische Spektrum der Skala von 1 bis 6 aus. Der Mittelwert (M=3.48, SD=1.07) befindet sich nah am theoretischen Skalenmittelpunkt von 3.5.

10.4 Ergebnisse

10.4.1 Deskriptive Ergebnisse

Tabelle 10.2 zeigt die deskriptiven Statistiken der Persönlichkeitsmerkmale, Tabelle 10.3 die deskriptiven Statistiken der individuellen Arbeitsfaktoren sowie der Faktoren der transformationalen Führung.

	Kürzel	**M**	**SD**	**min**	**max**	α	ω
Persönlichkeit (Big 5)							
Extraversion	B5E	4.19	1.14	1.00	6.00	0.82	0.82
Offenheit	B5O	4.27	1.15	1.50	6.00	0.67	0.69
Gewissenhaftigkeit	B5G	4.39	0.96	1.50	6.00	0.57	0.59
Verträglichkeit	B5V	3.92	0.87	1.50	6.00	0.16	0.16
Neurotizismus	B5N	3.31	1.08	1.00	6.00	0.66	0.66
Dunkle Persönlichkeit (Dark 4)							
Sadismus	D4S	2.03	0.99	1.00	6.00	0.81	0.82
Narzissmus*	D4N	3.50	0.95	1.00	6.00	0.60	0.60
Machiavellismus	D4M	3.44	0.85	1.00	5.75	0.66	0.67
Psychopathie*	D4P	2.64	1.02	1.00	6.00	0.57	0.58

* 1 Item weggelassen

Tabelle 10.2: Deskriptive Statistik der Persönlichkeitsmerkmale.

Einige Persönlichkeitsskalen verfehlen das gesetzte Reliabilitätskriterium von 0.7, konkret Offenheit (M=4.27, SD=1.15), Gewissenhaftigkeit (M=4.39, SD=0.96), Verträglichkeit (M=3.92, SD=0.87), Neurotizismus (M=3.31, SD=1.08), Narzissmus (M=3.50, SD=0.95), Machiavellismus (M=3.44, SD=0.85) und Psychopathie (M=2.64, SD=1.02), wobei sich bei Narzissmus und Psychopathie durch Entfernung eines Items die Reliabilität beider Kennwerte in einen interpretierbaren Bereich verbessern lässt. Zudem weichen Offenheit, Gewissenhaftigkeit und Machiavellismus geringfügig vom theoretischen Skalenspektrum ab. Extraversion (M=4.19, SD=1.14) und Sadismus (M=2.03, SD=0.99) lassen sich hingegen mit guter Reliabilität messen.

	Kürzel	**M**	**SD**	**min**	**max**	α	ω
Individuelle Arbeitsfaktoren							
Allg. Veränderungsbereitschaft	AVB	4.22	0.74	2.20	6.00	0.78	0.79
Promotion	PRO	4.31	0.80	1.20	6.00	0.76	0.77
Job Crafting	JC	4.00	0.73	1.00	6.00	0.79	0.86[1]
Transformationale Führung							
durch Vorgesetzte	MLQ5	4.19	0.92	1.00	6.00	0.93	0.96[1]
Selbsteinschätzung	MLQ5_S	4.36	0.77	1.00	6.00	0.91	0.94[1]
Digitale Vorbildfunktion	DigiV	4.02	1.03	1.00	6.00	0.90	0.90

[1] ω unter Berücksichtigung der Unterkonstrukte

Tabelle 10.3: Deskriptive Statistik der individuellen Arbeitsfaktoren und transformationaler Führung.

Im Hinblick auf die übrigen Faktoren können alle Operationalisierungen als reliabel angenommen werden. Allgemeine Veränderungsbereitschaft (M=4.22, SD=0.74) erreicht nicht das theoretische Skalenminimum (min=2.20), ebenso Promotion Fokus (min=1.2,

M=4.31, SD=0.80). Der Mittelwert von Job Crafting beträgt M=4.00 (SD=0.73), wobei in dieser Studie nicht nach Unterkonstrukten differenziert wird. Die Reliabilität der Messungen von transformationaler Führung sind exzellent (jeweils α und ω>0.9), sowohl in der ursprünglichen Skala MLQ5 (M=4.19, SD=0.92) als auch in der Adaption auf Selbsteinschätzung MLQ5_S (M=4.36, SD=0.77). Dies trifft auch auf die selbst konzipierte Skala zur Messung der eigenen digitalen Vorbildfunktion DigiV (M=4.02, SD=1.03) zu.

10.4.2 Inferenzstatistische Hypothesenprüfung

Selbstwahrnehmung als transformationale Führungsperson und Persönlichkeit

In Hypothese 1 soll geprüft werden, inwiefern sich die Selbsteinschätzung als transformationale Führungsperson durch Persönlichkeitsfaktoren vorhersagen lässt. Die Prädiktoren wurden mit der Strategie „schrittweise vorwärts“ in die Regressionsgleichung aufgenommen. Die inferenzstatistische Bewertung der entstehenden 9 Regressionsmodelle ist in Tabelle 10.4 dargestellt.

			Modelltest		**Modellvergleich**		
Modell	R^2	Adj.R^2	F(df1,df2)	p	hinzugefügte Variable	F(df1,df2)	p
1	0.13	0.12	F(1,331)= 47.40	***	D4N		
2	0.21	0.20	F(2,330)=43.01	***	↳ B5G	F(1,330)=33.91	***
3	0.26	0.26	F(3,329)=37.84	***	↳ B5O	F(1,329)=22.01	***
4	0.28	0.28	F(4,328)=31.63	***	↳ B5N	F(1,328)=9.91	**
5	0.29	0.29	F(5,327)=26.57	***	↳ D4S	F(1,327)=4.85	*
6	0.30	0.30	F(6,326)=22.79	***	↳ B5V	F(1,326)=3.07	0.08
7	0.30	0.30	F(7,325)=19.81	***	↳ B5E	F(1,325)=1.63	0.20
8	0.30	0.30	F(8,324)=17.36	***	↳ D4M	F(1,324)=0.46	0.50
9	0.30	0.30	F(9,323)=15.39	***	↳ D4P	F(1,323)=0.04	0.84

$*p < 0.05, **p < 0.01, ***p < 0.001$

Tabelle 10.4: Vergleich der linearen Regressionsmodelle zur Vorhersage der Selbsteinschätzung als transformationale Führungsperson anhand von Persönlichkeitsmerkmalen nach Strategie „schrittweise vorwärts“.

Der Modellvergleich zeigt, dass sich das Modell ab der Hinzunahme der fünften Variable nicht mehr signifikant verbessert (Modell 5 vs. Modell 6 F(1,326)=3.07, p=0.08 n. s.). Regressionsmodell 5 (F(5,327)=26.57, p<0.001) erklärt hierbei 29% mehr Varianz in MLQ5_S als der Mittelwert allein. Unter Berücksichtigung der Anzahl der Faktoren ist Modell 5 also das beste Modell, grundsätzlich sind alle 9 Modelle signifikant.

Regressionsmodell 5 ist in Tabelle 10.5 im Detail dargestellt.

	Est.	SE	95%-CI	t	p	std.Est
Intercept	2.41	0.28	[1.85,2.97]	8.48	***	
Narzissmus (D4N)	0.28	0.04	[0.20,0.36]	6.89	***	0.35
Gewissenhaftigkeit (B5G)	0.19	0.04	[0.12,0.27]	4.98	***	0.24
Offenheit (B5O)	0.16	0.03	[0.10,0.22]	5.01	***	0.24
Neurotizismus (B5N)	-0.11	0.03	[-0.18,-0.04]	-3.25	**	-0.15
Sadismus (D4S)	-0.09	0.04	[-0.16,-0.01]	-2.20	*	-0.11

$*p < 0.05, **p < 0.01, ***p < 0.001$

Tabelle 10.5: Prädiktoren des linearen Regressionsmodells zur Vorhersage der Selbsteinschätzung als transformationale Führungsperson anhand von Persönlichkeitsmerkmalen.

Das Regressionsmodell besteht aus 3 positiven und 2 negativen Prädiktoren, wobei die positiven Prädiktoren den stärkeren Einfluss haben. Hierbei stellt Narzissmus den stärksten Prädiktor dar (t=6.89, p<0.001), der Einfluss von Gewissenhaftigkeit (t=4.98, p<0.001) und Offenheit (t=5.01, p<0.001) ist etwas schwächer und gleich stark. Neurotizismus (t=-3.25, p<0.01) und Sadismus (t=-2.20, p<0.05) fließen hingegen negativ in die Regressionsgleichung ein. Der Einfluss aller dieser Prädiktoren ist signifikant. Insgesamt lässt sich die Selbsteinschätzung als transformationale Führungsperson über die Persönlichkeitseigenschaften Narzissmus, Gewissenhaftigkeit, Offenheit, niedrigen Neurotizismus und niedrigen Sadismus vorhersagen. Andere Persönlichkeitseigenschaften tragen nicht signifikant zur Verbesserung der Vorhersage bei.

Vorhersage der Annahme einer digitalen Vorbildfunktion durch andere Arbeitsfaktoren

Analog zur Überprüfung von H1 wird das Regressionsmodell in H2 ebenfalls in Strategie „schrittweise vorwärts“ aufgestellt. Der Vergleich der Regressionsmodelle ist in Tabelle 10.6 dargestellt, die abhängige Variable ist hier die Annahme einer digitalen Vorbildfunktion (DigiV).

			Modelltest		**Modellvergleich**		
Modell	R^2	Adj.R^2	F(df1,df2)	p	hinzu-gefügte Variable	F(df1,df2)	p
1	0.29	0.29	F(1,331)=137.89	***	ATI		
2	0.49	0.48	F(2,330)=156.40	***	↳ MLQ5_S	F(1,330)=123.77	***
3	0.53	0.52	F(3,329)=122.55	***	↳ PRO	F(1,329)=28.65	***
4	0.53	0.53	F(4,328)=94.03	***	↳ AVB	F(1,328)=4.53	*
5	0.54	0.53	F(5,327)=76.86	***	↳ age	F(1,327)=4.37	*
6	0.54	0.53	F(6,326)=64.41	***	↳ JC	F(1,326)=1.53	0.22
7	0.54	0.53	F(7,325)=55.34	***	↳ MLQ5	F(1,325)=0.96	0.37

$*p < 0.05, **p < 0.01, ***p < 0.001$

Tabelle 10.6: Vergleich der Regressionsmodelle zur Vorhersage der Annahme einer digitalen Vorbildfunktion anhand von individuellen Arbeitsfaktoren und transformationaler Führung nach Strategie „schrittweise vorwärts".

Auch hier zeigt sich, dass alle 7 Modelle signifikant sind, sich das Modell ab Hinzunahme des fünften Prädiktors jedoch nicht mehr signifikant verbessert (Modell 5 vs. Modell 6 F(1,326)=1.53, p=0.22, n. s.). Im Verhältnis von Prädiktorenanzahl und Anteil erklärter Varianz ist Modell 5 also das beste Modell: Es erklärt 53% mehr Varianz als der Mittelwert von DigiV allein. Die einzelnen Prädiktoren von Modell 5 sind in Tabelle 10.7 dargestellt.

	Est.	SE	95%-CI	t	p	std.Est
Intercept	-0.81	0.30	[-1.41,-0.22]	-2.69	**	
Technikaffinität (ATI)	0.40	0.04	[0.32,0.47]	10.16	***	0.41
Selbsteinschätzung TL (MLQ5_S)	0.47	0.06	[0.36,0.59]	8.42	***	0.36
Promotion (PRO)	0.22	0.06	[0.10,0.34]	3.53	***	0.17
Allg. Veränd. Bereitschaft (AVB)	0.15	0.06	[0.03,0.26]	2.50	*	0.11
Alter	-0.01	0.00	[-0.01,-0.00]	-2.08	*	-0.08

$*p < 0.05, **p < 0.01, ***p < 0.001$

Tabelle 10.7: Prädiktoren des linearen Regressionsmodells zur Vorhersage der Annahme einer digitalen Vorbildfunktion anhand von individuellen Arbeitsfaktoren und transformationaler Führung.

Das Modell besteht aus 5 Prädiktoren. Hierunter hat ATI den stärksten Einfluss (t=10.16, p<0.001), gefolgt von MLQ5_S (t=8.42, p<0.001). Die Einflüsse von PRO (t=3.53, p<0.001) und AVB (t=2.50, p<0.01) sind im Vergleich hierzu etwas schwächer. Die Einflüsse dieser Faktoren sind positiv, der einzige negative Prädiktor ist Alter (t=-2.08, p<0.05). Die Annahme einer digitalen Vorbildfunktion lässt sich über die eigene Technikaffinität, die Selbsteinschätzung als transformationale Führungsperson, Promotion Fokus, Veränderungsbereitschaft sowie Alter vorhersagen. Im direkten Vergleich tragen Job Crafting und transformationale Führung durch Vorgesetzte nicht zu einer signifikanten Verbesserung der Vorhersage bei.

Zusammenhang zwischen Job Crafting, transformationaler Führung und der Annahme einer digitalen Vorbildfunktion

In Hypothese 3 wird mittels Mediatoranalyse geprüft, ob der Einfluss von Job Crafting auf die Annahme einer digitalen Vorbildfunktion direkt oder indirekt über die Selbsteinschätzung als transformationale Führungsperson erfolgt. Das Pfaddiagramm der Mediation ist in Abb. 10.2 abgebildet, die inferenzstatistischen Kennwerte in Tabelle 10.8.

	Label	Estimate	SE	95%-CI	z	p
Indirekter Effekt	a×b	0.33	0.50	[0.21,0.43]	5.99	***
JC → MLQ5_S	a	0.63	0.05	[0.36,0.66]	13.53	***
MLQ5_S → DigiV	b	0.51	0.08	[0.36,0.66]	6.68	***
Direkter Effekt						
JC → DigiV	c'	0.30	0.08	[0.14,.46]	3.72	***
Totaler Effekt	c	0.62	0.07	[0.49,0.76]	9.00	***

$*p < 0.05, **p < 0.01, ***p < 0.001$

Tabelle 10.8: Pfadgewichte der Mediatoranalyse zur Vorhersage der Annahme einer digitalen Vorbildfunktion (DigiV) durch Job Crafting (JC) über die Selbsteinschätzung als transformationale Führungsperson (MLQ5_S).

Hierbei zeigt sich zunächst, dass es direkte signifikante Pfadkoeffizienten an den direkten Pfaden a und b gibt. Job Crafting wirkt sich demnach signifikant auf MLQ5_S aus (Est.=0.63, z=13.53, p<0.001) und diese wiederum signifikant auf die Annahme einer digitalen Vorbildfunktion (Est.=0.51, z=6.68, p<0.001). Der hieraus kombinierte indirekte Effekt a*b ist ebenfalls signifikant (Est.=0.33, z=5.99, p<0.001), ebenso wie der totale Effekt c (Est.=0.62, z=9.00, p<0.001) und der um den indirekten Effekt verminderte direkte Effekt c' (Est.=0.30, z=3.72, p<0.001). Hieraus kann abgelesen werden, dass es sich um eine indirekte Mediation handelt: Der Effekt zwischen Job Crafting und der Annahme einer digitalen Vorbildfunktion verläuft mit annähernd gleicher Stärke mediierend über die Selbsteinschätzung als transformationale Führungsperson.

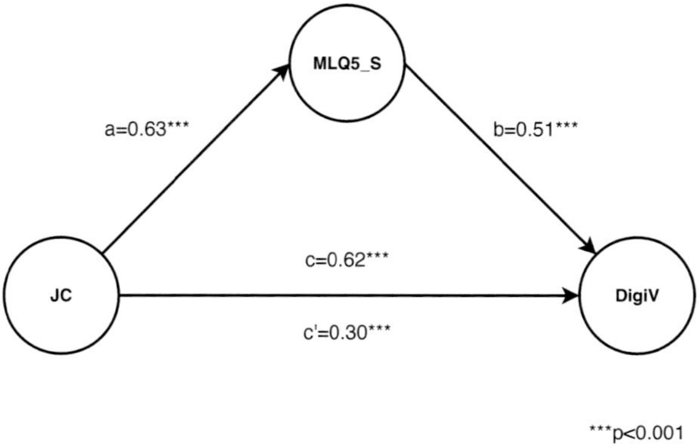

Abbildung 10.2: Pfaddiagramm der Mediation von Job Crafting (JC) auf die Annahme einer digitalen Vorbildfunktion (DigiV) über die Selbsteinschätzung als transformationale Führungsperson (MLQ5_S).

10.5 Zusammenfassung der zentralen Erkenntnisse

In dieser Studie hat sich gezeigt, dass sich die Selbsteinschätzung als transformationale Führungsperson über Persönlichkeitsfaktoren vorhersagen lässt. Hierbei stellt Narzissmus den stärksten Prädiktor dar, was einen Erklärungsansatz für die in Studie S2 (Kap. 9) identifizierte Stressorenfunktion von transformationaler Führung darstellt. Zudem ist diese Selbsteinschätzung durch Gewissenhaftigkeit, Offenheit, niedrigen Neurotizismus und niedrigen Sadismus beeinflusst. H1 kann daher teilweise angenommen werden.

Hinsichtlich der Annahme einer explizit digitalen Vorbildfunktion zeigt sich, dass diese in positiver Beziehung zur Technikaffinität, Selbsteinschätzung als transformationale Führungsperson, Promotion Fokus und Veränderungsbereitschaft steht und von Alter leicht negativ beeinflusst wird. H2 kann ebenfalls teilweise angenommen werden, da Job Crafting und transformationale Führung durch Vorgesetzte hingegen keine signifikanten Prädiktoren darstellen, was dem Forschungsstand widerspricht. Der nicht vorhandene Einfluss des Job Craftings kann auf geringfügige Interdependenzen zu den anderen Variablen zurückgeführt werden, da sich dieser Zusammenhang in H3 als dennoch signifikant herausgestellt hat. Anhand einer Mediatoranalyse hat sich gezeigt, dass der Einfluss zwischen Job Crafting und der Annahme einer digitalen Vorbildfunktion auch über die Selbsteinschätzung als transformationale Führungsperson erfolgt. H3 kann daher angenommen werden.

11 Work-Life Balance und Digitalität des Arbeitsplatzes

11.1 Zielsetzung der Studie (S4)

Nachdem in Studie S2 (s. Kap. 9) die Beziehung zwischen Work-Life-Balance, Job Crafting und transformationaler Führung untersucht wurde, sollen in dieser Studie digitale Implikationen von Work-Life-Balance genauer betrachtet werden. Hierzu soll die Forschungsfrage beantwortet werden, welchen Einfluss digitale Stressoren auf die Work-Life-Balance von Arbeitspersonen haben und durch welche Ressourcen diese kompensiert werden. Hierbei wird eine Forschungslücke adressiert, da Job Crafting im Zusammenhang zu den von Bencsik und Juhasz (2023) identifizierten Unterfaktoren von Technostress untersucht wird. Zusätzlich soll untersucht werden, ob es sich bei der Freiwilligkeit von Telework um einen relevanten Einflussfaktor für die Work-Life-Balance handelt. Letztlich soll anhand eines Szenarios überprüft werden, wie sich ein besonders analoger oder besonders digitaler Arbeitsplatz in Abhängigkeit der Technikaffinität der Arbeitsperson auf die Work-Life-Balance auswirkt.

11.2 Hypothesen

Basierend auf der Vorarbeit von Neirotti et al. (2019), welche flexible Arbeit als *work practice* und *employment practice* in Abhängigkeit von der digitalen Unterstützbarkeit der Arbeitsaufgaben untersuchten, und der Ähnlichkeit dieser Ergebnisse zu den Befunden von Nemteanu und Dabija (2023), wonach sich die Work-Life-Balance aufgrund von flexibler Arbeit während Covid-19 verschlechterte, soll in Hypothese 1 geprüft werden, ob sich der Befund bei einer anderen Operationalisierung replizieren lässt: In Zusammenführung der Vorarbeiten soll flexible Arbeit nicht entlang von *work practice* und *employment practice* untersucht werden, sondern als selbstbestimmtes, fremdbestimmtes oder nicht ermöglichtes Telework. Hierbei ist davon auszugehen, dass die Work-Life-Balance bei Selbstbestimmung höher ist als bei Fremdbestimmung oder nicht ermöglichtem Telework.

- **H1:** Arbeitspersonen, die selbstbestimmt Telework betreiben, haben eine bessere Work-Life-Balance als Personen, die hierüber nicht selbst entscheiden können oder keine Möglichkeit hierzu haben.

Hinsichtlich der digitalen Prädiktoren von Work-Life-Balance soll überprüft werden, ob die Suche nach Herausforderungen (Tims et al., 2012), die Technostress-Unterdimensionen Techno-Overload, Techno-Invasion und Techno-Uncertainty sowie die realen Arbeitsstunden eine Stressorenfunktion im Hinblick auf die Work-Life-Balance einnehmen. Die Suche nach Herausforderungen steht in Studie S1 in negativem Zusammenhang zur Work-Life-Balance, zudem stellen hohe Arbeitsanforderungen grundsätzlich einen Stressor dar (Sirgy & Lee, 2018). Die erwähnten Unterdimensionen von Technostress werden von Bencsik und Juhasz (2023) als besonders relevant bezeichnet, da diese mit Verlust von Freizeit und Bedrohungsgefühl einhergehen. Die realen Arbeitsstunden stellen sich bei der KI-basierten Vorhersage von Work-Life-Balance bei Pawlicka et al. (2020) als relevantester Prädiktor heraus und sind im Forschungskontext bislang unzureichend erforscht. Diese Einflüsse werden als Stressoren aufgefasst, welche im Zusammenhang zu den Ressourcen Job Crafting (Suche nach strukturellen Herausforderungen, Suche nach sozialen Herausforderungen), Alter, Promotion Fokus und Prevention Fokus untersucht werden sollen. Hinsichtlich der Technostress-Dimensionen ist jeweils davon auszugehen, dass der negative Einfluss auf die Work-Life-Balance durch die Suche nach strukturellen oder soziale Ressourcen ordinal abgeschwächt wird. Dies entspräche der von Nissinen et al. (2022) und Ingusci et al. (2021) beschriebenen „Schutzfunktion" von Job Crafting. Bei den Arbeitsstunden ist davon auszugehen, dass diese bei Promotion Fokus schwächer und bei Prevention Fokus stärker ins Gewicht fallen, da Arbeitspersonen mit Promotion Fokus Überstunden als Mittel der Weiterentwicklung einsetzen können, wohingegen Preventer dies aus eher schädlichen Motiven tun (Wood et al., 2020). Zusätzlich ist davon auszugehen, dass der Einfluss aller Stressoren mit steigendem Alter abnimmt, da mit steigendem Alter bessere Coping-Strategien entwickelt werden (Spieler et al., 2018), weshalb Alter im Rahmen der Hypothese als „Universalressource" aufgefasst wird. Die Struktur von H2 ist in Abb.11.1 als Pfaddiagramm dargestellt.

- **H2:** Work-Life-Balance wird negativ von der Suche nach Herausforderungen, Techno-Overload, Techno-Invasion, Techno-Uncertainty und den realen Arbeitsstunden beeinflusst. Der Einfluss der Arbeitsstunden wird von Promotion und Prevention moderiert, die Einflüsse von Techno-Overload, Techno-Invasion und Techno-Uncertainty durch die Suche nach strukturellen und sozialen Ressourcen. Zudem werden alle direkten Einflüsse von Alter moderiert.

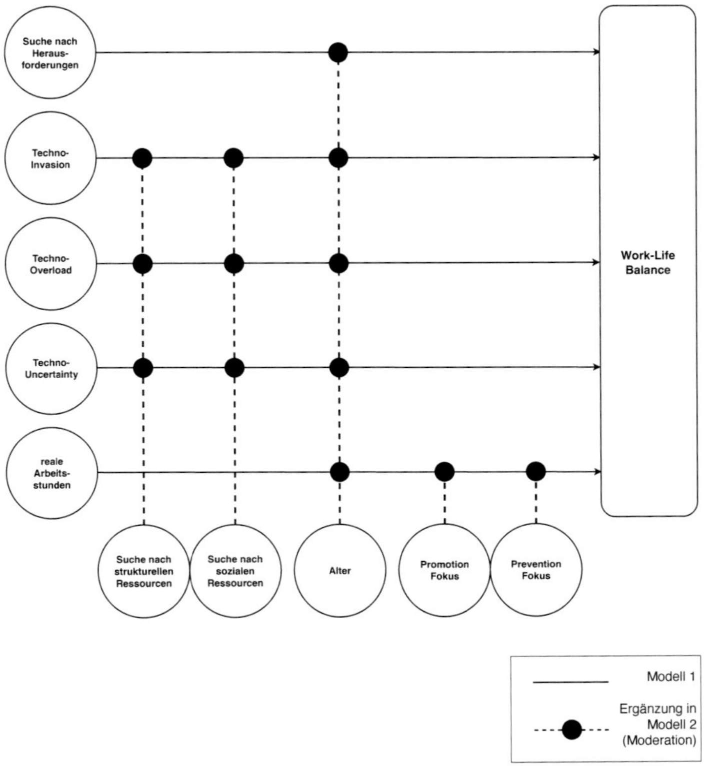

Abbildung 11.1: Hypothesen H1 und H2 im Pfadmodell.

Basierend auf den Vorarbeiten von Attig et al. (2018) soll in Hypothese 3 überprüft werden, inwiefern Technikaffinität als Ressource verstanden werden kann, die entgegen der Digitalität des Arbeitsplatzes als Stressor wirkt (Tarafdar et al., 2010). Hierbei ist davon auszugehen, dass sich digitale Arbeitsplätze negativ auf die Work-Life-Balance auswirken, dieser Effekt jedoch von Technikaffinität moderierend abgeschwächt wird. Die Ergebnisse von Zhu et al. (2022) stützen diese Hypothese ebenfalls, da erlebte Passung und digitale Führung einen positiven Einfluss auf Job Crafting hatten, was in verbessertem Umgang mit Ressourcen resultiert. Die Prüfung dieser Hypothese erfolgt szenarienbasiert und erfolgt bei kontrolliertem Einfluss der derzeitigen Work-Life-Balance.

- **H3:** Die Technikaffinität der Arbeitsperson und die Digitalität des Arbeitsplatzes haben einen Einfluss auf die erwartete Veränderung der Work-Life-Balance, auch wenn der Einfluss der aktuellen Work-Life-Balance kontrolliert wird.

11.3 Methode

Die Studie wurde als Querschnittstudie konzipiert. Um für die Prüfung von H3 einen Szenarienvergleich ohne Carry-Over-Effekte zu vorzunehmen, wurde ein Between-Subject-Design gewählt.

11.3.1 Erhebungsinstrument

Nach den Fragen zur Demografie beinhaltete der Fragebogen die Items zur Messung von Technikaffinität (ATI) nach Franke et al. (2019) in 9 Items. Die Möglichkeit des Teleworks wurde im Fragebogen vereinfacht *Homeoffice* genannt und anhand einer dreistufigen Einfachauswahl gemessen („Ich habe keine Homeofficezeit.", „Ich bestimme meine Homeofficezeit selbst.", „Ich bestimme meine Homeofficezeit nicht selbst. Diese wird z. B. durch meinen Arbeitgeber oder meine Arbeitsaufgaben bestimmt."). Diese Abstufungen werden als *Keine*, *Selbstgewählt* und *Fremdbestimmt* referenziert.

Die Anzahl der realen Arbeitsstunden (RAZ) wurden anhand eines Freitextes abgefragt, der eine numerische Eingabe erforderte. Regulatorischer Fokus (PRO und PRE) wurde konsistent zu den bisherigen Studien in jeweils 5 Items in Anlehnung an Neubert et al. (2008) erhoben, Job Crafting anhand der Job Crafting Scale nach Tims et al. (2012), analog zu Hetland et al. (2018) in je 3 Items pro Dimension. Work-Life-Balance (WLB) wurde anhand derselben 7 Items gemessen wie in den bisherigen Studien, zur Messung von Technostress wurden die Skala von Tarafdar et al. (2010) anhand der Faktorladungen in eine Kurzskala überführt und ins Deutsche übersetzt. Die Messung der 3 Unterkonstrukte Techno-Overload (TS_O), Techno-Invasion (TS_I) und Techno-Uncertainty (TS_U) erfolge in jeweils 2 Items. Hiernach wurden die Probanden randomisiert in ein analoges (SZ1) oder ein digitales Szenario (SZ2) eingeteilt, danach erfolgte die Messung einer prognostizierten Änderung der Work-Life-Balance (WLB+) anhand 6 selbst entwickelter Items (z. B. „Meine Work-Life-Balance wird sich durch die neue Situation verbessern.") in rational-deduktiver Konzeption.

In Pretests stellte sich eine Szenarienbeschreibung als unrealistisch hinaus, bei der der aktuelle Arbeitsplatz plötzlich analog oder digital wird, weshalb stattdessen eine Situation beschrieben wird, in der vor 2 Monaten ein Arbeitsplatzwechsel erfolgte. Im analogen Szenario wurde die technische Ausstattung am Arbeitsplatz als gewöhnlich beschrieben (u. a. Drucker, Fax, Festnetztelefon), im digitalen Szenario als innovativ (z. B. Cloud-Service, vereinzelter Einsatz von KI, digitale Weiterbildungsplattform). Zudem war die Arbeit im analogen Szenario an den Arbeitsplatz gebunden, im digitalen Szenario bestand die Möglichkeit auf Telework. Durch Pretests in mehreren Iterationen wurde sichergestellt, dass beide Szenarien wertneutral und vergleichbar formuliert waren.

11.3.2 Durchführung, Aufbereitung und Auswertung

Zur Stichprobenbereinigung wurde an Fragebogenfortschritt von 100% angesetzt und n=9 Probanden als vermeintliche Speeder ausgefiltert. H1 wird mittels einfaktorieller ANOVA überprüft, H2 mittels linearer Regression. Hierbei enthält ein erstes Modell alle direkten Pfade und wird im zweiten Modell um die Interaktionspfade ergänzt. Analog zu Studie S2 werden signifikante Interaktionen post-hoc mittels Simple-Slope-Analyse untersucht. H3 wird mittels zweifaktorieller ANCOVA überprüft. Zur Einteilung in technikaffin und technikavers wurde ein Median-Split an ATI durchgeführt. Die resultierenden Gruppen sind als *niedrig* und *hoch* benannt.

11.3.3 Stichprobe

Insgesamt umfasst die Stichprobe N=338 Probanden. Tabelle 11.1 enthält die soziodemografischen Merkmale.

	n	Verteilung
Alter in Jahren		min=18, max=66 M=34.14, SD=13.48
Geschlecht		
Männlich	135	39.94 %
Weiblich	201	59.47 %
Divers	2	0.59 %
Bildungsstand		
(Noch) kein Schulabschluss	1	0.29 %
Hauptschulabschluss	11	3.25 %
Realschulabschluss	45	13.31 %
Abitur	178	52.66 %
Höher als Abitur	103	30.47 %
Art der Beschäftigung		
In Ausbildung	65	19.23 %
Arbeitnehmer	210	62.13 %
Arbeitgeber	2	0.59 %
Selbstständig	18	5.33 %
Beamter	18	5.33 %
Sonstiges	25	7.40 %
Art des flexiblen Arbeitens		
Kein Telework	135	39.9 %
Selbstgewählt	167	49.4 %
Fremdbestimmt	39	10.7 %
Technikaffinität (ATI)		min=1.22, max=6.00 M=3.74, SD=1.00 α=0.93, ω=0.93

Tabelle 11.1: Soziodemografie der Stichprobe (N=338).

Es handelt sich um eine eher weibliche Stichprobe (59.47%). Der Anteil der Männer beträgt 39.94%, zudem gibt es n=2 diverse Personen (0.59%). Hinsichtlich der Bildungsabschlüsse machen Personen mit Abitur den größten Anteil aus (52.66%), gefolgt von denen mit einem noch höheren Abschluss (30.47%). Eine Person gab an, keinen Schulabschluss zu haben (0.29%), auf die übrigen Abschlüsse Hauptschulabschluss und Realschulabschluss entfallen n=11 (3.25%) resp. n=45 (13.31%) Probanden. Hinsichtlich der Beschäftigungsart bilden Arbeitnehmer mit n=210 (62.13%) den größten Anteil der Stichprobe. Weitere n=65 Probanden befinden sich noch in Ausbildung (19.23%), jeweils n=18 sind selbstständig oder Beamte (je 5.33%), auf sonstige Beschäftigungsformen entfallen n=25 (7.40%). Zudem enthält die Stichprobe n=2 Arbeitgeber (0.59%). Die durch ATI operationalisierte Technikaffinität deckt im unteren Bereich nicht das volle theoretische Spektrum ab: Die gemessenen Werte reichen von min=1.22 bis max=6.00, im Mittel befindet sich die Stichprobe nah am theoretischen Mittelpunkt der Skala (M=3.74, SD=1.00) und die Reliabilität von ATI ist in beiden Kriterien ausgezeichnet (α=0.93, ω=0.93). Hinsichtlich der unterschiedlichen Formen des Teleworks entscheiden 49.9% der Stichprobe selbst, 39.9% haben keine Möglichkeit hierüber und bei n=36 (10.7%) Probanden entscheiden andere Faktoren wie Arbeitgeber oder Arbeitsaufgaben. Abbildung 11.2 zeigt die Altersverteilung im Histogramm-Density-Plot.

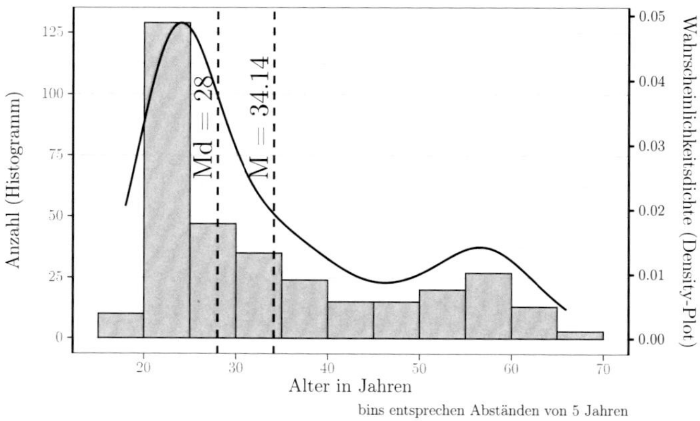

Abbildung 11.2: Histogramm-Density-Plot der Altersverteilung.

Der Altersdurchschnitt der Stichprobe beträgt M=34.14 (SD=13.48). Die Verteilung reicht von min=18 bis max=66 Jahren und ist leicht bimodal und rechtsschief.

11.4 Ergebnisse

11.4.1 Deskriptive Ergebnisse

Die deskriptiven Statistiken der erhobenen unabhängigen und abhängigen Variablen sind in Tabelle 11.2 dargestellt.

	Kürzel	**M**	**SD**	**min**	**max**	α	ω
Regulatorischer Fokus (WRFQ)							
Promotion	PRO	3.93	0.92	1.00	6.00	0.79	0.79
Prevention	PRE	4.83	0.61	3.00	6.00	0.75	0.77
Job Crafting (JCS)	JC	3.89	0.70	1.11	5.44	0.76	0.83[1]
Strukturelle Ressourcen	ISTR	4.47	0.86	1.00	6.00	0.66	0.68
Soziale Ressourcen	ISCR	3.25	1.02	1.00	6.00	0.73	0.75
Herausforderungen	ICJD	3.95	0.94	1.00	6.00	0.66	0.67
Technostress							
Techno-Overload	TS_O	2.64	1.10	1.00	6.00	0.84	0.84
Techno-Invasion	TS_I	2.00	0.99	1.00	5.00	0.60	0.60
Techno-Uncertainty	TS_U	2.32	1.09	1.00	6.00	0.82	0.83
Work-Life-Balance							
Reale Arbeitszeit (h/Woche)	RAZ	33.20	13.00	0.00	70.00	(1 Item)	
aktuelle Work-Life-Balance	WLB	3.94	0.72	1.71	5.86	0.65	0.68
WLB nach Szenario	WLB+	3.21	0.85	1.00	6.00	0.80	0.86

[1] ω unter Berücksichtigung der Unterkonstrukte

Tabelle 11.2: Deskriptive Statistik der individuellen Arbeitsfaktoren, Technostress und Work-Life-Balance.

Die Reliabilitätswerte der untersuchten Faktoren zeigen, dass alle Skalen interpretierbar gebildet werden können. Lediglich bei strukturellen Ressourcen (ISTR, M=4.47, SD=0.87), Techno-Invasion (TS_I, M=2.00, SD=0.99) und Work-Life-Balance (WLB, M=3.94, SD=0.72) liegen die Werte von α und ω unter der Schwelle von 0.7, wobei WLB in den bisherigen Studien S1 und S2 bereits reliabel gemessen werden konnte. Die anderen Skalen liegen im interpretierbaren Bereich, bei der Interpretation ist die innere Konsistenz der Skalen zu berücksichtigen.

Der Prevention Fokus der Stichprobe (PRE, M=4.83, SD=0.61) deckt das theoretische Skalenspektrum nicht voll ab (min=3.0), Promotion (PRO) hingegen reicht von min=1.00 bis max=6.00 (M=3.92, SD=0.92). Der Gesamtwert von Job Crafting (M=3.89, SD=0.70) deckt das Skalenspektrum ebenfalls nicht voll ab, was auf eine leichte Ungleichverteilung der Unterdimensionen schließen lässt. Bei den Unterdimensionen ISTR, ISCR (M=3.25, SD=1.02) und ICJD (M=3.95, SD=0.94) wird jeweils das volle Spektrum von min=1.00 bis max=6.00 abgebildet. Der Mittelwert von Techno-Overload liegt bei M=2.64 (SD=1.10), der von Techno-Uncertainty bei M=2.32 (SD=1.09). Die durch das Szenario beeinflusste abhängige Variable WLB+ liegt im Mittel bei M=3.21 (SD=0.85) und konnte mit guter Reliabilität gemessen werden. Zusätzlich liegen die realen Arbeitsstunden der Stichprobe im Mittel bei M=33.20 (SD=13.0), die Antworten reichen hierbei von min=0 bis max=70 Stunden.

11.4.2 Inferenzstatistische Hypothesenprüfung

Zur Überprüfung von Hypothese 1 wurde eine einfaktorielle ANOVA berechnet, welche in Abbildung 11.3 dargestellt ist.

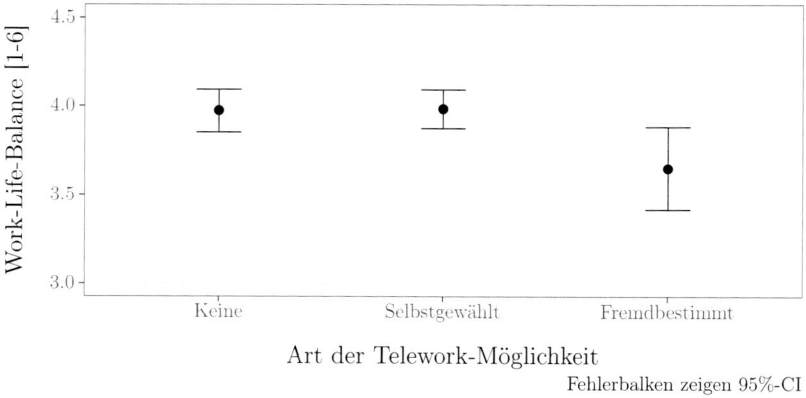

Abbildung 11.3: Einfluss der verschiedenen Arten von Telework auf die Work-Life-Balance.

Das Ergebnis zeigt einen signifikanten Haupteffekt der Art der Flexibilisierung auf die Work-Life-Balance ($F(2,335)=3.41$, $p<0.05$, $eta^2=0.02$). Ein zur weiteren Ausdifferenzierung des Befundes durchgeführter post-hoc Tukey-Test bestätigt den Eindruck der visuellen Darstellung: Die Gruppe des fremdbestimmten Teleworks (M=3.65, SD=0.74) unterscheidet sich von den beiden anderen Gruppen „kein Telework“ (M=3.97, SD=0.71) und „selbstgewähltes Telework“ (M=3.98, SD=0.71) signifikant (d=-0.45, $p<.05$ resp. d=-0.46, $p<.05$), die beiden letztgenannten Gruppen aber nicht signifikant voneinander (d=-0.01, p=0.99, n. s.).

Digitale Stressoren und entgegengesetzte Ressourcen

Zur Überprüfung von Hypothese 2 werden zwei verschiedene Regressionsmodelle aufgestellt. Modell 1 enthält die 10 direkten Pfade der 5 Stressoren und 5 Ressourcen,

Modell 2 zusätzlich die insgesamt 13 Interaktionsterme. Ein Vergleich der Modelle ist in Tabelle 11.3 dargestellt.

			Modelltest		**Modellvergleich**		
Modell	R^2	Adj.R^2	F(df1,df2)	p	hinzu-gefügte Variablen	F(df1,df2)	p
1	0.24	0.20	F(10,327)=10.51	***	ICJD, TS_O, TS_I, TS_U, RAZ, ISTR, ISCR, Alter, PRO, PRE		
2	0.29	0.24	F(23,314)=5.68	***	↳ ×ISTR, ×ISCR, ×Alter, ×PRO, ×PRE	F(13,314)=1.73	0.05

$*p < 0.05, **p < 0.01, ***p < 0.001$

Tabelle 11.3: Vergleich der linearen Regressionsmodelle zur Vorhersage von Work-Life-Balance anhand direkter Prädiktoren und Interaktionen.

Beide Regressionsmodelle sind insgesamt signifikant. Modell 1 (F(10,327)=10.51, p<0.001) erklärt 20% mehr Varianz als der Mittelwert von WLB allein, während sich Adj.R^2 durch Hinzunahme der Interaktionen in Modell 2 auf 24% verbessert. Diese Verbesserung ist allerdings nicht signifikant (F(13,314)=1.73, p=0.05, n. s.). Tabelle 11.4 zeigt das Ergebnis der direkten Pfade von Modell 1 im Detail.

	Est.	SE	95%-CI	t	p	std.Est
Intercept	4.78	0.39	[4.02,5.53]	12.39	***	
Herausforderungen (ICJD)	0.06	0.05	[-0.03,0.15]	1.38	0.17	0.08
Techno-Overload (TS_O)	-0.12	0.04	[-0.19,-0.05]	-3.24	**	-0.19
Techno-Invasion (TS_I)	-0.20	0.04	[-0.28,-0.12]	-5.00	***	-0.28
Techno-Uncertainty (TS_U)	0.05	0.03	[-0.02,0.12]	1.34	0.18	0.07
Reale Arbeitszeit (RAZ)	-0.02	0.00	[-0.02,-0.01]	-5.31	***	-0.28
Strukturelle Ressourcen (ISTR)	-0.04	0.06	[-0.15,0.07]	-0.73	0.47	-0.05
Soziale Ressourcen (ISCR)	-0.02	0.04	[-0.10,0.05]	-0.65	0.52	-0.03
Alter	0.00	0.00	[-0.00,0.01]	0.44	0.66	0.02
Promotion (PRO)	0.04	0.05	[-0.05,0.14]	0.87	0.38	0.05
Prevention (PRE)	0.02	0.06	[-0.10,0.14]	0.29	0.77	0.02

$*p < 0.05, **p < 0.01, ***p < 0.001$

Tabelle 11.4: Prädiktoren des linearen Regressionsmodells zur Vorhersage von Work-Life-Balance anhand direkter Pfade.

Die Ergebnisse zeigen, dass lediglich die Stress-Prädiktoren Arbeitszeit (t=-5.31, p<0.001), Techno-Invasion (t=-5.00, p<0.001) und Techno-Overload (t=-3.24, p<0.01) einen signifikant negativen Einfluss auf WLB haben. Die Stärke des standardisierten Einflusses ist hierbei bei Arbeitszeit und Techno-Invasion gerundet gleich, der Einfluss von Techno-Overload ist etwas schwächer. Die übrigen Stressoren sowie die Ressourcen haben hingegen keinen signifikanten Einfluss. Auch wenn sich unter Hinzunahme der Interaktionen keine signifikante Verbesserung des Regressionsmodells ergibt, können in Modell 2 Moderatoreffekte identifiziert werden. Dieses ist in Tabelle 11.5 detailliert dargestellt, wobei zu beachten ist, dass die direkten Pfade nicht interpretiert werden (s. Kap. 9.3.2).

	Est.	SE	95%-CI	t	p	std.Est
Intercept	5.60	1.25	[3.13,8.07]	4.46	***	
Herausforderungen (ICJD)	0.15	0.11	[-0.07,0.37]	1.31	0.19	0.09
Techno-Overload (TS_O)	0.08	0.26	[-0.43,0.60]	0.32	0.75	-0.18
Techno-Invasion (TS_I)	-0.72	0.28	[-1.27,-0.16]	-2.54	*	-0.30
Techno-Uncertainty (TS_U)	0.67	0.28	[0.12,1.22]	2.40	*	0.10
Reale Arbeitszeit (RAZ)	-0.07	0.03	[-0.12,-0.01]	-2.47	*	-0.29
Strukturelle Ressourcen (ISTR)	0.14	0.12	[-0.10,0.39]	1.16	0.25	-0.07
Soziale Ressourcen (ISCR)	-0.16	0.12	[-0.40,0.08]	-1.30	0.19	-0.06
Alter	0.02	0.02	[-0.01,0.05]	1.54	0.12	0.03
Promotion (PRO)	0.02	0.12	[-0.21,0.25]	0.21	0.83	0.07
Prevention (PRE)	-0.38	0.17	[-0.71,-0.04]	-2.19	*	-0.02
TS_O×ISTR	-0.06	0.04	[-0.14,0.03]	-1.31	0.19	-0.07
TS_O×ISCR	0.02	0.04	[-0.05,0.10]	0.60	0.55	0.04
TS_I×ISTR	0.06	0.05	[-0.02,0.15]	1.43	0.15	0.08
TS_I×ISCR	0.04	0.04	[-0.05,0.12]	0.79	0.43	0.05
TS_U×ISTR	-0.08	0.05	[-0.18,0.02]	-1.62	0.11	-0.10
TS_U×ISCR	-0.01	0.04	[-0.08,0.07]	-0.18	0.86	-0.01
ICJD×Alter	-0.00	0.00	[-0.01,0.00]	-0.77	0.44	-0.04
TS_O×Alter	-0.00	0.00	[-0.01,0.00]	-0.31	0.75	-0.02
TS_I×Alter	0.00	0.00	[-0.00,0.01]	0.90	0.37	0.05
TS_U×Alter	-0.01	0.00	[-0.01,-0.00]	-2.41	*	-0.14
RAZ×Alter	-0.00	0.00	[-0.00,0.00]	-0.11	0.92	-0.01
RAZ×PRO	0.00	0.00	[-0.01,0.01]	0.27	0.78	0.01
RAZ×PRE	0.01	0.00	[0.00,0.02]	2.37	*	0.12

$*p < 0.05, **p < 0.01, ***p < 0.001$

Tabelle 11.5: Prädiktoren des linearen Regressionsmodells zur Vorhersage von Work-Life-Balance anhand der Interaktionspfade mit Job Crafting, Alter, Promotion und Prevention.

In Modell 2 zeigen sich insgesamt 2 signifikante Interaktionseffekte. Techno-Uncertainty hat einen mit Alter kombinierten Effekt auf WLB (t=-2.41, p<0.05), ebenso wie die Anzahl der Arbeitsstunden mit Prevention Fokus (t=2.37, p<0.05). Zur genaueren Betrachtung werden beide Effekte post-hoc einer Simple-Slope-Analyse unterzogen. Der Effekt TS_U×Alter ist in Tabelle 11.6 dargestellt, Effekt RAZ×PRE in Tabelle 11.7.

	Est.	SE	95%-CI	z	p
TS_U	-0.06	0.04	[-0.13,0.00]	-1.82	0.07
Alter	-0.00	0.00	[-0.01,0.00]	-0.23	0.82
Alter×TS_U	-0.01	0.00	[-0.01,-0.00]	-2.03	*
Alter niedrig (-1SD)	0.01	0.05	[-0.09,0.11]	0.15	0.88
Alter Durchschnitt	-0.06	0.04	[-0.13,0.01]	-1.81	0.07
Alter hoch (+1SD)	-0.14	0.05	[-0.23,-0.04]	-2.77	**

$*p < 0.05, **p < 0.01, ***p < 0.001$

Tabelle 11.6: Pfadgewichte der Moderatoranalyse zur Vorhersage von Work-Life-Balance durch Alter×Techno-Uncertainty (TS_U).

Die genauere Betrachtung des Effektes TS_U×Alter zeigt, dass keine signifikanten Haupteffekte vorliegen, die Interaktion hingegen signifikant ist (z=-2.03, p<0.05). Auf den unterschiedlichen Abstufungen von Alter zeigt sich, dass nur bei hohem Alter ein signifikant negativer Effekt besteht (z=-2.77, p<0.01). Insgesamt wirkt sich Techno-Uncertainty also nur bei hohem Alter negativ auf die Work-Life-Balance aus. Der Zusammenhang ist grafisch in Abb. 11.4 dargestellt.

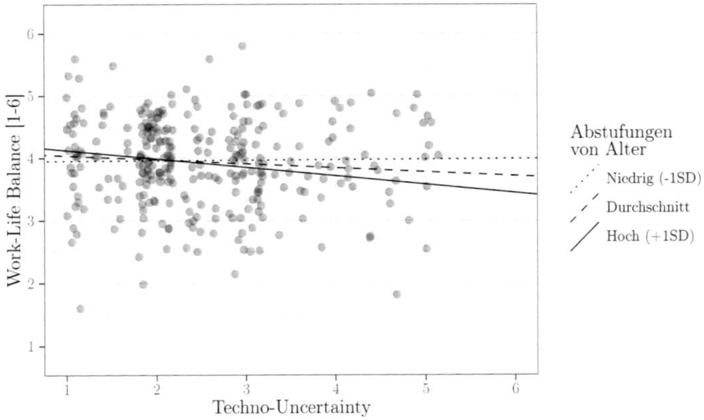

Abbildung 11.4: Simple-Slope-Jitterplot des Zusammenhangs zwischen Techno-Uncertainty und Work-Life-Balance. Regressionsgraden zeigen verschiedene Abstufungen von Alter.

Hinsichtlich des kombinierten Effektes von realen Arbeitsstunden und Prevention Fokus auf die Work-Life-Balance zeigt sich in der Post-hoc-Moderatoranalyse, dass die Signifikanz des Interaktionseffektes nicht bestätigt werden kann (z=1.66, p=0.10). Vielmehr liegt ein signifikanter Haupteffekt der realen Arbeitsstunden vor (z=-5.62, p<0.001).

	Est.	SE	95%-CI	z	p
RAZ	-0.02	0.00	[-0.02,-0.01]	-5.62	***
PRE	0.01	0.06	[-0.11,0.13]	0.13	0.90
RAZ×PRE	0.01	0.00	[-0.00,0.02]	1.66	0.10
PRE niedrig (-1SD)	-0.02	0.00	[-0.03,-0.01]	-5.21	***
PRE Durchschnitt	-0.02	0.00	[-0.02,-0.01]	-5.60	***
PRE hoch (+1SD)	-0.01	0.00	[-0.02,-0.00]	-2.92	**

$*p < 0.05, **p < 0.01, ***p < 0.001$

Tabelle 11.7: Pfadgewichte der Moderatoranalyse zur Vorhersage von Work-Life-Balance durch reale Arbeitszeit (RAZ)×Prevention Fokus (PRE).

Ergebnisse der Simple-Slope-Analyse zeigen folglich, dass alle in Abstufungen von Prevention Fokus ein negativer Zusammenhang zwischen Arbeitsstunden und Work-Life-Balance vorliegt. Deskriptiv ist eine leicht abschwächende Tendenz erkennbar, diese ist jedoch nicht signifikant.

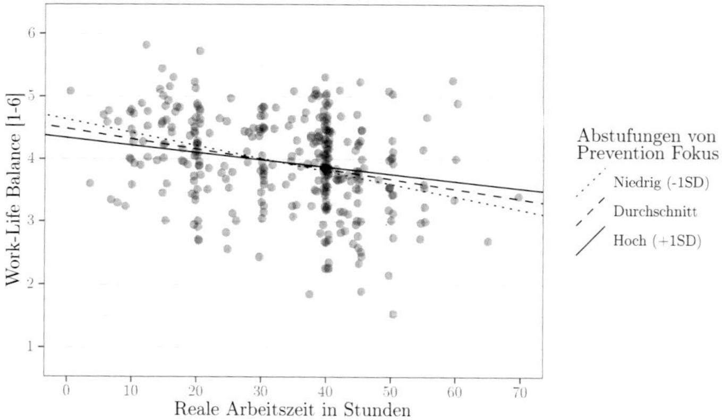

Abbildung 11.5: Simple-Slope-Jitterplot des Zusammenhangs zwischen realer Arbeitszeit in Stunden pro Woche (RAZ) und Work-Life-Balance. Regressionsgraden zeigen verschiedene Abstufungen von Prevention Fokus (PRE).

Einfluss der Digitalität des Arbeitsplatzes

In Hypothese 3 wird mittels zweifaktorieller Kovarianzanalyse (ANCOVA) überprüft, ob sich der Wechsel in einen besonders analogen oder besonders digitalen Arbeitsplatz in Abhängigkeit der eigenen Technikaffinität verändernd auf die Work-Life-Balance auswirkt. Hierbei wird der Einfluss der grundsätzlichen Work-Life-Balance als Kovariate eingesetzt und hierdurch kontrolliert. Die Ergebnisse der ANCOVA sind in Tabelle 11.8 dargestellt.

	Sum of Squares	df	Mean Squares	F	p	ω^2
ATI	0.50	1.00	0.50	0.75	0.39	-0.00
Digitalität Arbeitsplatz (DA)	1.37	1.00	1.37	2.04	0.15	0.00
WLB (Kovariate)	10.05	1.00	10.05	14.92	***	0.04
ATI×DA	4.13	1.00	4.13	6.12	*	0.01
Residual	224.43	333.00	0.67			

$*p < 0.05, **p < 0.01, ***p < 0.001$

Tabelle 11.8: Haupt- und Interaktionseffekte von Technikaffinität (ATI) und Digitalität des Arbeitsplatzes (DA) auf die Verbesserung der Work-Life-Balance (WLB+) unter Kontrolle des Einflusses der aktuellen Work-Life-Balance (WLB).

Die Kovariate WLB hat einen signifikanten Anteil an der erklärten Varianz der abhängigen Variable (F(1,333)=14.92, p<0.001), wodurch die Betrachtung der übrigen Effekte an Genauigkeit gewinnt. Die Ergebnisse zeigen, dass beide Haupteffekte nicht signifikant sind, es aber einen signifikanten Interaktionseffekt gibt (F(1,333)=6.12, p<0.05), welcher in Abbildung 11.6 grafisch als Profildiagramm dargestellt ist.

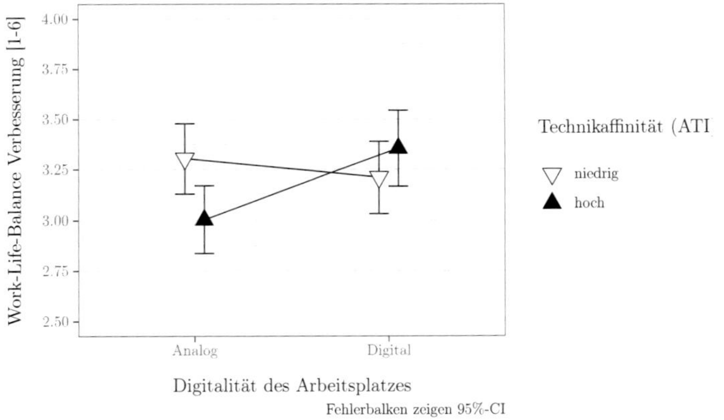

Abbildung 11.6: Disordinaler Interaktionseffekt zwischen Digitalität des Arbeitsplatzes und Technikaffinität auf die Verbesserung der Work-Life-Balance unter Kontrolle des Einflusses der aktuellen Work-Life-Balance.

Hierbei ist aufgrund des Kreuzes und der unterschiedlichen Steigungen ein disordinaler Effekt erkennbar. Bei hoher Technikaffinität wirkt sich der Wechsel in einen digitalen Arbeitsplatz also positiver auf die Work-Life-Balance aus (M=3.36, SD=0.77) als der Wechsel in einen analogen Arbeitsplatz (M=3.00, SD=0.77). Dieser Unterschied ist anhand eines post-hoc durchgeführten Tukey-Tests signifikant (d=-0.43, p<0.05). Bei niedriger Technikaffinität besteht zwischen der Work-Life-Balance-Veränderung beim analogen (M=3.30, SD=0.74) und digitalen Arbeitsplatz (M=3.21, SD=0.82) kein signifikanter Unterschied (p=0.88, d=0.11, n. s.).

11.5 Zusammenfassung der zentralen Erkenntnisse

In dieser Studie konnten mehrere Forschungslücken adressiert werden. Anhand H1 konnte vereinfachend repliziert werden, dass die Work-Life-Balance von Arbeitspersonen, welche fremdbestimmt (d. h. durch Ihren Arbeitgeber oder ihre Arbeitsaufgaben bestimmt) Telework betreiben, schlechter ist als die Work-Life-Balance derjenigen, die dies nicht dürfen oder selbstbestimmt tun. Hieran zeigt sich, dass die Einteilung in *work practice* und *employment practice* aus Sicht der Arbeitsperson auch als Selbstbestimmtheit operationalisiert werden kann. H1 kann teilweise angenommen werden, da nicht ermöglichtes Telework sich nicht von selbstgewähltem unterscheidet.

Zusätzlich wurde untersucht, inwiefern sich Technostressfaktoren und reale Arbeitszeit auf die Work-Life-Balance auswirken. Die Ergebnisse zeigen hier, dass sich hinsichtlich der Effektstärke Technostressfaktoren mit der real abgeleisteten Arbeitszeit etwa gleichauf befinden. Die identifizierten Stressoren Techno-Overload und Techno-Invasion werden nicht von den erhobenen Ressourcen moderierend beeinflusst. Es zeigt sich zudem, dass Alter ebenfalls nicht moderierend wirkt, sodass nicht davon auszugehen ist, dass sich Strategien im Umgang mit Technostress im Alter verbessern. Wohl aber zeigte sich, dass sich Verunsicherung durch Technik erst mit steigendem Alter negativ auf die Work-Life-Balance auswirkt. Hinsichtlich der Frage, ob Prevention Fokus einen moderierenden Effekt auf den Zusammenhang zwischen Arbeitszeit und Work-Life-Balance hat, zeigt sich kein eindeutiges Ergebnis, was auf Interaktionen höherer Ordnung schließen lässt, die durch die anderen Prädiktoren des Regressionsmodells entstehen. Die Ergebnisse deuten deskriptiv an, dass sich der Einfluss der Arbeitsstunden auf die Work-Life-Balance mit steigendem Prevention Fokus abschwächt. H2 kann daher ebenfalls teilweise angenommen werden.

Letztlich wurde szenarienbasiert untersucht, inwiefern sich ein besonders digitaler oder besonders analoger Arbeitsplatz auf die Work-Life-Balance auswirkt. Die Ergebnisse zeigen, dass sich bei technikaffinen Arbeitspersonen die Work-Life-Balance im digitalen Arbeitsumfeld verbessert und im analogen verschlechtert. Bei technikaversen Personen gibt es hingegen keinen signifikanten Einfluss. H3 kann somit angenommen werden. Als Zwischenfazit lässt sich festhalten, dass Telework hinsichtlich der Work-Life-Balance eine Frage der Mitbestimmung darstellt und Technostress nicht über ressourcensuchende Verhaltensweisen des Job Craftings kompensiert wird. Die Passung zwischen der Digitalität des Arbeitsplatzes und der Technikaffinität der Arbeitsperson stellt sich hingegen als relevanter heraus als die Digitalität des Arbeitsplatzes oder die Technikaffinität der Arbeitsperson allein.

12 Interventionen und ihre Evaluationskriterien

12.1 Zielsetzung der Studie (S5)

In dieser Studie sollen konkrete Interventionen entlang ihrer Zielsetzung und ihrem KI-Bezug evaluiert und miteinander verglichen werden. Hierbei gilt die folgende Definition:

> **Arbeitsdefinition: DTA-Intervention**
> Eine DTA-Intervention ist eine Maßnahme im Kontext der digitalen Transformation der Arbeit mit dem Ziel, in einer Organisation digitale Prozesse mit hohem Vernetzungscharakter zu etablieren und/oder den Arbeitspersonen der Organisation zu ermöglichen, ihre Ressourcen so einzusetzen, dass sie einen digitalen Arbeitsalltag angemessen mit ihren Nicht-Arbeitsrollen kombinieren und sich an digitalen Transformationsprozessen proaktiv beteiligen können.

Hierzu soll zunächst die Forschungsfrage beantwortet werden, welche Evaluationskriterien Arbeitspersonen an erfolgreiche digitale Transformation ansetzen. Dies geschieht in Kap. 12.2 anhand zweier aggregierter qualitativer Studien. Hierauf aufbauend wird ein Evaluationsmodell aufgestellt und in einer Abschlussstudie (Kap. 12.3) quantitativ angewendet. In dieser Abschlussstudie werden sechs DTA-Interventionen miteinander verglichen (s. Tab. 12.1).

	Ziel und Thema der DTA-Intervention		
KI-Bezug	Job Crafting ohne KI	Transformational Leadership ohne KI	Work-Life Balance ohne KI
	Job Crafting mit KI	Transformational Leadership mit KI	Work-Life Balance mit KI

Tabelle 12.1: Untersuchte Szenarien entlang der Dimensionen Interventionsziel und KI-Bezug.

12.2 Qualitative Vorstudie: Identifikation von Evaluationskriterien

Diese qualitative Studie besteht aus den Ergebnissen einer Fokusgruppenstudie (n=10) und einer Interviewstudie (n=14). Hierbei wird die folgende Forschungsfrage adressiert, welche Evaluationskriterien Arbeitspersonen an erfolgreiche digitale Transformation ansetzen und welche Vorbedingungen, Konfliktpotenziale und KI-spezifischen Herausforderungen sie identifizieren. Die Ergebnisse der Fokusgruppenstudie sind bereits von Hildebrandt et al. (2020) publiziert und wurden im Rahmen dieser Forschungsarbeit reanalysiert und um die Ergebnisse der Interviewstudie ergänzt, um die Perspektive von Arbeitgebern in der Analyse valider zu berücksichtigen und zusätzlich KI-spezifische Aspekte herauszuarbeiten. In Kapitel 12.2.1 werden Design, Durchführung und Aufbereitung beider Studien beschrieben, Kapitel 12.2.2 beschreibt die Stichproben beider Studien. Im darauffolgenden Kapitel 12.2.3 wird der Ablauf des qualitativen Analyseprozesses beschrieben sowie ein deduktives Kategoriensystem aufgestellt. In Kapitel 12.2.4 werden die Ergebnisse kategorieweise vorgestellt und im abschließenden Kapitel 12.2.5 in ein Evaluationsmodell für die folgende quantitative Hauptstudie überführt.

12.2.1 Studiendesign, Durchführung und Aufbereitung

Die Fokusgruppenstudie hatte zum Ziel, Evaluationskriterien für erfolgreiche digitale Transformation von Arbeitnehmern zu erfragen und mit den Evaluationskriterien von Arbeitgebern zu kontrastieren. Es wurden zwei separate Fokusgruppensitzungen mit je 60 Minuten Länge durchgeführt. Zur Konstanthaltung von Versuchsleitereffekten wurden beide Sitzungen von derselben Moderatorin geleitet. Nach einer kurzen Vorstellungsrunde wurde ein Informationsvideo zum Thema digitale Transformation[1] gezeigt. Die darauffolgenden Leitfragen des Interviews adressierten den beruflichen digitalen Status quo der Teilnehmer, die Vorbedingungen für digitale Transformation, Evaluationskriterien für erfolgreiche digitale Transformation — erst aus Sicht der Teilnehmer, dann aus Sicht ihrer Arbeitgeber — sowie einen abschließenden Themenblock zu Konfliktpotenzialen. Die Methode der Fokusgruppe wurde gewählt, um durch den hohen gegenseitigen Austausch und das eher lockere Format den Wechsel auf die Arbeitgeberperspektive zu vereinfachen. Beide Fokusgruppensitzungen wurden über Tonaufnahmegeräte aufgezeichnet.

Die Interviewstudie hatte zum Ziel, Evaluationskriterien für erfolgreiche digitale Transformation zu identifizieren sowie KI-spezifische Herausforderungen in der digitalen Transformation der Arbeitswelt herauszuarbeiten. Die Methode des Einzelinterviews wurde gewählt, da für die Erhebung auch Arbeitgeber zur Verfügung standen, auf die im Interviewverlauf besonders individuell eingegangen werden sollte. Die Einzelinterviews wurden ebenfalls semi-strukturiert und leitfadengestützt durch eine jeweils gleiche Interviewleiterin durchgeführt. Der Leitfaden enthält – analog zum Leitfaden der Fokusgruppe – Fragen zum digitalen Status quo des Unternehmens, Vorbedingungen sowie Evaluationskriterien für erfolgreiche digitale Transformation. In Ergänzung

[1] „atene KOM — Digitale Transformation — Vorteile, Chancen und Potenziale" Youtubevideo, Dauer: 4:12, URL: https://www.youtube.com/watch?v=Awk0ksIQqd4. Aufruf am 06.08.2023

zum Leitfaden der Fokusgruppe wurden Vorteile, Chancen, Nachteile und Herausforderungen für digitale Transformation sowie ausdrücklich für den KI-Einsatz abgefragt. Die Interviews dauerten zwischen 21 und 45 Minuten und wurden digital über Zoom durchgeführt und aufgezeichnet.

In inhaltlicher Abgrenzung zueinander wurde in der Fokusgruppe der Einsatz von KI nicht explizit thematisiert, während in der Interviewstudie die Abgrenzung zwischen Arbeitnehmer- und Arbeitgeberperspektive nicht Teil des Interviewleitfadens war. Beide Aspekte konnten jedoch eigeninitiativ von den Teilnehmern angesprochen werden. Dies ist in der Methodenreflexion zu berücksichtigen, stellt aber aufgrund der explorativen Forschungsfrage keine Indikation gegen das Forschungsvorhaben dar, sondern eher eine leichte Form der Daten- und Between-Method-Triangulation (Flick, 2020). Die Leitfäden beider Studien finden sich in Anhang A.

Die Teilnahme an allen Erhebungen geschah freiwillig und ohne monetären Anreiz. Alle Teilnehmer durften die Fokusgruppe/das Interview zu jeder Zeit ohne die Angabe von Gründen abbrechen und erklärten sich schriftlich mit der Anfertigung von Tonaufnahmen und der Analyse ihrer Angaben zu wissenschaftlichen Zwecken einverstanden. Alle Tonaufnahmen wurden in GAT2-Minimaltranskripte überführt (Selting et al., 2009) und anonymisiert. Zusätzlich wurde für die Analyse zunächst verdeckt, ob es sich bei den Teilnehmern der Interviewstudie um einen Arbeitgeber oder einen Arbeitnehmer handelt.

12.2.2 Stichprobe

Die Teilnehmer der Fokusgruppe (n=10) wurden nach Arbeitnehmerstatus sowie unterschiedlichen Branchen und Altersgruppen ausgewählt. Insgesamt nahmen n=4 männliche und n=6 weibliche Teilnehmer an den Fokusgruppen teil. Die Altersspanne reicht von min=21 bis max=56 Jahren (M=30.20, SD=9.70). Die Teilnehmer der Interviewstudie (n=14) wurden zu gleichen Anteilen nach Arbeitgeberstatus (50%) und Arbeitnehmerstatus (50%) rekrutiert. Insgesamt besteht die Stichprobe aus n=11 Männern und n=3 Frauen. Die Altersspanne reicht von min=26 bis max=61 Jahren (M=38.14, SD=11.57). Insgesamt umfasst die Stichprobe N=24 Personen.

12.2.3 Ablauf der Analyse und deduktives Kategoriensystem

Die Auswertung erfolgte mittels inhaltlich-strukturierender Inhaltsanalyse nach Kuckartz (2013), da diese Analyseform auf leitfadengestütztes Material sehr gut anwendbar ist und die Forschungsfrage eine sehr explorative Ausrichtung hat (Kuckartz, 2013). Abbildung 12.1 zeigt den Ablauf der inhaltlich-strukturierenden Inhaltsanalyse in 7 Phasen.

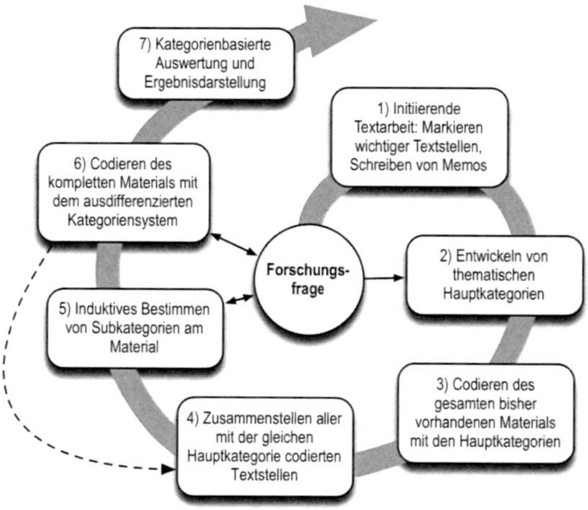

Abbildung 12.1: Ablaufschema der inhaltlich-strukturierenden Inhaltsanalyse nach Kuckartz (2013).

Materielle Grundlage der Analyse bilden die insgesamt N=16 Minimaltranskripte der Fokusgruppen und Einzelinterviews. Diese bilden gleichzeitig Auswahleinheit und Analyseeinheit. Die kleinstmögliche Codiereinheit wird definiert als zusammenhängende Aussage eines einzelnen Teilnehmers, die Kontexteinheit als gesamter Inhalt zwischen zwei Leitfadenfragen.

Zur Beschreibung der Verbindungen und Unterschiede zwischen der bereits erfolgten Analyse der Fokusgruppen und dieser Analyse sei das methodische Vorgehen bei Hildebrandt et al. (2020) kurz erläutert, um den Forschungsprozess im Sinne intersubjektiver Nachvollziehbarkeit (Steinke, 2000) möglichst transparent zu machen: Auch bei Hildebrandt et al. (2020) kam inhaltlich-strukturierende Inhaltsanalyse mit den o.g. Einheitendefinitionen zum Einsatz. Für Phase 1 der Analyse (initiierende Textarbeit) wurde ein zusätzlicher offener Codierprozess durchlaufen (Elo & Kyngäs, 2008), in dem Kategorien ohne Bezug zu den Hauptkategorien erstellt werden konnten. Die Auswertung erfolgte weiterhin anhand eines konsensuellen Codierprozesses (Van den Berg & Struwig, 2017), in welchem ein Team von fünf Auswertern das Material nach Festlegung der Hauptkategorien zunächst individuell analysierte. In mehreren Codiertreffen wurden Abweichungen in den Kategoriezuweisungen per Diskussion gelöst, sodass ein Ergebnis in Übereinstimmung aller Auswerter entstand.

Für die initiierende Textarbeit (Phase 1) dieser Analyse wurde das komplette Material mehrfach gesichtet und Memos angefertigt. Da die Forschungsfrage dieser Studie einen anderen Fokus setzt als Hildebrandt et al. (2020), bildet das dortige Kategoriensystem nicht die vollständige deduktive Basis dieser Analyse. Da die Gegenüberstellung von Arbeitnehmer und Arbeitgeberkriterien nicht im Fokus der Forschungsfrage steht, wurde die Kategorien *Evaluationskriterien aus Arbeitnehmersicht* und *Evaluationskriterien aus Arbeitgebersicht* entfernt und in einer Hauptkategorie *Evaluationskriterien* zusammengeführt. Zudem wurden bereits codierte Einheiten auf Ebene der Sub-Sub-Kategorien zunächst in ihre jeweilige Sub-Kategorie transferiert, um eine induktive Bestimmung neuer Sub-Subkategorien im Sinne der Forschungsfrage zu ermöglichen, die Sub-Subkategorien an sich aber zu erhalten. Aus demselben Grund wurden die Codes der jeweiligen Kategorien *Andere* in die entsprechende Hauptkategorie verschoben. Ergänzt wurde das deduktive Kategoriensystem um eine neue Hauptkategorie *KI-bezogene Herausforderungen*, welche direkt aus der Forschungsfrage abgeleitet wurde. Hierunter wurden deduktiv die Subkategorien Erklärbarkeit (Ferreira & Monteiro, 2020) und Technikakzeptanz (Venkatesh et al., 2003) ergänzt. Zudem wurde Work-Life-Balance als Evaluationsfaktor um die deduktive Sub-Kategorie *Digitale Abgrenzung* ergänzt, welche sich aus Clark (2000) und Kossek und Lee (2017) ableitet. Abbildung 12.2 zeigt das deduktive Kategoriensystem und damit Ergebnis von Phase 2 der inhaltlich-strukturierenden Inhaltsanalyse.

Abbildung 12.2: Deduktives Kategoriensystem der inhaltlich-strukturierenden Inhaltsanalyse.

Hierauf aufbauend wurde das Interviewmaterial anhand der Hauptkategorien codiert (Phase 3) und ggf. Verfeinerungen an den bestehenden Kategoriedefinitionen vorgenommen. Da die Auswertung softwaregestützt erfolgte, geschah die Zusammenstellung aller gleich codierten Einheiten automatisch (Phase 4). In Phase 5 wurden die Einheiten in die bereits bestehenden Subkategorien eingeordnet oder induktiv neue Kategorien bestimmt und definiert. In Phase 6 wurde das komplette Material anhand der ausdifferenzierten Kategorien erneut durchgearbeitet und bestehende Kategoriezuweisungen überprüft. Eine Fundstelle kann mehreren Kategorien zugeordnet sein. Der Prozess der Phasen 4 bis 6 wurde iterativ zweimal durchlaufen. Haupt- und Subkategorien erhalten eine Definition, die im Zusammenhang zu den Benennungen der Sub-Subkategorien eine

Definition dieser erübrigt. Kategorien auf der jeweils untersten Ebene erhalten paraphrasierte Ankerbeispiele. Mit Ausnahme der thematischen Hauptkategorien sind alle Kategorien inhaltlich oder analytisch. Vereinzelte Fundstellen mit Relevanz für die Forschungsfrage wurden in jeweiligen Subkategorien *Andere* zusammengefasst. Für Phase 7 wurde eine kategoriebasierte Auswertung entlang der Hauptkategorien vorgenommen. Um inhaltliche Verzerrungen während des Codierens zu vermeiden, wurde erst in diesem Prozessschritt eingeblendet, ob es sich um Äußerungen eines Arbeitnehmers oder Arbeitgebers handelt. Die Ergebnisdarstellung im folgenden Kapitel 12.2.4 umfasst die Definition jeder Haupt- und Subkategorie, Ankerbeispiele sowie eine inhaltliche Zusammenfassung. Im Rahmen dieser Kategoriezusammenfassung wird auch auf eventuelle Unterschiede zwischen Arbeitnehmer und Arbeitgeber eingegangen, es findet jedoch keine systematische inhaltliche Gegenüberstellung in Form einer Häufigkeits- oder Frequenzanalyse statt (Mayring, 2015). Sofern eine Subkategorie aus Sub-Subkategorien besteht, wird aus Platzgründen nur eines der Ankerbeispiele präsentiert. Eine detaillierte Zuordnung von Kategoriedefinitionen und Ankerbeispielen auf Ebene der Sub-Subkategorien befindet sich in Anhang C.

12.2.4 Ergebnisse

Insgesamt wurden 323 Einheiten codiert und 56 Kategorien zugewiesen. Abbildung 12.3 zeigt das finale Kategoriensystem der Analyse.

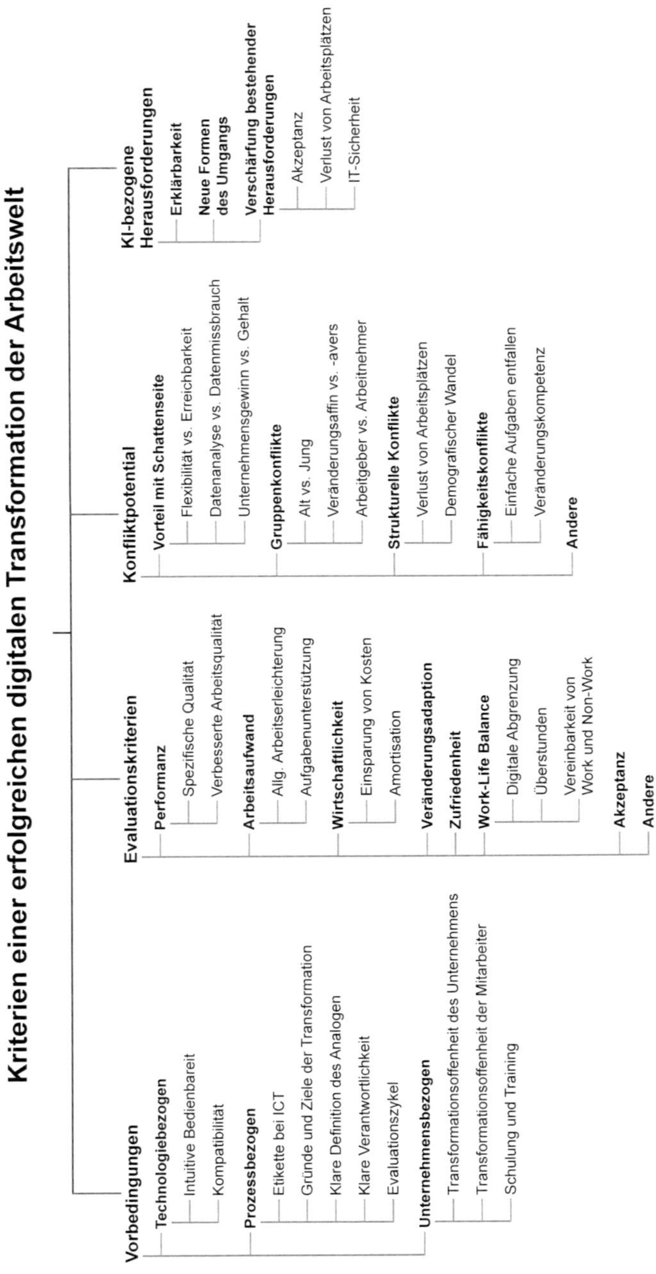

Abbildung 12.3: Finales deduktiv-induktives Kategoriensystem der inhaltlich-strukturierenden Inhaltsanalyse.

Hauptkategorie 1: Vorbedingungen

In der Hauptkategorie *Vorbedingungen* werden Einheiten erfasst, die eine Anforderung oder eine Bedingung für erfolgreiche digitale Transformation beinhalteten. Induktiv konnten in Ergänzung zu *technologiebezogenen* und *prozessbezogenen* Bedingungen solche identifiziert werden, bei denen Eigenschaften des *Unternehmens* genannt wurden.

Vorbedingungen: Technologiebezogen

> *„Die technischen Notwendigkeiten und Möglichkeiten müssen da sein, was die Infrastruktur im Unternehmen betrifft.“* — I04

In diese Subkategorie wurden Einheiten codiert, die Eigenschaften der Technologie als Voraussetzung für erfolgreiche digitale Transformation thematisierten. Hierunter konnten induktiv die Kategorien *Intuitive Bedienbarkeit* und *Kompatibilität* identifiziert werden. Hinsichtlich *Intuitive Bedienbarkeit* sprachen sich Teilnehmer dafür aus, dass neue Technologie grundsätzlich so einfach wie möglich bedienbar sein sollte und ein angeleiteter Kompetenzerwerb, wie er etwa durch Schulung oder Training geschieht, nicht notwendig sein sollte. Als weitere technologiebezogene Bedingung nannten die Teilnehmer die technische *Kompatibilität* zu bestehenden digitalen Systemen des Unternehmens sowie eine Grundausstattung an Hardware und digitalen Schnittstellen zu bereits bestehenden digitalen Prozessen.

Vorbedingungen: Prozessbezogen

> *„Bevor man Digitalisierung überhaupt angeht, muss man sich Gedanken darüber machen, was der Status quo ist und was mich an diesem Status quo stört. Wie sieht ein digitaler Soll-Prozess aus? Und was sind meine Faktoren, an denen ich messen kann, ob dieser Soll-Prozess funktioniert?“* — I07

In Abgrenzung zur Kategorie der technologiebezogenen Bedingungen enthält diese Kategorie Einheiten, die den Transformationsprozess als Ganzes (inkl. Wartung) und die Kommunikation hierüber behandeln. Hierunter konnten induktiv die *Etikette bei ICT*, *Gründe und Ziele für die Transformation*, *klare Definitionen analoger Prozesse*, *klare Verantwortlichkeiten* sowie die Notwendigkeit von *Evaluationszyklen* identifiziert werden. In Subsubkategorie *Etikette bei ICT* sprachen sich die Teilnehmer dafür aus, dass Einführungen von Informations- und Kommunikationstechnologie mit der Definition kommunikativer Absprachen oder Regeln einhergehen müssen. Als Beispiele wurden *„do not disturb“*-Einstellungen genannt, die durch den Arbeitgeber unternehmensweit eingestellt werden können, sowie ein guter Umgang im Abspracheprozess dieser Regeln, damit Mitarbeiter sich proaktiv an dem Prozess beteiligen können, ohne z. B. als faul angesehen zu werden. Zudem formulierten Teilnehmer die Voraussetzung, *Gründe und Ziele der Transformation* transparent zu kommunizieren sowie nicht „einfach drauf loszudigitalisieren" und entsprechende Evaluationsmetriken vorab zu definieren. Hierbei wurden zwei Ziele deutlich: Einerseits das „Mitnehmen" der Mitarbeiter und andererseits die Vermeidung von erschwerter Evaluation, welche dadurch entsteht, dass diese Kriterien erst im Nachhinein definiert werden. Hierzu ist zusätzlich erforderlich, eine *klare Definition des Analogen* zu finden, was verstärkt aus der Arbeitgeberperspektive deutlich wurde. Einem digitalisierbaren Prozess geht demnach ein sorgfältig dokumentierter analoger Prozess voraus, da digitale Standardlösungen ansonsten ihren Zweck verfehlen oder sich Unternehmensprozesse den Standardlösungen anpassen müssen. Für die Arbeitnehmer der Stichprobe ist zudem essenziell, *klare Verantwortlichkeiten* zu benennen. Diese sehen grundsätzlich den Arbeitgeber in der Pflicht, Feedback einzuholen und Schulungsmaterial bereitzustellen, kritisierten aber auch, dass zu den Entwicklern technischer Systeme oft kein etablierter Kommunikationsweg besteht. Teilnehmer sowohl aus Fokusgruppe als auch aus Einzelinterviews forderten, *Evaluationszykel* einzuführen und einen digital transformierten Prozess regelmäßig, ergebnisoffen und unabhängig von aktuellen Softwarelösungen zu bewerten.

Vorbedingungen: Unternehmensbezogen

> *„Natürlich muss der Wille im Unternehmen da sein, das ganze Thema überhaupt voranzutreiben."* — I01

In Ergänzung zu den bisherigen Subkategorien konnten induktiv Aspekte identifiziert werden, welche Bedingungen beinhalten, die das Unternehmen an sich betrafen, jedoch nicht eindeutig prozess- oder technologiebezogen sind. Diese Aspekte konnten weiterhin induktiv in *Transformationsoffenheit des Unternehmens*, *Transformationsoffenheit der Mitarbeiter* sowie *Schulung und Training* differenziert werden. Grundsätzlich ist Voraussetzung für digitale Transformation, dass eine gewisse *Transformationsoffenheit des Unternehmens* gegeben ist. Hierzu zählten Teilnehmer eine Kultur des Ausprobierens, eine hohe Bereitschaft, Mitarbeiter in Transformationsprozesse einzubinden sowie das „Mindset" des Unternehmens, Digitalisierung nicht nur als Kostenpunkt, sondern als Investment entlang der Wertschöpfung zu betrachten. Auf Ebene des Unternehmens wurden zusätzlich die *Transformationsoffenheit der Mitarbeiter* als Voraussetzung identifiziert. Hierunter wurde der Bedarf an Mitarbeitern formuliert, welche digitale Prozesse nicht blockieren, sondern vielmehr den Prozess proaktiv mitgestalten und Verständnis über die Hintergründe zu entwickeln. Zudem sprach ein Arbeitgeber an, dass ein Einsatz externer Berater in dieser Frage nicht zielführend sei. Vor allem *Schulung und Training* der Mitarbeiter stellten sich als essenzielle Bedingung für digitale Transformation heraus, auch wenn solche Maßnahmen innerhalb der Fokusgruppen kontrovers diskutiert wurden. Unternehmen sollten Mitarbeiter in der Nutzungskompetenz keineswegs allein lassen und spezifische Unterstützung bereitstellen, andererseits sollte technik- und veränderungsaffinen Mitarbeitern ermöglicht werden, sich eigenständig und in ihrer eigenen Strategie in Technologie einzuarbeiten.

Hauptkategorie 2: Evaluationskriterien

Hauptkategorie 2 widmet sich konkreten Evaluationskriterien für erfolgreiche digitale Transformation. Hierbei konnten die folgenden Subkategorien induktiv identifiziert werden: *Performanz*, *Arbeitsaufwand*, *Wirtschaftlichkeit*, *Veränderungsadaption*, *Zufriedenheit*, *Work-Life Balance*, *Akzeptanz* sowie *Andere*.

Evaluationskriterien: Performanz

> *„Klar: Effektivität und Reduzierung von Fehlern. Wenn du sehr gute digitale Prozesse hast, dann ist die Chance natürlich auch höher, dass deine Leistung einfach besser ist. Du kannst viel viel mehr sozusagen erreichen. Du kannst bessere Produkte anbieten, kannst schneller sein. Du ja kannst halt viel viel effektiver arbeiten.“* — I13

In diese Subkategorie wurden Fundstellen codiert, die einen Bezug zwischen digitaler Transformation und Leistung herstellten. Hierbei konnte induktiv eine *spezifische Qualität* von einer *verbesserten Arbeitsqualität* abgegrenzt werden. Aspekte von *spezifischer Qualität* zeigten sich, wenn Teilnehmer als Erfolgskriterium beschrieben, dass digitalisierte Prozesse technisch funktionierten und ihr spezifisches Ziel erreichen, dieses aber nicht direkt mit einer Verbesserung der Arbeitsqualität in Verbindung gebracht wurde. Ein digitales Werkzeug für z. B. Informationsvisualisierung muss sich spezifisch anhand seiner Übersichtlichkeit bewerten lassen oder ein Prozess, der transparenter werden soll, an seiner Transparenz. Aus Arbeitgeberperspektive wurde dies so beschrieben, dass Systeme ihre vorab festgelegten KPIs (Abk. für engl. *Key Performance Indicators*, dt. etwa *Schlüsselkennzahlen*) erreichen, unabhängig davon, worin diese bestehen. In Abgrenzung hierzu wurde eine *verbesserte Arbeitsqualität* codiert, wenn eine Steigerung der Arbeitsleistung dahin gehend zum Kriterium gemacht wurde, dass die Qualität des Arbeitsergebnisses steigt.

Evaluationskriterien: Arbeitsaufwand

> *„Digitale Transformation ist erfolgreich, wenn am Ende der Mitarbeiter sagt: „Super! Das erleichtert mir den Alltag.“* — I14

Die Subkategorie *Arbeitsaufwand* enthält Fundstellen, die eine Reduktion von Aufwand in der Zielerreichung thematisieren. Induktiv konnte diese Kategorie in eine *allgemeine Arbeitserleichterung* und eine konkrete *Aufgabenunterstützung* spezifiziert werden. *Allgemeine Arbeitserleichterung* bedeutet hierbei, dass durch digitale Transformation eine unkonkrete und generelle Form der Arbeitserleichterung eintritt. Dies wurde so beschrieben, dass grundsätzlich Dinge einfacher werden und Arbeit gespart wird, sowie dahingehend negativ abgegrenzt, dass eine schlechte digitale Transformation oder Systeme mit schlechter Usability zu einer Erhöhung des Arbeitsaufwandes beitragen. In Abgrenzung hierzu wurde eine *konkrete Aufgabenunterstützung* beschrieben, wenn eine spezifisch beschriebene Arbeitsaufgabe einfacher bearbeitet werden kann als ursprünglich, indem z. B. Dokumentationspflichten automatisiert erfüllt werden.

Evaluationskriterien: Wirtschaftlichkeit.

> *„Im Endeffekt kostet das Geld und das muss ich auch irgendwie wieder einspielen. Wenn man das gegenrechnen kann, dann ist das auch erfolgreich.“* — I08

Die *Wirtschaftlichkeit* von digitaler Transformation wurde als Kriterium codiert, sofern die Argumentation finanzielle Aspekte enthielt, die über die bloße Reduktion des Aufwandes oder verbesserte Leistung hinausgingen. Hierbei konnten induktiv die *Einsparung von Kosten* und eine *Amortisation* der Technologie identifiziert werden. Hinsichtlich der *Einsparung von Kosten* thematisierten die Teilnehmer, dass erfolgreiche digitale Transformation zu einer Einsparung finanzieller Ressourcen führt, die aus einer schnelleren Bewältigung von Arbeitsaufgaben, dem Wegfall unproduktiver Zeit, höherer Produktionszahlen oder der Einsparung von Personalkosten resultiert. Kritisch wurde hierbei aber auch angemerkt, dass eine alleinige Bewertung des Erfolgs von digitaler Transformation durch das Betriebsergebnis zu unscharf sei oder eine Bewertung allein auf finanzieller Basis nicht ausreichend ist. Konkret wurde zusätzlich als Erfolgskriterium formuliert, dass Anschaffungskosten sich über die Zeit amortisieren müssen.

Evaluationskriterien: Veränderungsadaption

> *„Die Mitarbeiter dürfen sich nicht dagegen sträuben, weil sie ihre Arbeitsweise ändern müssen.“* — I13

Veränderungsadaption wurde als Evaluationsmaß codiert, sofern die Anpassung der Mitarbeiter an sich verändernde Abläufe thematisiert wurde. Hierunter wurde die Notwendigkeit beschrieben, Mitarbeiter bei sich verändernden Gegebenheiten einzubeziehen und zu begleiten, wobei auch Bezüge zur Notwendigkeit von Schulungen thematisiert wurden.

Evaluationskriterien: Zufriedenheit

> *„Es gibt softe Kriterien, die ich nicht gut messen kann. Zum Beispiel: Wie zufrieden sind die Mitarbeiter? Fühlen die sich wohl bei der Bedienung der Systeme oder verweigern sie den Einsatz?“* — I09

In *Zufriedenheit* wurden Fundstellen aufgenommen, die eine nicht näher spezifizierte affektive Zuschreibung beinhalteten. Dieses wurde entweder positiv als Zufriedenheit oder Spaß beschrieben, aber auch negativ als Mitarbeiter, die „nörgeln“ oder aus Frustration die Nutzung des Systems verweigern.

Evaluationskriterien: Work-Life Balance

> *„Je erfolgreicher der Prozess eingeführt worden ist, desto weniger Überstunden muss der Mitarbeiter leisten und kann dann den Fokus mehr auf seine Work-Life-Balance legen.“* — S14

Work-Life-Balance enthält Einheiten, die das Verhältnis zwischen Arbeit und Nicht-Arbeit adressierten. Hierbei stand *digitale Abgrenzung* als deduktive Kategorie fest, induktiv konnten *Überstunden* und *Vereinbarkeit von Work- und Non-Work* identifiziert werden. *Digitale Abgrenzung* kam lediglich in einer Einheit zur Sprache, indem als Negativkriterium formuliert wurde, aufgrund ständiger Erreichbarkeit keine „wirkliche Freizeit“ mehr zu haben. Eine Arbeitnehmerin erklärte in Ergänzung, dass auch ein Rückgang der *Überstunden* ein Kriterium für erfolgreiche Transformation darstellt. Hinsichtlich der *Vereinbarkeit von Work- und Non-Work* wurde weiterhin thematisiert, dass eine Ersparnis von Arbeitszeit zu mehr Zeit für Familie, Freunde und Hobbys führt.

Evaluationskriterien: Akzeptanz

> *„Die Mitarbeiter sollten mit dem System arbeiten wollen, ich muss ihnen nicht vordiktieren müssen, dass sie gefälligst mit dem System zu arbeiten haben.“* — I09

In diese Kategorie wurden Fundstellen codiert, die eine Nutzung technischer Systeme thematisieren, ohne dass die Nutzung angeordnet oder vorgeschrieben ist. In Negativabgrenzung sollten Mitarbeiter die Nutzung technischer Systeme nicht verweigern.

Evaluationskriterien: Andere

> *„Vielleicht ist Klimafreundlichkeit noch ein gutes Kriterium. Wenn man 400 km zu irgendeinem Meeting fährt, ist das wesentlich schlechter, als das*

> *über Skype zu machen. Und das ist ja für die Politik wie auch für den Arbeitnehmer und den Arbeitgeber vorteilhaft, weil das ja auch wieder eine Geldersparnis ist.“* — F02

In Kategorie *Andere* wurden Evaluationskriterien zusammengefasst, welche sich ansonsten nicht in die bestehenden Kategorien einordnen ließen. Hierbei wurde erfolgreiche digitale Transformation durch den verminderten Einsatz planetarer Ressourcen als ökologisch nachhaltig beschrieben, indem z. B. Dienstreisen digital stattfinden. Zusätzlich wurde die komplette Ersetzung analoger Prozesse als Kriterium genannt und dass gute digitale Transformation eine gemeinsame Wissensbasis herstellt, in der alle Mitarbeiter Zugriff auf dieselben Informationen haben. Zusätzlich wurde betont, dass Digitalität keinen Selbstzweck darstellt und die Notwendigkeit unterstrichen, Kriterien für erfolgreiche digitale Transformation zu erarbeiten. Zudem wurde herausgestellt, dass digitale Transformation nicht nur Arbeit entfallen lässt, sondern auch neue Geschäftsmodelle und Anwendungsfälle ermöglicht, wenn Daten aufgrund ihrer inhaltlichen Beschaffenheit oder ihrer Menge bisher nicht analysierbar sind.

Hauptkategorie 3: Konfliktpotenzial

In der dritten Hauptkategorie wurden Fundstellen codiert, die auf Konfliktpotenzial verweisen. Hierbei wurden induktiv die Subkategorien *Vorteil mit Schattenseite*, *Gruppenkonflikte*, *Strukturelle Konflikte* und *Andere* identifiziert.

Konfliktpotenzial: Vorteil mit Schattenseite

> *„Man kann im Homeoffice dann arbeiten, wenn man gerade Zeit hat. Wobei das die Gefahr birgt, dass man halt zu viel arbeitet.“* — F02

Ein *Vorteil mit Schattenseite* bezeichnet Konflikte, die daraus entstehen, dass ein eigentlicher Vorteil von digitaler Transformation auch einen Nachteil darstellt oder zu einem Nachteil führt. Konkret wurde dies an *Flexibilität vs. Erreichbarkeit*, *Datenanalyse vs. Datenmissbrauch* und *Unternehmensgewinn vs. Gehalt* deutlich. Zu *Flexibilität vs. Erreichbarkeit* wurde in den Fokusgruppen kritisch darüber diskutiert, dass die Arbeit im Homeoffice zwar angenehm sei, jedoch unverhältnismäßig viele undokumentierte Überstunden geleistet werden. Zudem kann die Ermöglichung flexibler Arbeit implizit mit der Aufforderung des Arbeitgebers verbunden sein, auch in der Freizeit jederzeit zur Verfügung zu stehen. Ebenso wurde die für Digitalisierung essenzielle Nutzung von Daten als ambivalenter Vorteil diskutiert, da ein Risiko von Privacyeingriffen und Überwachung besteht. Letztlich wurde auch Konfliktpotenzial in der Frage gesehen, wer von dem potenziellen Produktivitätsgewinn finanziell profitiert, da finanzielle Vorteile des Unternehmens meistens nicht an die Arbeitnehmer weitergegeben werden.

Konfliktpotenzial: Gruppenkonflikte

> *„Da kommt dann jemand frisch von der Uni und erzählt einem Entwicklungsingenieur, der da schon seit 30 Jahren sitzt, dass jetzt alles digital und besser gemacht werden muss. Dann sagt der „Wer bist du? Das haben wir schon immer so gemacht und das bleibt alles so wie es ist.“* — F02

Einige der diskutierten Konflikte beinhalteten die implizite oder explizite Gegenüberstellung zweier Gruppen des Unternehmens, konkret *Alt vs. Jung*, *Technikaffin vs. Technikavers* sowie *Arbeitnehmer vs. Arbeitgeber*. Hierbei stellte sich als problematisch heraus, dass ältere Arbeitnehmer, welche Arbeitsprozesse analog erlernt haben, an dieser Arbeitsweise festhalten und zusätzlich über mehr Entscheidungsgewicht verfügen als jüngere. Eine zentrale Herausforderung besteht zusätzlich darin, ältere Mitarbeiter in Schulungen nicht zu überfordern, während jüngere Mitarbeiter nicht unterfordert werden. Eine ähnliche dahinterliegende Motivation zeigte sich anhand von *technikaffinen vs. technikaversen* Arbeitnehmern, indem letztgenannte Gruppe sich unabhängig vom Alter gegen jede Form der Digitalisierung zu „wehren“ versucht. Neben dem bereits erwähnten Gruppenkonflikt von Arbeitnehmer und Arbeitgeber hinsichtlich der Bezahlung wurde zusätzlich Konfliktpotenzial dahingehend gesehen, dass Arbeitgeber die Potenziale von Digitalisierung besser erkennen und Veränderungen umzusetzen versuchen, ohne unterschiedliche Fähigkeiten ihrer Mitarbeiter zu berücksichtigen.

Konfliktpotenzial: Strukturelle Konflikte

> *„Es wird es für viele Leute schwierig, noch einen Job zu finden, weil viele Jobs durch automatisierte Prozesse überflüssig werden. Das ist ein volkswirtschaftliches Thema, dass man eher schlechter ausgebildete Leute gar nicht mehr einsetzen kann. Das passt gut zur Diskussion mit dem Grundeinkommen.“* — I03

Diese Kategorie enthält Konflikte, welche keine spezifischen Gruppen betreffen und gesamtgesellschaftlicher und struktureller Natur sind. Hierbei konnten induktiv Konflikte durch *Angst vor Verlust des Arbeitsplatzes* sowie *demografischen Wandel* identifiziert werden. Grundsätzlich wurde großes gesellschaftliches Konfliktpotenzial darin gesehen, dass mit einem Verlust von Arbeitsschritten auch der Verlust von Arbeitsplätzen einhergehen könnte. Obwohl auch erwähnt wurde, dass digitale Transformation neue Arbeitsplätze hervorbringt und Kündigungswellen demografisch abgefangen werden können, indem Stellen nach Renteneintritt eines Mitarbeiters nicht nachbesetzt werden, wurde die Angst vor Verlust des Arbeitsplatzes als zentrale Zukunftsherausforderung gesehen. Letztlich wurde auch im demografischen Wandel dahingehend Konfliktpotenzial gesehen, dass Stellen nicht nur „digital entfallen", sondern zusätzlich aufgrund von Fachkräftemangel und Veränderungen in der Altersstruktur nicht besetzt werden können.

Konfliktpotenzial: Fähigkeitskonflikte

> *„Das ist für mich eine der schwierigsten Aufgaben im ganzen Transformationsprozess: Die Mitarbeiter mitzunehmen, die keine schnelle Auffassungsgabe haben oder die nicht dran gewöhnt sind digital zu arbeiten. So nach dem Motto „Du transformierst dich nicht mit uns". Das ist aber eine Qualifikation, die wir jetzt brauchen."* — I11

In Ergänzung zu den bisherigen Konfliktarten konnten Fähigkeitskonflikte induktiv identifiziert werden, die sich aus sich wandelnden Kompetenzanforderungen ergeben. Hierbei wurde der *Wegfall einfacher Arbeitsaufgaben* genannt, sodass Arbeit in Zukunft nur noch aus den anspruchsvollsten Aufgabenteilen bestehen könnte, während einfache Tätigkeiten wie z. B. der Vergleich zweier Tabellen komplett entfallen. Letztlich wurde auch mangelnde Veränderungskompetenz als Konfliktquelle beschrieben, wenn Mitarbeiter sich nicht „mittransformieren" können.

Konfliktpotenzial: Andere

> *„Man ist ja völlig abhängig. Wenn wir keinen Strom haben, stehen wir erstmal auf der Stelle, weil ja nichts mehr analog ist. Wenn ich alles digitalisiert habe, sind wir natürlich auch angreifbar."* — I05

In Kategorie *Andere* wurden Fundstellen eingeordnet, die sich nicht in höhere Abstraktionslevel einordnen ließen. Diese betrafen die völlige Abhängigkeit von Strom oder Serverarchitektur, Bedenken zu IT-Sicherheit sowie Frustrationspotenzial, wenn Prozesse nicht vollständig digitalisiert werden und immer noch analoge Überreste enthalten. Zum Thema Nachhaltigkeit wurde außerdem als Konfliktpotenzial identifiziert, dass eine valide Evaluation von z. B. CO2-Einsparung sehr anspruchsvoll ist und digitale Technologie mit hohem Energieverbrauch einhergehen kann.

Hauptkategorie 4: KI-bezogene Herausforderungen

> *„Künstliche Intelligenz ist mit Sicherheit das nächste große Thema, nachdem das Internet entdeckt wurde. Jetzt haben wir die künstliche Intelligenz. Ich glaube, dass das den Arbeitsmarkt und generell die Welt, in der wir leben, schon noch verändern wird. Aber da sind noch keine Formen des Umgangs gefunden."* — I01

Die letzte Hauptkategorie umfasst spezifische Herausforderungen mit KI-Bezug. Hierbei konnte eine induktive Subkategorie *Neue Formen des Umgangs* identifiziert werden sowie die *Verschärfung bestehender Herausforderungen*, in welche die deduktive Kategorie *Akzeptanz* eingeordnet werden konnte. Hinsichtlich einer *neuen Form des Umgangs* wurde thematisiert, dass eine erste zentrale Herausforderung darin besteht, das Potenzial von KI nicht zu überschätzen und geeignete Anwendungsfelder zu identifizieren. Hierbei wurde insbesondere die Rolle qualitativ hochwertiger Trainingsdaten betont. Hinsichtlich *Erklärbarkeit* wurde als Herausforderung benannt, dass KI-basierte Ergebnisse oft nicht nachvollziehbar sind. Zusätzlich wurden Herausforderungen besonders betont, die in Bezug auf digitale Transformation bereits ohne KI-Bezug erwähnt wurden. Konkret der drohende *Arbeitsplatzverlust* sowie die Rolle intakter *IT-Sicherheit*. Im Hinblick auf *Akzeptanz* wurde sowohl die Akzeptanz der Mitarbeiter als auch die Akzeptanz von Kunden als Herausforderung thematisiert.

12.2.5 Diskussion und Überführung in ein Evaluationsmodell

Insgesamt zeigte sich durch die qualitative Analyse, dass Arbeitspersonen mit digitaler Transformation ein sehr breites Spektrum an Potenzial verbinden. Zudem ist digitale Transformation nicht vollständig mit konkreter einzelner digitaler Technologie gleichzusetzen, da auch der Prozess- und Vernetzungscharakter mit bereits vorhandener Technologie betont wurde. Der Erfolg von digitaler Transformation zeigt sich außerdem nicht nur an finanziellen Kriterien, sondern zusätzlich u. a. in einer insgesamten Verbesserung der Arbeitsqualität und einer Arbeitserleichterung, die über spezifische Aufgaben hinausgeht. Es zeigte sich aber auch, dass eine Einbindung von Mitarbeitern in digitale Transformationsprozesse eine entscheidende Voraussetzung darstellt, was den Forschungsbedarf an Job Crafting und transformationaler Führung im digitalen Arbeitskontext unterstreicht. Erfolgreiche digitale Transformation der Arbeit setzt Mitarbeit und Initiative auf jeder Ebene eines Unternehmens voraus, sodass in Ergänzung zu den Ergebnissen der Kategorie *Evaluationskriterien* die Auswirkungen auf die Mitgestaltungsmotivation von Relevanz sind. Diese ist abzugrenzen vom Kriterium der Veränderungsadaption, bei der primär geänderte Abläufe im Fokus stehen, welche sich zudem aus den identifizierten Gruppenkonflikten ergeben sowie der zentralen Rolle von Gewohnheitsveränderungen als Barriere gegenüber digitaler Transformation (Hildebrandt et al., 2019).

> **Arbeitsdefinition: Mitgestaltungsmotivation (Evaluationskriterium)**
> Mitgestaltungsmotivation wird im Kontext der Evaluation einer DTA-Intervention definiert als Ausmaß, in dem eine Arbeitsperson dieser Intervention zuschreibt, zur Mitgestaltung an weiteren Veränderungen anzuregen.

Arbeitsdefinition: Veränderungsadaption (Evaluationskriterium)
Veränderungsadaption wird im Kontext der Evaluation einer DTA-Intervention definiert als Ausmaß der Bereitschaft einer Arbeitsperson, sich an Veränderungen anzupassen, die aus einer DTA-Intervention resultieren.

In den Evaluationskriterien *Performanz* und *Arbeitsaufwand* finden sich inhaltliche Überschneidungen zum UTAUT-Technikakzeptanzmodell nach Venkatesh et al. (2003), konkret zu den Faktoren *Performance Expectancy* und *Effort Expectancy*. Ersteres Konstrukt ist hierbei definiert als Ausmaß, indem ein Individuum glaubt, dass die Nutzung des Systems zu einer Verbesserung der Arbeitsleistung führt. Hierbei ist die Abgrenzung zur spezifischen Qualität eines Systems von besonderem Forschungsinteresse, da digitale Technologie nicht allein an der Verbesserung der Arbeitsleistung evaluiert wird, sondern jeweils spezifische Qualitätsmerkmale enthält. Venkatesh et al. (2003) definieren *Effort Expectancy* als Grad der Leichtigkeit, die mit der Nutzung eines Systems assoziiert wird. An der Unterscheidung zwischen allgemeiner Arbeitserleichterung und einer spezifischen Aufgabenunterstützung zeigt sich der hohe Vernetzungscharakter von digitaler Transformation, da nicht nur das System einfach zu nutzen sein soll, sondern eine grundsätzliche Arbeitserleichterung als Evaluationsmaß gesehen wird. Geeignete Evaluationskriterien für die quantitative Hauptstudie sind demnach spezifische Qualität, Arbeitsqualität und Arbeitsaufwand.

Arbeitsdefinition: Spezifische Qualität (Evaluationskriterium)
Spezifische Qualität wird im Kontext der Evaluation einer DTA-Intervention definiert als Ausmaß, in dem eine Arbeitsperson dieser Maßnahme Wirksamkeit im Sinne des Interventionsziels zuschreibt. Maßnahmen, die auf eine Verbesserung von Job Crafting, transformationaler Führung oder Work-Life-Balance abzielen, müssen demnach Job Crafting, transformationale Führung resp. Work-Life-Balance verbessern.

Arbeitsdefinition: Arbeitsqualität (Evaluationskriterium)
Arbeitsqualität wird im Kontext der Evaluation einer DTA-Intervention definiert als Ausmaß, in dem eine Arbeitsperson dieser Maßnahme zuschreibt, die Qualität ihrer Arbeitsleistung zu verbessern. (Entspricht *Perceived Usefulness* bei (Venkatesh et al., 2003))

> **Arbeitsdefinition: Arbeitsaufwand (Evaluationskriterium)**
> Arbeitsaufwand wird im Kontext der Evaluation einer DTA-Intervention definiert als Ausmaß, in dem eine Arbeitsperson dieser Maßnahme zuschreibt, ihren allgemeinen Arbeitsaufwand zu reduzieren.

Dass nicht nur Arbeitgeber, sondern auch Arbeitnehmer finanzielle Maßstäbe an erfolgreiche digitale Transformation anlegen, kann auf eine grundsätzliche Wandlung von Arbeitnehmern hin zu unternehmerischem Denken hindeuten, aber auch auf sich wandelnde Hierarchiestrukturen (Stone, 2004). Interessant ist hierbei außerdem, dass die Einsparung von Kosten in der Stichprobe sehr divers beschrieben wird, u. a. als Steigerung der Schnelligkeit (mehr Output pro Zeiteinheit), aber auch als Steigerung der Kosteneffizienz (weniger Geldkosten pro Output), was wiederum das breite Potenzialspektrum von digitaler Transformation unterstreicht. Bei einem Evaluationskriterium zu Wirtschaftlichkeit ist zudem in der Operationalisierung wichtig, dass eine Abgrenzung zur kurzfristigen Wirtschaftlichkeit erfolgt.

> **Arbeitsdefinition: Wirtschaftlichkeit (Evaluationskriterium)**
> Wirtschaftlichkeit wird im Kontext der Evaluation einer DTA-Intervention definiert als Ausmaß, in dem eine Arbeitsperson dieser Maßnahme zuschreibt, mittel- und langfristig zu einer finanziellen Verbesserung des Unternehmens beizutragen.

Dass Zufriedenheit und Work-Life-Balance als Evaluationskriterien identifiziert werden konnten, kann als Folge der bereits erfolgten technikbedingten Diffusion von Arbeit und Nicht-Arbeit aufgefasst werden. Da ohnehin eine DTA-Intervention zu Work-Life-Balance evaluiert wird, wird dieses Kriterium als spezifische Qualität dieser erhoben. Für zukünftige Forschung wäre allerdings die Frage relevant, ob Work-Life-Balance bei jeder Form von DTA-Intervention ein Evaluationskriterium darstellt, wofür Zufriedenheit ein erster Indikator sein könnte.

> **Arbeitsdefinition: Zufriedenheit (Evaluationskriterium)**
> Zufriedenheit wird im Kontext der Evaluation einer DTA-Intervention definiert als Ausmaß positiver affektiver Bewertung dieser Maßnahme durch die Arbeitsperson.

Akzeptanz als Evaluationskriterium geht im Kontext der digitalen Transformation der Arbeit über bisherige Akzeptanzauffassungen hinaus (s. Kapitel 4.1), da bisher kein Verhalten als Handlungsakzeptanz identifiziert werden konnte. Hierüber besteht weiterer Forschungsbedarf, sodass in dieser Arbeit die Einstellung als zentrales Akzeptanzkriterium verstanden wird. Dies ergibt sich auch daraus, dass die Wirkmechanismen sehr implizit erfolgen, da z. B. das bloße Angebot eines Telework-Tages bereits einen positiven Einfluss auf Engagement und Arbeitsleistung hat (Bal & De Lange, 2015) oder die bloße Bereitstellung von Diensthandys Telepressure erzeugt (Ninaus et al., 2015). Auch hinsichtlich der Unterscheidung zwischen *work practice* und *employment practice* erscheint es sinnvoller, bei *employment practices* nicht die tatsächliche Nutzung oder Nutzungsintention zu betrachten, sondern eher eine gesamtpositive Reaktion der Mitarbeiter zu fokussieren (Boxall & Macky, 2009; Trenerry et al., 2021). Dies findet sich auch in den qualitativen Ergebnissen wieder, da z. B. eine Schulungsmaßnahme von einer veränderungsaffinen Person als insgesamt positiv eingeschätzt werden kann, obwohl oder gerade weil sie nicht beabsichtigt, an der Schulung teilzunehmen: Akzeptanzobjekt ist das Angebot, nicht die Schulung.

> **Arbeitsdefinition: Einstellung (Evaluationskriterium)**
> Die Einstellung gegenüber einer DTA-Intervention wird im Kontext der Evaluation dieser Maßnahme definiert als Ausmaß, in dem eine Arbeitsperson die Maßnahme als insgesamt positiv und sinnvoll bewertet. Eine positive Einstellung gegenüber einer DTA-Intervention stellt Bewertungsakzeptanz dar.

12.3 Quantitative Hauptstudie: Evaluation in Abhängigkeit von Interventionsziel und KI-Bezug

Das in der qualitativen Vorstudie entstandene Evaluationsmodell soll nun im Rahmen einer quantitativen Hauptstudie empirisch angewendet werden, um prototypische DTA-Interventionen der Themen Job Crafting, transformationale Führung und Work-Life-Balance unter Berücksichtigung ihres KI-Bezugs miteinander zu vergleichen (s. Tab. 12.1).

12.4 Hypothesen der Hauptstudie

In der quantitativen Hauptstudie sollen zwei Hypothesen inferenzstatistisch überprüft werden. Hypothese 1 prüft die Gesamtevaluation von DTA-Interventionen entlang ihrer Zielsetzung (Job Crafting, transformationale Führung oder Work-Life-Balance) und ihrem KI-Bezug (mit KI oder ohne KI). Dies adressiert eine Forschungslücke, da DTA-Interventionen im Forschungsstand bisher nicht anhand ihrer Zielsetzungen miteinander verglichen wurden. Die untersuchten KI-Interventionen stellen *digital productivity assistants* dar (Cranefield et al., 2023; Strong & Terblanche, 2020), deren Evaluation ebenfalls eine Forschungslücke adressiert. Hinsichtlich der KI-Unterstützung ist zunächst davon auszugehen, dass KI-Maßnahmen aufgrund von *algorithm aversion* schlechter bewertet werden als ihre jeweiligen Entsprechungen ohne KI (Jussupow et al., 2020), die Interaktion zur Zielsetzung adressiert ebenfalls eine Forschungslücke.

- **H1:** Die Gesamtevaluationen von DTA-Interventionen unterscheiden sich anhand ihrer Zielsetzung (Förderung von Job Crafting, Förderung von transformationaler Führung oder Verbesserung der Work-Life-Balance der Arbeitspersonen) und ihrem KI-Bezug (ohne KI oder mit KI).

Hypothese 2 widmet sich der Evaluationsstruktur innerhalb der DTA-Interventionen (s. Abb. 12.4). Abhängige Variable bildet hierbei die Einstellung gegenüber der Maßnahme.

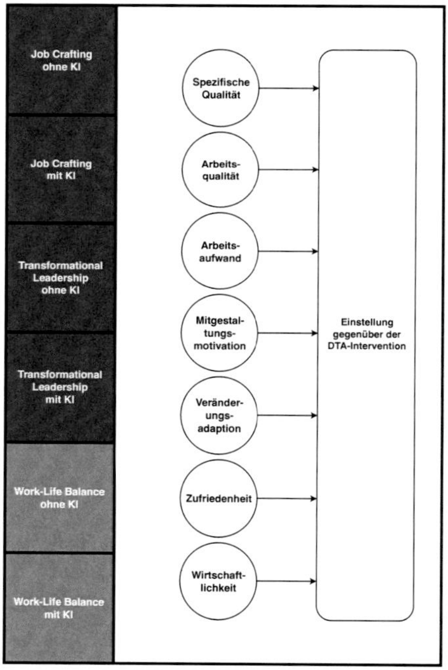

Abbildung 12.4: Evaluationsmodell für DTA-Interventionen in der Transformation der Arbeitswelt.

Für H2 wird angenommen, dass die Einstellung gegenüber einer DTA-Intervention jeweils durch die Faktoren des Evaluationsmodells beeinflusst wird. Hierbei werden aufgrund der qualitativen Vorstudie sowie den Vorarbeiten zu Technikakzeptanz alle Einflüsse als positiv angenommen. H2 wird für jede Maßnahme einzeln überprüft, um eine Gegenüberstellung der Maßnahmen vorzunehmen.

- **H2:** Die Einstellung gegenüber einer DTA-Intervention wird positiv beeinflusst von der spezifischen Qualität, der Arbeitsqualität, dem Arbeitsaufwand, der Motivation zur Mitgestaltung, der Veränderungsadaption, der Zufriedenheit und der Wirtschaftlichkeit.

12.5 Methode

12.5.1 Erhebungsinstrument

Nach der Erhebung der Demografie wurde die Technikaffinität der Probanden in 9 Items als ATI erhoben (Franke et al., 2019). Hiernach folgte randomisiert und within-subject die textuelle Darstellung von 3 der 6 möglichen Szenarien: *Job Crafting ohne KI*, *Job Crafting mit KI*, *Transformational Leadership ohne KI*, *Transformational Leadership mit KI*, *Work-Life Balance ohne KI* und *Work-Life Balance mit KI*. Diese Randomisierungsform wurde gewählt, um Störvariablen auf Probandenseite zu randomisieren sowie Carry-Over-Effekte entlang beider Dimensionen zu minimieren.

Beide Szenarien zur Verbesserung des Job Craftings zielen auf eine Verbesserung der Eigeninitiative der Mitarbeiter ab. Es handelt sich also um Interventionen auf organisationaler Ebene zur Förderung von Mitgestaltung (Parker & Grote, 2022). Im Szenario ohne KI wird von einer menschlichen Kollegin ein Verbesserungsvorschlag proaktiv eingereicht und vom Unternehmen umgesetzt und honoriert, um geeignete Rahmenbedingungen für weiteres Job Crafting zu schaffen (Menachery, 2018; Oprea et al., 2019; Seibert et al., 2011). Im KI-basierten Job-Crafting-Szenario wird eine KI eingesetzt, um die Arbeitspersonen auf Verbesserungspotenzial hinzuweisen und einen unkomplizierten Kommunikationskanal für Verbesserungsvorschläge zur Verfügung zu stellen. Hierbei handelt es sich gemäß Arbeitsdefinition um einen KI-Coach, welcher die Arbeitsperson zu *task crafting* und *relational crafting* befähigt.

Beide Szenarien zur Verbesserung der transformationalen Führung zielen auf eine Verbesserung der digitalen Arbeitskultur ab. Im Szenario ohne KI werden regelmäßige Gespräche mit digitalen Vorbildern geführt, im KI-Szenario gibt eine KI Ratschläge, wie die eigene digitale Vorbildfunktion besser umgesetzt werden kann, ähnlich dem KI-Coach Rocky.ai (s. Kap 4.4).

Die Szenarien zur Verbesserung der Work-Life-Balance adressieren flexible Arbeit und streben eine Verbesserung des Verhältnisses zwischen Arbeit und Nicht-Arbeit an. Im Szenario ohne KI wird die Möglichkeit eines flexiblen Telework-Tages pro Woche beschrieben (Angelici & Profeta, 2023). Das KI-Szenario beschreibt zusätzlich zur Möglichkeit flexibler Arbeit ein technisches System ähnlich dem *Wheel-of-Life* (Majumder et al., 2022), jedoch mit mehr Situationsbezug im Arbeitsalltag, indem das System z. B. an Pausen erinnert. Auch hierbei handelt es sich um einen KI-Coach.

Nach Darstellung der Szenarien wurden jeweils Evaluationskriterien erhoben: Die spezifische Qualität (SPQ) wurde mangels bereits etablierter Operationalisierungen für jedes Zielsetzung rational-deduktiv konzipiert. Die Verbesserung des Job Craftings

(SPQ_JC) wurde in 4 Items erhoben (z. B. „Durch die Maßnahme fühle ich mich aufgeschlossener, Eigeninitiative zu zeigen.“), die Verbesserung der transformationalen Führung (SPQ_TL) in 5 Items (z. B. „Die Maßnahme hilft mir dabei, ein digitales Vorbild zu werden.“) und die Verbesserung der Work-Life-Balance in 6 Items (z. B. „Meine Work-Life-Balance wird sich durch die Maßnahme verbessern.“).

Anschließend folgte die Erhebung von Arbeitsqualität (PU), Arbeitsaufwand (EE), Mitgestaltungsmotivation (MM), Veränderungsadaption (VA), Zufriedenheit (ZU) und Wirtschaftlichkeit (FIN) in jeweils 2 Items. Die Items für PU wurden aus der Skala *Perceived Usefulness* übernommen, für EE wurden die Items auf Basis von *Effort Expectancy* verallgemeinert (Venkatesh et al., 2003). Die Items zur Messung der Mitgestaltungsmotivation wurden von Szebel (2015) adaptiert. Die Operationalisierungen zu den übrigen Faktoren Veränderungsadaption (VA, z. B. „Die Maßnahme sorgt dafür, dass ich neue Gewohnheiten aufbauen kann.“), Zufriedenheit (ZU, z. B. „Die Maßnahme steigert meine Zufriedenheit.“) und Wirtschaftlichkeit (FIN, z. B. „Mittel- und langfristig profitiert das Unternehmen finanziell von der Maßnahme.“) ergaben sich aus zusammengefassten Probandenaussagen der Vorstudie. Schließlich wurde die Einstellung gegenüber der Maßnahme (ATM) in 3 Items erhoben, die von den bei Venkatesh et al. (2003) formulierten Items für *Attitude Towards Behavior* adaptiert wurden.

12.5.2 Durchführung, Aufbereitung und Auswertung

Um eine größere Stichprobe zu erreichen, geschah die Probandenakquise im Rahmen zweier Lehrveranstaltungen in aufeinanderfolgenden Semestern. Aufgrund zahlreicher Rückmeldungen im Hinblick auf die Fragebogenlänge wurde mindestens zu erreichende Fragebogenfortschritt als Qualitätskriterium so gewählt, dass ein Abbruch nach 2 der 3 Szenarien kein Ausschlusskriterium darstellt. Durch Ausfiltern von vermeintlichen Speedern wurden zusätzlich n=81 Probanden entfernt.

Zur Überprüfung von H1 wird pro Szenario eine Gesamtbewertung (EVAL) gebildet, welche aus den Skalenwerten der Konstrukte PU, EE, MM, VA, ZU und FIN besteht. Hierdurch werden nur die Items berücksichtigt, die in allen Szenarienbewertungen identisch sind. Zur Überprüfung von H1 wurde der Datensatz in das Long-Format überführt und mit einer zweifaktoriellen ANOVA überprüft. Diese Überführung ist notwendig, da kein statistisches Verfahren die vorliegende Randomisierungsstruktur berücksichtigen kann, ohne fehlende Werte anhand der Reststichprobe zu konstruieren (engl. *imputing*). Durch das Long-Format werden Szenarienbewertungen wie einzelne Probanden behandelt, was zu einer Überschätzung individueller Fehlervarianzen führt. Die Hypothesenprüfung ist hierdurch konservativer, da Messwiederholungen nicht berücksichtigt werden. Die deskriptiven Statistiken werden beziehen sich ebenfalls auf das Long-Format.

Hypothese 2 wird mit multipler linearer Regression überprüft, wobei pro Szenario ein einzelnes Regressionsmodell aufgestellt wird. Hierbei werden innerhalb der Modelle auch die Faktoren aufgenommen, die themenspezifisch erhoben wurden, konkret SPQ. Abhängige Variable ist jeweils ATM. Aus Gründen der Übersichtlichkeit und Vergleichbarkeit zwischen den Szenarien werden die Prädiktoren immer vollständig und in derselben Reihenfolge in die jeweiligen Modelle aufgenommen. Für einen Vergleich der Regressionskoeffizienten von Modellen aus unterschiedlichen Stichprobengruppen existiert kein etabliertes inferenzstatistisches Testverfahren, sodass die Argumentation im abschließenden Vergleich der einzelnen Koeffizienten über die Modelle hinweg anhand des 95%-Konfidenzintervalls erfolgt, welches sich zu inferenzstatistischen Tests in Dualität dahin gehend befindet, dass ein 95%- Konfidenzintervall, welches den Wert 0 nicht umfasst, mit einem kleinen p-Wert einhergeht (Czado & Schmidt, 2011).

12.5.3 Stichprobe

Insgesamt besteht die bereinigte Stichprobe aus N=690 Probanden, was nach Überführung ins Long-Format N=1873 bewerteten Szenarien entspricht. Tabelle 12.2 zeigt die soziodemografischen Charakteristika der Stichprobe.

	n	**Verteilung**
Alter in Jahren		min=18, max=66 M=30.45, SD=12.95
Geschlecht		
Männlich	264	38.26 %
Weiblich	423	61.30 %
Divers	3	0.43 %
Bildungsstand		
(Noch) kein Schulabschluss	0	0 %
Hauptschulabschluss	103	14.93 %
Realschulabschluss	28	4.06 %
Abitur	265	38.41 %
Höher als Abitur	294	42.61 %
Art der Beschäftigung		
In Ausbildung	170	24.64 %
Arbeitnehmer	441	63.91 %
Arbeitgeber	12	1.74 %
Selbstständig	20	2.90 %
Beamter	18	2.61 %
Sonstiges	19	2.75 %
Technikaffinität (ATI)		min=1.00, max=6.00 M=3.48, SD=1.08 α=0.93, ω=0.93

Tabelle 12.2: Soziodemografie der Stichprobe (N=690).

Die Stichprobe hat ein leicht unausgeglichenes Geschlechterverhältnis: Die meisten Probanden sind weiblich (61.30%), Männer bilden hingegen 38.26% der Stichprobe, diverse Personen 0.43%. Zudem ist die Stichprobe schulisch gut ausgebildet. Den größten Teil bilden hierbei die Probanden mit einem höheren Abschluss als Abitur (42.61%), der Anteil derer mit Abitur als höchsten Abschluss ist geringfügig kleiner (38.41%). Unter den drei verbleibenden Abschlusstypen entfallen n=103 Probanden auf den Hauptschulabschluss (14.93%) sowie n=28 auf den Realschulabschluss (4.06%). Die bereinigte Stichprobe enthält keine Person ohne Schulabschluss.

Hinsichtlich der Art der Beschäftigung gaben n=441 Probanden an, in einem Arbeitnehmerverhältnis zu stehen (63.91%), den zweitgrößten Anteil bilden die Probanden in Ausbildung (24.64%). Auf die übrigen Beschäftigungsformen entfallen niedrige zweistellige Anzahlen: n=12 Arbeitgeber (1.74%), n=20 Selbstständige (2.90%), n=18 Beamte (2.61%) und n=19 Sonstige (2.75%). Abbildung 12.5 zeigt die Altersverteilung im Histogramm-Density-Plot.

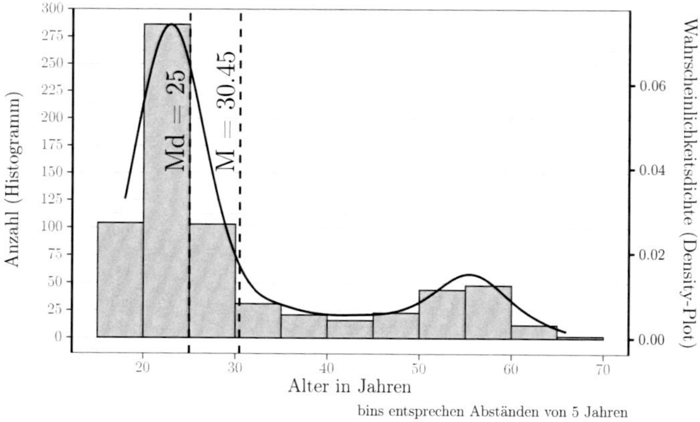

Abbildung 12.5: Histogramm-Density-Plot der Altersverteilung.

Die Stichprobe hat einen Altersdurchschnitt von M=30.45 (SD=12.95) und reicht in ihrer Altersverteilung von min=18 bis max=66 Jahren. Analog zu den bisherigen Studien ist die Verteilung leicht bimodal und rechtsschief. Zudem ist die Stichprobe ausgeglichen technikaffin (M=3.48, SD=1.08).

12.6 Ergebnisse der Hauptstudie

Deskriptive Ergebnisse

Tabelle 12.3 zeigt die deskriptiven Statistiken und Reliabilitätswerte der Stichprobe in Bezug auf das Long-Format.

	Kürzel	**M**	**SD**	**min**	**max**	α	ω
Gesamtbewertung	EVAL	3.89	0.87	1.00	6.00	0.94	0.97[1]
Arbeitsqualität	PU	3.76	1.04	1.00	6.00	0.84	0.84
Arbeitsaufwand	EE	3.47	1.09	1.00	6.00	0.80	0.80
Mitgestaltung	MM	3.99	1.11	1.00	6.00	0.90	0.90
Veränderungen	VA	3.94	1.04	1.00	6.00	0.80	0.80
Zufriedenheit	ZU	3.98	1.11	1.00	6.00	0.92	0.92
Wirtschaftlichkeit	FIN	4.02	1.12	1.00	6.00	0.91	0.91
Spezifische Qualität (Themenspezifisch)							
Job Crafting	SPQ_JC	3.93	0.74	1.00	6.00	0.69	0.80
Transformational Leadership	SPQ_TL	3.61	0.92	1.00	6.00	0.84	0.84
Work-Life Balance	SPQ_WLB	3.58	0.97	1.00	6.00	0.88	0.89
Bewertungsakzeptanz							
Einstellung gegenüber der Maßnahme	ATM	4.05	0.94	1.00	6.00	0.69	0.80

[1] ω unter Berücksichtigung der Unterkonstrukte

Tabelle 12.3: Deskriptive Statistik der Evaluationsfaktoren.

Alle erhobenen Faktoren reichen von min=1.00 bis max=6.00 und schöpfen das theoretische Skalenspektrum voll aus. Zudem sind alle Messungen als reliabel zu werten, lediglich SPQ_JC (M=9.93, SD=0.74) und ATM (M=4.05, SD=0.94) verfehlen das Kriterium von 0.7 hinsichtlich α marginal, die Betrachtung von ω zeigt jedoch, dass die Skalen als reliabel zu werten sind und die Items jeweils ungleich stark laden. Auch SPQ_WLB (M=3.58, SD=0.97) und SPQ_TL (M=3.61, SD=0.92) konnten reliabel gemessen werden.

Da die Skalen, die die Gesamtbewertung (M=3.89, SD=0.87) bilden, in jeweils zwei Items gemessen sind, stimmen α und ω jeweils überein. Über alle Szenarien hinweg beträgt der Mittelwert der Arbeitsqualität M=3.76 (SD=1.04), der des Arbeitsaufwands M=3.47 (SD=1.09). Die weiteren Bewertungsdimensionen werden geringfügig höher bewertet, so z. B. die Motivation zur Mitgestaltung (M=3.99, SD=1.11), den Umgang mit Veränderungen (M=3.94, SD=1.04), die Einschätzung der Zufriedenheit (M=3.98, SD=1.11) sowie die der Wirtschaftlichkeit (M=4.02, SD=1.12).

12.6.1 Inferenzstatistische Hypothesentests

Vergleich der Interventionen

Zur inferenzstatistischen Prüfung von H1 wurde eine zweifaktorielle ANOVA berechnet, deren Ergebnis in Tab. 12.4 dargestellt ist.

Between-Effekt	**Sum of Squares**	**df**	**Mean Squares**	**F**	**p**	ω^2
Interventionsziel	1.11	2	0.56	0.70	0.49	0.00
KI	15.67	1	15.78	19.84	***	0.01
Interventionsziel×KI	8.76	2	4.38	5.54	**	0.01
Residual	1446.78	1831	0.79			

$*p < 0.05, **p < 0.01, ***p < 0.001$

Tabelle 12.4: Haupt- und Interaktionseffekte von Interventionsziel (Job Crafting, Transformational Leadership oder Work-Life Balance) und KI-Bezug (mit KI oder ohne KI) auf die Gesamtevaluation der DTA-Intervention.

Die Ergebnisse zeigen, dass es einen signifikanten Haupteffekt über den KI-Bezug gibt (F(1,1831)=19.84, p<0.001) sowie einen signifikanten Interaktionseffekt (F(2,1831)= 4.38, p<0.01); beide Effekte sind jedoch identisch schwach (ω^2 gerundet = 0.01). Der zweite Haupteffekt über das Interventionsziel ist nicht-signifikant (F(1,1831)=0.70, p=0.49, n.s.). In der Gesamtbewertung der Maßnahmen gibt es demnach einen Unterschied dahin gehend, ob die Maßnahme KI-gestützt ist sowie einen kombinierten Effekt aus Interventionsziel und KI-Bezug, jedoch keinen Effekt durch das Interventionsziel allein. Abbildung 12.6 stellt den signifikanten Haupteffekt im Profildiagramm dar, Abbildung 12.7 den Interaktionseffekt.

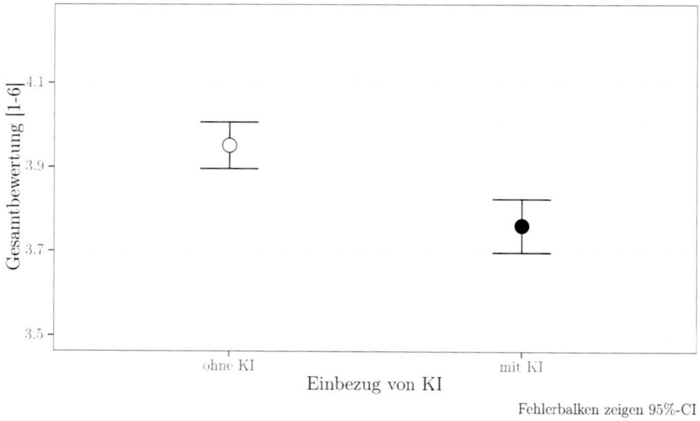

Abbildung 12.6: Haupteffekt des Einbezugs von KI auf die Gesamtbewertung der Maßnahme.

Anhand des Profildiagramms zeigt sich, dass Maßnahmen ohne KI (M=3.95, SD=0.89) tendenziell höher bewertet werden als Maßnahmen mit KI-Bezug (M=3.76, SD=0.94). Dieser Unterschied ist auch anhand eines post-hoc durchgeführten Tukey-Tests signifikant (d=-0.221, p<0.001).

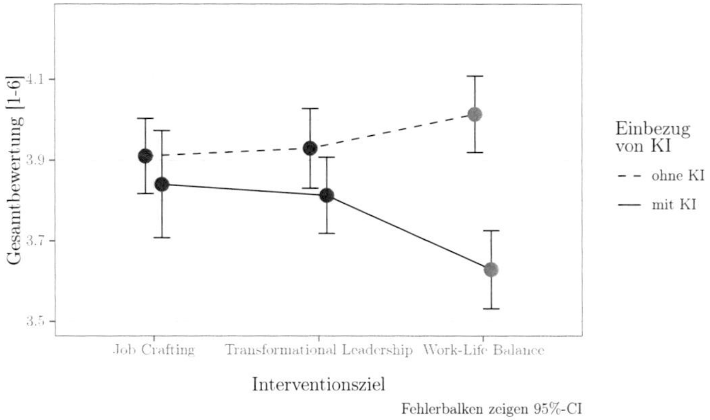

Abbildung 12.7: Hybrider Interaktionseffekt des Einbezugs von KI und des Interventionsziels auf die Gesamtevaluation.

Bei Analyse des Interaktionseffektes zeigt sich, dass sich die Bewertungen im Interventionsziel *Work-Life Balance* relativ zu den anderen Bedingungen unterscheiden. Die Interaktion ist damit hybrid und überlagert den nicht-signifikanten Haupteffekt über das Interventionsziel dahingehend, dass *Work-Life Balance ohne KI* besser bewertet wird als die übrigen Szenarien, respektive *Work-Life Balance mit KI* schlechter. Anhand von post-hoc Tukey-Tests zeigt sich, dass unter den 15 paarweisen Vergleichen 4 signifikant sind: *Work-Life Balance mit KI* (M=3.63, SD=0.89) unterscheidet sich signifikant von *Job Crafting ohne KI* (M=3.91, SD=0.89; d=-0.32, $p<0.001$), *Transformational Leadership ohne KI* (M=3.93, SD=0.89; d=-0.34, $p<0.001$) sowie *Work-Life Balance ohne KI* (M=4.02, SD=0.89; d=-0.44, $p<0.001$). *Work-Life Balance ohne KI* hingegen unterscheidet sich zusätzlich signifikant von *Transformational Leadership mit KI* (M=3.81, SD=0.89; d=-0.24, $p<0.05$). Die übrigen paarweisen Vergleiche sind nicht signifikant.

Prüfung der Evaluationsstruktur

Zur inferenzstatistischen Prüfung von H2 wurden insgesamt sechs Regressionsmodelle aufgestellt, die in Tabelle 12.5 zunächst hinsichtlich der Modellqualität beschrieben sind.

			Modelltest		Prädiktoren	
Modell	R^2	Adj.R^2	F(df1,df2)	p	Anzahl	davon sig.
JC	0.60	0.59	F(7,341)=73.62	***	7	5
JC KI	0.61	0.60	F(7,159)=35.92	***	7	4
TL	0.53	0.52	F(7,303)=48.84	***	7	3
TL KI	0.62	0.62	F(7,329)=70.96	***	7	5
WLB	0.57	0.56	F(7,328)=61.15	***	7	4
WLB KI	0.68	0.68	F(7,315)=97.76	***	7	2

$*p < 0.05, **p < 0.01, ***p < 0.001$

Tabelle 12.5: Übersicht der Regressionsmodelle entlang der Interventionsziele *Job Crafting*, *Transformational Leadership* und *Work-Life Balance* unter Einbezug von KI zur Vorhersage der Einstellung gegenüber der jeweiligen DTA-Intervention.

Alle Modelle sind auf einem Niveau von p<0.001 signifikant und ähnlich stark in ihrer Vorhersagegüte von ATM im jeweiligen Szenario. Das Modell zur Vorhersage von *Work-Life Balance mit KI* ist mit gerundeten 68% Varianzaufklärung das stärkste Modell (F(7,315)=97.76, p<0.001) und zusätzlich das Modell mit den wenigsten signifikanten Prädiktoren. Am zweitbesten funktioniert das Modell zur Vorhersage von transformationaler Führung mit KI (*Adj.*R^2=0.62, F(7,329)=70.96, p<0.001), welches 5 signifikante Prädiktoren enthält. Das Modell zu Job Crafting mit KI hat hingegen 4 signifikante Prädiktoren (*Adj.*R^2=0.62, F(7,159)=35.92, p<0.001). Unter den Modellen ohne KI ist Job Crafting mit 59% Varianzaufklärung und 5 signifikanten Prädiktoren das beste Modell (F(7,341)=73.62, p<0.001), gefolgt von Work-Life-Balance mit 4 Prädiktoren (*Adj.*R^2 = 0.56, F(7,328)=61.15, p<0.001) und transformationaler Führung (*Adj.*R^2 = 0.52, F(7,303)=48.84, p<0.001), welches 3 signifikante Prädiktoren hat. Rein deskriptiv funktioniert die Vorhersage der Modelle mit KI also unter der Berücksichtigung der Prädiktorenanzahl also etwas besser als die der Modelle ohne KI. Im Folgenden werden die sechs überprüften Modelle im Detail vorgestellt, beginnend mit dem Regressionsmodell *Job Crafting ohne KI* in Tabelle 12.6.

	Est.	SE	95%-CI	t	p	std.Est
Intercept	0.84	0.18	[0.49,1.20]	4.67	***	
Spezifische Qualität (SPQ_JC)	0.25	0.07	[0.11,0.38]	3.64	***	0.20
Arbeitsqualität (PU)	-0.02	0.05	[-0.12,0.07]	-0.47	0.64	-0.03
Arbeitsaufwand (EE)	-0.09	0.04	[-0.17,-0.01]	-2.10	*	-0.10
Mitgestaltung (MM)	0.13	0.06	[0.01,0.24]	2.14	*	0.14
Veränderungen (VA)	-0.03	0.04	[-0.11,0.05]	-0.68	0.50	-0.03
Zufriedenheit (ZU)	0.37	0.06	[0.25,0.49]	6.16	***	0.41
Wirtschaftlichkeit (FIN)	0.19	0.04	[0.12,0.26]	5.40	***	0.24

$*p < 0.05, **p < 0.01, ***p < 0.001$

Tabelle 12.6: Prädiktoren des linearen Regressionsmodells zur Vorhersage der Einstellung gegenüber einer DTA-Intervention ohne KI-Bezug zum Interventionsziel Job Crafting.

Bei der Vorhersage von ATM im Szenario *Job Crafting ohne KI* sind lediglich zwei Prädiktoren nicht-signifikant. Stärkster signifikanter Prädiktor ist Zufriedenheit (t=6.16, p<0.001), gefolgt von der Einschätzung finanzieller Auswirkungen (t=5.40, p<0.001), der spezifischen Qualität (t=3.64, p<0.001) und der Mitgestaltungsmotivation (t=2.14, p<0.05). Diese Prädiktoren sind positiv, wohingegen Arbeitsqualität der einzige signifikant negative Prädiktor ist (t=-2.10, p<0.05). Die Einstellung gegenüber Job-Crafting-Maßnahmen ohne KI wird also positiv durch Zufriedenheit, Wirtschaftlichkeit, spezifische Qualität der Maßnahme und Mitgestaltungsmotivation beeinflusst. Eine Erleichterung des Arbeitsaufwandes wirkt sich hingegen leicht negativ aus. Regressionsmodells *Job Crafting mit KI* ist in Tabelle 12.7 dargestellt.

	Est.	SE	95%-CI	t	p	std.Est
Intercept	1.12	0.24	[0.64,1.59]	4.65	0.00	
Spezifische Qualität (SPQ_JC)	-0.09	0.09	[-0.27,0.09]	-1.00	0.32	-0.08
Arbeitsqualität (PU)	0.15	0.07	[0.01,0.29]	2.18	*	0.18
Arbeitsaufwand (EE)	0.08	0.06	[-0.04,0.21]	1.32	0.19	0.10
Mitgestaltung (MM)	0.40	0.08	[0.24,0.56]	4.90	***	0.47
Veränderungen (VA)	-0.14	0.07	[-0.28,-0.00]	-1.98	*	-0.16
Zufriedenheit (ZU)	0.14	0.08	[-0.02,0.29]	1.68	0.10	0.16
Wirtschaftlichkeit (FIN)	0.17	0.05	[0.06,0.27]	3.05	**	0.20

$*p < 0.05, **p < 0.01, ***p < 0.001$

Tabelle 12.7: Prädiktoren des linearen Regressionsmodells zur Vorhersage der Einstellung gegenüber einer DTA-Intervention mit KI-Bezug zum Interventionsziel Job Crafting.

Die Vorhersage von ATM im Szenario *Job Crafting mit KI* verläuft über vier signifikant positive Prädiktoren, konkret und in absteigender Stärke: Motivation zur Mitgestaltung (t=4.90, p<0.001), Wirtschaftlichkeit (t=3.05, p<0.01) und Arbeitsqualität (t=2.18, p<0.05) sowie negativer Veränderungsadaption (t=-1.98, p<0.05). Die Einstellung gegenüber Job-Crafting-Maßnahmen mit KI-Bezug wird demnach von hoher

Mitgestaltungsmotivation, hoher Wirtschaftlichkeit, hoher Arbeitsqualität und niedriger Veränderungsadaption beeinflusst.

	Est.	SE	95%-CI	t	p	std.Est
Intercept	1.26	0.16	[0.94,1.58]	7.78	***	
Spezifische Qualität (SPQ_TL)	-0.04	0.06	[-0.15,0.07]	-0.67	0.50	-0.04
Arbeitsqualität (PU)	0.02	0.06	[-0.09,0.14]	0.41	0.68	0.03
Arbeitsaufwand (EE)	0.01	0.05	[-0.08,0.10]	0.17	0.86	0.01
Mitgestaltung (MM)	0.05	0.05	[-0.06,0.16]	0.91	0.36	0.06
Veränderungen (VA)	0.23	0.05	[0.12,0.33]	4.37	***	0.27
Zufriedenheit (ZU)	0.30	0.07	[0.17,0.43]	4.53	***	0.35
Wirtschaftlichkeit (FIN)	0.13	0.04	[0.05,0.21]	3.20	**	0.17

$*p < 0.05, **p < 0.01, ***p < 0.001$

Tabelle 12.8: Prädiktoren des linearen Regressionsmodells zur Vorhersage der Einstellung gegenüber einer DTA-Intervention ohne KI-Bezug zum Interventionsziel *Transformational Leadership.*

Tabelle 12.8 zeigt die Prädiktoren des Regressionsmodells zur Vorhersage der Einstellung gegenüber der Maßnahme zur Förderung transformationaler Führung ohne KI. Das Modell hat drei signifikant positive Prädiktoren. Den größten Einfluss hierunter hat Zufriedenheit (t=4.53, p<0.001), zweitstärksten Einfluss die Veränderungsadaption (t=4.37, p<0.001) und drittstärksten die erwarteten wirtschaftlichen Auswirkungen (t=3.20, p<0.01). Die Einstellung gegenüber Maßnahmen ohne KI, die auf die Förderung von transformationaler Führung abzielen, wird demnach von Zufriedenheit, Anpassung an Veränderungen und finanziellen Auswirkungen beeinflusst. Tabelle 12.9 zeigt die Prädiktoren des Regressionsmodells *Transformational Leadership mit KI.*

	Est.	SE	95%-CI	t	p	std.Est
Intercept	0.96	0.14	[0.67,1.24]	6.65	***	
Spezifische Qualität (SPQ_TL)	-0.07	0.06	[-0.19,0.06]	-1.09	0.28	-0.07
Arbeitsqualität (PU)	0.16	0.06	[0.04,0.28]	2.66	**	0.18
Arbeitsaufwand (EE)	-0.05	0.05	[-0.15,0.05]	-0.97	0.33	-0.06
Mitgestaltung (MM)	0.12	0.05	[0.02,0.23]	2.31	*	0.14
Veränderungen (VA)	0.12	0.05	[0.03,0.22]	2.52	*	0.14
Zufriedenheit (ZU)	0.36	0.06	[0.25,0.48]	6.25	***	0.42
Wirtschaftlichkeit (FIN)	0.10	0.04	[0.02,0.19]	2.38	*	0.12

$*p < 0.05, **p < 0.01, ***p < 0.001$

Tabelle 12.9: Prädiktoren des linearen Regressionsmodells zur Vorhersage der Einstellung gegenüber einer DTA-Intervention mit KI-Bezug zum Interventionsziel *Transformational Leadership.*

Das Regressionsmodell, welches die Einstellung gegenüber der KI-Maßnahme zur Förderung von transformationaler Führung vorhersagt, hat insgesamt 5 signifikante Prädiktoren. Auf einem Signifikanzniveau von p<0.05 wirken sich Mitgestaltungsabsicht (t=2.31, p<0.05), Veränderungsadaption (t=2.52, p<0.05) und Wirtschaftlichkeit (t= 2.38, p<0.05) jeweils positiv und in gerundet gleicher Stärke aus. Stärkere Einflüsse haben jedoch Zufriedenheit (t=6.25, p<0.001) und Arbeitsqualität (t=2.66, p<0.01). Insgesamt lässt sich die Einstellung gegenüber KI-Maßnahmen zur Förderung transformationaler Führung also in absteigender Stärke durch hohe Zufriedenheit, hohe Arbeitsqualität sowie hohe Mitgestaltungsmotivation, Veränderungsadaption und Wirtschaftlichkeit vorhersagen.

	Est.	SE	95%-CI	t	p	std.Est
Intercept	0.88	0.18	[0.53,1.23]	4.97	***	
Spezifische Qualität (SPQ_WLB)	0.11	0.05	[0.01,0.21]	2.18	*	0.11
Arbeitsqualität (PU)	0.11	0.06	[0.01,0.22]	2.06	*	0.12
Arbeitsaufwand (EE)	-0.07	0.04	[-0.16,0.01]	-1.68	0.09	-0.08
Mitgestaltung (MM)	0.08	0.06	[-0.04,0.20]	1.28	0.20	0.08
Veränderungen (VA)	-0.01	0.05	[-0.11,0.09]	-0.15	0.88	-0.01
Zufriedenheit (ZU)	0.38	0.06	[0.25,0.50]	5.94	***	0.41
Wirtschaftlichkeit (FIN)	0.21	0.04	[0.13,0.29]	5.24	***	0.25

$*p < 0.05, **p < 0.01, ***p < 0.001$

Tabelle 12.10: Prädiktoren des linearen Regressionsmodells zur Vorhersage der Einstellung gegenüber einer DTA-Intervention ohne KI-Bezug zum Interventionsziel Work-Life Balance.

Tabelle 12.10 zeigt das Regressionsmodell des Szenarios *Work-Life Balance ohne KI*. Hierbei sind spezifische Qualität (t=2.18, p<0.05) und Arbeitsqualität (t=2.06, p<0.05) die schwächeren signifikanten Prädiktoren, die beiden stärksten Prädiktoren sind Wirtschaftlichkeit (t=5.24, p<0.001) und Zufriedenheit (t=5.94, p<0.001). Alle Prädiktoren sind positiv, sodass die Einstellung gegenüber Work-Life-Balance-Maßnahmen ohne KI durch Zufriedenheit, Wirtschaftlichkeit, Arbeitsqualität und spezifische Qualität vorhergesagt werden kann. Die Vorhersage von Work-Life-Balance-Maßnahmen mit KI ist in Tabelle 12.11 dargestellt.

	Est.	SE	95%-CI	t	p	std.Est
Intercept	1.13	0.13	[0.88,1.38]	8.90	***	
Spezifische Qualität (SPQ_WLB)	0.10	0.06	[-0.02,0.22]	1.65	0.10	0.10
Arbeitsqualität (PU)	-0.06	0.06	[-0.19,0.06]	-0.96	0.34	-0.07
Arbeitsaufwand (EE)	-0.05	0.05	[-0.14,0.04]	-1.03	0.30	-0.05
Mitgestaltung (MM)	0.11	0.06	[0.00,0.22]	2.01	*	0.14
Veränderungen (VA)	0.06	0.05	[-0.05,0.16]	1.07	0.28	0.06
Zufriedenheit (ZU)	0.48	0.07	[0.35,0.61]	7.28	***	0.60
Wirtschaftlichkeit (FIN)	0.08	0.04	[-0.01,0.16]	1.85	0.07	0.09

$*p < 0.05, **p < 0.01, ***p < 0.001$

Tabelle 12.11: Prädiktoren des linearen Regressionsmodells zur Vorhersage der Einstellung gegenüber einer DTA-Intervention mit KI-Bezug zum Interventionsziel Work-Life Balance.

Die Vorhersage der Einstellung gegenüber Work-Life-Balance-Maßnahmen mit KI erfolgt über die positiven Prädiktoren Zufriedenheit (t=7.28, p<0.001) und Mitgestaltungsmotivation (t=2.01, p<0.05), wobei Zufriedenheit den stärkeren Prädiktor darstellt. Die Einstellung gegenüber Work-Life-Balance-Maßnahmen mit KI wird demnach über hohe Zufriedenheit und hohe Mitgestaltungsmotivation beeinflusst. Abbildung 12.8 zeigt die Prädiktoren der sechs vorgestellten Regressionsmodelle als Heatmap gegenübergestellt.

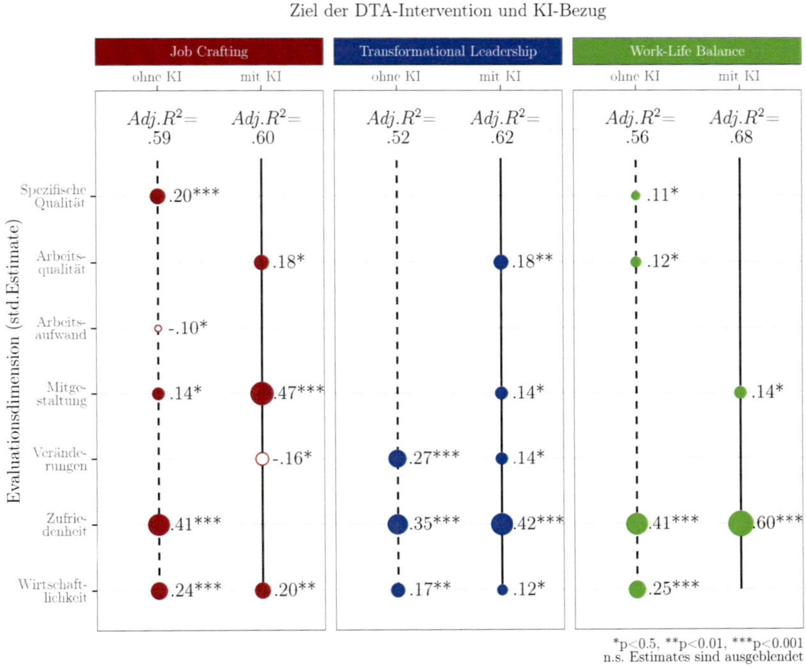

Abbildung 12.8: Signifikante Prädiktoren der Regressionsmodelle zur Vorhersage der Einstellung gegenüber der DTA-Intervention entlang von Interventionsziel und KI-Bezug.

Entlang der Evaluationsdimensionen zeigt sich, dass Zufriedenheit in jedem Modell – abgesehen von *Job Crafting mit KI* – den stärksten Prädiktor darstellt. Analog dazu stellt Wirtschaftlichkeit einzig bei *Work-Life Balance mit KI* keinen signifikanten Prädiktor dar, jedoch in allen anderen Maßnahmen. Die Bereitschaft, sich an Veränderungen anzupassen, hat nur beiden Maßnahmen zur Förderung der transformationalen Führung einen signifikant positiven Einfluss, bei der Maßnahme *Job Crafting mit KI* sogar einen signifikant negativen. Die Motivation zur Mitgestaltung wirkt sich in den Job-Crafting-Maßnahmen und in allen KI-Maßnahmen positiv aus. Die Verbesserung der Arbeitsqualität stellt in den Szenarien *Job Crafting mit KI*, *Transformational Leadership mit KI* und *Work-Life Balance ohne KI* einen signifikanten Prädiktor dar. Die spezifische Qualität, also ob die Maßnahme ihr erklärtes Ziel erreicht, hat lediglich in zwei Maßnahmen einen signifikanten Einfluss: bei *Job Crafting ohne KI* und *Work-Life Balance ohne KI*. Die Reduktion des Arbeitsaufwandes ist über alle Modelle hinweg nur bei *Job Crafting ohne KI* ein signifikanter Prädiktor sowie zusätzlich negativ und hinsichtlich der Effektstärke schwach.

12.7 Zusammenfassung der zentralen Erkenntnisse

In dieser Studie hat sich zusammengefasst gezeigt, dass sich die Evaluation von Interventionen im Rahmen der digitalen Transformation der Arbeit, die auf die Verbesserung von Job Crafting, transformationaler Führung oder Work-Life-Balance abzielen, in Relation zueinander (H1) und in ihrer inneren Struktur (H2) unterscheidet.

Hypothese 1 kann dahin gehend angenommen werden, dass das Interventionsziel einen entscheidenden Einfluss auf die Gesamtbewertung ebendieser hat, sofern man berücksichtigt, ob es sich um eine Maßnahme mit KI-Unterstützung handelt oder nicht. Dies wird insbesondere an Work-Life-Balance-Maßnahmen deutlich, da sich hier ein KI-Bezug besonders negativ auf die Bewertung auswirkt und dieser Effekt die grundsätzliche Unbeliebtheit von KI-Maßnahmen gegenüber Maßnahmen ohne KI übersteigt. Ebenso deutet sich eine höhere Beliebtheit von Work-Life-Balance-Maßnahmen ohne KI an, welche aufgrund des Untersuchungsdesigns nicht auf einen Positionseffekt durch die KI-Maßnahme zurückgeführt werden kann.

Hypothese 2 kann teilweise angenommen werden, da jedes einzelne Regressionsmodell mit guter Vorhersagequalität funktioniert, sich jedoch nicht jeder Prädiktor in jedem Modell hypothesenkonform positiv auswirkt. Hierbei ist am bemerkenswertesten, dass eine Reduktion des Arbeitsaufwandes in keinem Modell einen signifikant positiven Einfluss hat und sich lediglich im Modell *Job Crafting ohne KI* überhaupt signifikant auswirkt, allerdings negativ. Über die Modelle hinweg zeigte sich, dass Zufriedenheit und Wirtschaftlichkeit die häufigsten Prädiktoren sind.

Teil V

Digitale Transformation der Arbeit: Implikationen und Ausblick

13 Diskussion und Interpretation

In diesem Kapitel werden die Ergebnisse der empirischen Studien diskutiert und interpretiert. Hierzu wird in Kapitel 13.1 eine Einordnung in den Forschungsstand vorgenommen. Im anschließenden Kapitel 13.2 werden gesellschaftliche Implikationen aufgezeigt und Handlungsempfehlungen für Arbeitspersonen und Organisationen formuliert. Anschließend werden in Kapitel 13.3 methodische und inhaltliche Limitationen aufgezeigt. In diesen Kapiteln werden zusätzlich Bedarfe für Folgeforschung abgeleitet, welche in Kapitel 13.3.3 zusammengefasst und ergänzt werden.

13.1 Einordnung in den Forschungsstand

In Kapitel 2 wurden drei Forschungsziele formuliert, welche in diesem Kapitel adressiert werden. Kapitel 13.1.1 widmet sich dabei Forschungsziel 1, dem Verständnis von Job Crafting, transformationaler Führung und Work-Life-Balance im Kontext der digitalen Transformation. Kapitel 13.1.2 adressiert Forschungsziel 2, die Identifikation von Evaluationskriterien sowie Forschungsziel 3, die Evaluation von Interventionen zur Förderung der digitalen Transformation anhand von Interventionsziel und KI-Bezug.

13.1.1 Job Crafting, Transformational Leadership und Work-Life Balance

Job Crafting

Job Crafting beschreibt die proaktive Umgestaltung gewisser Aspekte des Jobs durch die Arbeitsperson, um diesen besser mit ihren Fähigkeiten, Präferenzen und Werten in Einklang zu bringen. Studie S1 fokussierte hierbei die Rolle der Qualität der Veränderungskommunikation auf unterschiedliche Aktivitäten des Job Craftings. Im Unterschied zu Petrou et al. (2018) zeigte sich überraschenderweise, dass eine über ein Szenario als „schlecht“ konzipierte Veränderungskommunikation zu mehr Job Crafting führt als eine „gute“ Veränderungskommunikation, bei der klare Zuständigkeiten benannt waren und insgesamt auch Kriterien erfüllt waren, die in der qualitativen Studie als Voraussetzungen für erfolgreiche digitale Transformation identifiziert wurden. Das Ergebnis stellt eine Abweichung zum Forschungsstand dar, da schlechte Veränderungskommunikation eigentlich keine grundsätzlichen Vorteile hat (van Zoonen et al., 2022) bzw. nur bei Prevention Fokus zu mehr Job Crafting führt (Petrou et al., 2018). Der

Effekt der Qualität der Veränderungskommunikation besteht nur hinsichtlich der Suche nach Herausforderungen, nicht aber hinsichtlich der Suche nach Ressourcen oder der Suche nach Aufwandsverringerung. Dies stellt ebenfalls eine Auffälligkeit im Vergleich zum Forschungsstand dar, da Aufwandsverringerung (entspricht *avoidance crafting*) und Suche nach Ressourcen (entspricht *approach crafting*) unterschiedliche Orientierungen haben (Zhang & Parker, 2019). Das Ergebnis lässt sich dahingehend interpretieren, dass schlechte Veränderungskommunikation Freiräume schafft, die von Arbeitspersonen ausgefüllt werden. Eine weitere Erklärung könnte aber auch darin liegen, dass schlechte Veränderungskommunikation für Arbeitspersonen einen gewohnten Modus darstellt oder dass gute Veränderungskommunikation als erdrückend empfunden wird. Beides wären für zukünftige Forschung relevante Kontrollvariablen. Der Befund reiht sich zudem in die kritische Auseinandersetzung der kommunikationswissenschaftlichen Forschung mit der Media-Richness-Theory ein (Ishii et al., 2019), sodass anhand dieser Forschungslinie weiterhin untersucht werden sollte, bei welchen Rahmenbedingungen und Eigenschaften weniger Kommunikation in digitalen Kontexten als besser empfunden wird. Eine solche Studie könnte als Conjoint-Studie konzipiert werden, bei der unterschiedliche Abstufungen von Veränderungskommunikation miteinander verglichen werden können. Das Ergebnis lässt sich in Handlungsempfehlungen für die Gestaltung von adressatengerechter Veränderungskommunikation überführen, aber auch in Empfehlungen für Arbeitspersonen im Hinblick auf die Partizipation in Veränderungsprozessen. Diese werden in Kapitel 13.2.2 detailliert beschrieben.

Am positiven Zusammenhang zwischen Technikaffinität und allen Unterdimensionen des Job Craftings zeigt sich außerdem die Digitalität der bestehenden Arbeitswelt: Job Crafter sind technikaffin. Im Gesamtzusammenhang der digitalen Transformation der Arbeitswelt legen die Ergebnisse von Studie S1 zusätzlich nahe, dass es sich bei Job Crafting nicht nur um ein erwünschtes, sondern auch um ein von den Arbeitspersonen gewünschtes Verhalten handelt. Hier ist in zukünftigen Studien ebenfalls zu untersuchen, inwiefern Arbeitspersonen sich durch gute Veränderungskommunikation eventuell bevormundet fühlen, da sie sich den Umgang mit Technologie selbst aneignen wollen. Diese Hypothese lässt sich auch durch die qualitativen Ergebnisse stützen, da insbesondere die Teilnahme an Schulungen kritisch diskutiert wurde. In Studie S2 hat sich gezeigt, dass Job Crafting in starker Beziehung zu transformationalem Führungsverhalten (durch Vorgesetzte) steht, aber zusätzlich durch Alter, Technikaffinität, Promotion Fokus und intrinsische Motivation positiv beeinflusst wird. Dies bestätigt zahlreiche Vorarbeiten (Afiouni & Pinsonneault, 2022; Berdicchia et al., 2022; De Vos et al., 2019; J. W. Lee & Song, 2020) und verhält sich in Richtung des Effektes auch jeweils erwartungskonform. In Erweiterung zu diesen Vorarbeiten konnte gezeigt werden, dass Job Crafter zu ungefähr gleichen Anteilen intrinsisch motiviert, technikaffin und promotion-fokussiert sind. Interessant ist hierbei, dass auch Alter einen positiven

Einfluss auf Job Crafting hat, was die Hypothese unterstützt, dass es sich bei Alter um eine Universalressource handelt: Ältere Arbeitspersonen haben mehr Erfahrung in der Entwicklung von Coping-Strategien (Spieler et al., 2018) und haben im Arbeitskontext aufgrund von höherem Dienstalter mehr Mitgestaltungsspielraum. Das Ergebnis unterstreicht die Notwendigkeit, die Rolle des Alters in der digitalen Transformation zu berücksichtigen und verhält sich eigentlich entgegengesetzt zum Klischee des blockierenden älteren Arbeitnehmers, welches sich auch in den qualitativen Ergebnissen zeigte. Hier besteht weiterer Forschungsbedarf, da Job Crafting definitionsgemäß auf die Ziele der Arbeitsperson ausgerichtet ist und Arbeitspersonen ihr Job Crafting auch entgegengesetzt des Interesses der Organisation einsetzen können (Wrzesniewski & Dutton, 2001), um z. B. den Status quo zu erhalten. Aus diesem Befund resultieren Implikationen für die grundsätzliche Frage, ob Arbeitspersonen Job Crafting betreiben sollten und inwiefern sie von Organisationen darin unterstützt werden sollten (s. Kap. 13.2.2).

Transformational Leadership

Transformationale Führung bezeichnet einen Führungsstil, welcher ursprünglich dahingehend charakterisiert wurde, dass Mitarbeiter dazu motiviert werden, über sich hinauszuwachsen (Bass, 1987). Das Forschungsinteresse bezog sich ursprünglich auf die charismatische Persönlichkeit des Vorgesetzten (Felfe, 2006) und geschah ausschließlich in strikter Rollenzuweisung von Mitarbeiter und formaler Führungsperson. Das aus dieser theoretischen Basis abgeleitete Konzept der digitalen Führung (Eberl & Drews, 2021; Saugbacs & Erdougan, 2022) bzw. digital transformativen Führung (Schiuma et al., 2022) umfasst eine Führung von jeder Hierarchieebene aus, wurde jedoch in sich und in Bezug zu transformationaler Führung bislang nicht ausreichend untersucht.

Im Forschungsstand stellt sich die direkte Beziehung zwischen transformationaler Führung (durch Vorgesetzte) und Job Crafting allerdings als nicht eindeutig positiv heraus (Zhang & Parker, 2019), was auf Moderatoreffekte schließen lässt. In Studie S2 zeigen sich drei Moderatoreffekte: Transformationale Führung beeinflusst den Effekt von Alter, Work-Life-Balance und Veränderungsbereitschaft auf Job Crafting. Im Forschungsstand stellten sich Moderatoreffekte durch transformationale Führung bislang als ordinal dahingehend heraus, dass bei niedriger Ressource eine Kompensation entsteht (Eisenbeiss et al., 2008; Zhang & Parker, 2019). Im Hinblick auf den Effekt des Alters lässt sich dies nicht bestätigen, da die Moderation dahingehend wirkt, dass Alter nur bei hoher transformationaler Führung positiv mit Job Crafting zusammenhängt. Dies spezifiziert den Haupteffekt des Alters und könnte darin begründet sein, dass transformationale Führungspersonen geeignete Rahmenbedingungen schaffen, in denen sich ältere Arbeitspersonen gut einbringen können. Bei der Interpretation ist zu berücksichtigen, dass in statistischen Modellen unabhängige Variable und Moderatorvariable grundsätzlich austauschbar sind (Hayes, 2017; McClelland & Judd, 1993).

Es handelt sich im statistischen Modell um Interaktionseffekte, wohingegen die Moderation immer erst in der inhaltlichen Konzeption des Modells entsteht. Im Hinblick auf diesen Effekt bedeutet das, dass es auch der Einfluss von transformationaler Führung sein kann, der durch Alter verstärkt wird, weil z. B. ältere Arbeitspersonen die durch transformationale Führungspersonen geschaffenen Rahmenbedingungen besser in Anspruch nehmen können. Hieraus entstehen Implikationen für die Bedeutung des Verhältnisses von älteren Arbeitnehmern und Vorgesetzten (s. Kap. 13.2.2) sowie für die digitale Transformation im Kontext des demografischen Wandels (s. Kap. 13.2.1).

In Interaktion mit hoher (d. h. guter) Work-Life-Balance zeigt sich, dass hohe transformationale Führung in negativem Zusammenhang zu Job Crafting steht. Dieser Befund ist nicht erwartungskonform und spricht gegen die im Forschungsstand formulierte „Schutzfunktion“ von Job Crafting (Ingusci, 2018; Mondo et al., 2023) und transformationaler Führung (Munir et al., 2012). Der hier vorliegende Befund legt nahe, dass nur bei hoher transformationaler Führung eine schlechte Work-Life-Balance zu proaktivem Verhalten führt. Dies kann darauf zurückgeführt werden, dass gute und unterstützende Rahmenbedingungen geschaffen werden, den Loss-Cycle zu verlassen (bei transformationaler Führung führt Work-Life-Imbalance zu Job Crafting), lässt sich aber auch dahingehend interpretieren, dass Job Crafting bei transformationaler Führung die Work-Life-Balance verschlechtert. In Perspektive der COR-Theorie (Hobfoll, 1989) wäre transformationale Führung demnach ein Stressor. Hier ist weitere Forschung notwendig, um das Zusammenspiel zwischen Job Crafting, transformationaler Führung und Work-Life-Balance genauer zu entschlüsseln, wofür aufgrund der Dynamik und Wechselseitigkeit zunächst ein qualitativer Ansatz gewählt werden sollte. Der Befund macht ebenfalls deutlich, dass negative Auswirkungen transformationaler Führung weiter erforscht werden müssen. Ein weiterer Interaktionseffekt zwischen transformationaler Führung und Veränderungsbereitschaft stellte sich post-hoc als nicht signifikant heraus, was auf Interaktionen höherer Ordnung schließen lässt, sodass in zukünftigen Studien zu untersuchen ist, ob der verstärkende Einfluss von transformationale Führung auf die Beziehung zwischen Veränderungsbereitschaft und Job Crafting nur bei bestimmtem regulatorischem Fokus auftritt. Für speziell solche Untersuchungen könnte die Unterteilung von Job Crafting in *promotion* und *prevention crafting* von Lichtenthaler und Fischbach (2019) geeignet sein. Hieraus lassen sich zahlreiche Handlungsempfehlungen sowohl für Arbeitspersonen als auch für Organisationen im Hinblick auf Berufswahl, Vereinbarkeit von Arbeit und Nicht-Arbeit, proaktiver Beteiligung und Führungsstil ableiten (s. Kap. 13.2.2).

In Studie S3 wurde transformationale Führung als Selbsteinschätzung untersucht und hierbei eine Forschungslücke adressiert, die sich aus flacheren Hierarchien am Arbeitsplatz ergibt, da transformationale Führung bislang nicht als Selbsteinschätzung untersucht wurde. Bei Untersuchung der „hellen“ Big-5-Persönlichkeitsfaktoren und den Faktoren der dunklen Tetrade zeigte sich, dass sie Selbsteinschätzung als transformationale Führungsperson über Narzissmus, Gewissenhaftigkeit und Offenheit sowie über niedrigen Neurotizismus und niedrigen Sadismus vorhergesagt werden kann. Dies entspricht den Eigenschaften, die im Forschungsstand für Führungspersonen in formalisierter Position angenommen werden (De Hoogh et al., 2005) sowie aufgrund des niedrigen Neurotizismus dem Profil von *approach crafting* (Zhang & Parker, 2019). Bei der Interpretation ist wichtig zu berücksichtigen, dass es sich um subklinische Messungen dieser Merkmale handelt (Paulhus & Williams, 2002) und nicht um diagnostizierte Persönlichkeitsstörungen. Das Ergebnis bestätigt zunächst, dass eine Adaption von MLQ5 für die Selbsteinschätzung als konstruktvalide angenommen werden kann, über die Weiterentwicklung dieses Messinstrumentes besteht allerdings weiterer Forschungsbedarf. Der positive Einfluss von Narzissmus deutet darauf hin, dass sich Personen mit hoher Selbstüberzeugung für charismatisch halten, kann aber auch dadurch erklärt werden, dass sich transformational agierende Personen ihrem Einfluss auf andere bewusst sind oder ihnen viel Respekt entgegengebracht wird. Auch die übrigen Persönlichkeitseigenschaften deuten nicht auf ein problematisches Persönlichkeitsprofil hin: Wer sich für transformational hält, agiert gewissenhaft, was eine Eigenschaft von *digital transformative leaders* darstellt, da diese rechtschaffen handeln und über einen starken Sinn für Ethik verfügen (Schiuma et al., 2022). Auch Offenheit kann als Indikator dafür angesehen werden, dass transformationale Führungspersonen auch digital transformativ agieren und nicht zu Überforderung neigen (niedriger Neurotizismus). Der schwach negative Einfluss von Sadismus bestätigt ebenfalls, dass transformationale Führungspersonen sozialverträglich agieren. Insgesamt ist trotz dieser Ähnlichkeiten zu den Profilen von Personen in formalisierter Führungsposition weitere Forschung notwendig, um den Zusammenhang zwischen Persönlichkeit und transformationaler Führung weiter zu untersuchen. Dies schließt die psychologische Abgrenzung und eventuelle Zusammenführung einzelner Persönlichkeitsmerkmale mit ein, welche als „Generalfaktor der Persönlichkeit“ bereits diskutiert wird (Höflinger et al., 2020). Die Ergebnisse sind insbesondere nicht dazu geeignet, im Hinblick auf die Risiken dunkler Persönlichkeitsmerkmale bei Führungspersonen (Sure, 2023) „Entwarnung“ zu geben. Hier wäre eine Verortung innerhalb der COR-Theorie ein interessanter Anknüpfungspunkt, bei dem untersucht werden kann, ob ein dunkles Persönlichkeitsmerkmal als Stressor von einer Ressource kompensiert werden kann.

Die Annahme einer digitalen Vorbildfunktion steht in keinem Zusammenhang zur transformationalen Führung durch Vorgesetzte, wohl aber in positiver Beziehung zu Technikaffinität, der Selbsteinschätzung als transformationale Führungsperson, Promotion Fokus, Veränderungsbereitschaft und jungem Alter. Überraschend ist hieran, dass Job Crafting im Kontext der anderen Faktoren ebenfalls keinen Einfluss auf die Annahme einer digitalen Vorbildfunktion hat. Der Befund bestätigt die Annahme, dass digitale Vorbilder technikaffine transformationale Führungspersonen sind, welche zusätzlich nach Wachstum streben und veränderungsbereit sind. Dies entspricht zunächst dem Profil von digitaler Führung (Schiuma et al., 2022), aber auch der in S1 und S2 identifizierten Charakterisierung von Job Craftern, weicht jedoch von den Ergebnissen der vorherigen Studien auch dahingehend ab, dass Job Crafting und transformationale Führung durch Vorgesetzte eben keinen Einfluss auf die Annahme einer digitalen Vorbildfunktion haben. Mögliche Gründe könnten darin bestehen, dass die inneren Strukturen von Job Crafting im Kontext von anderen Eigenschaften im Arbeitskontext bislang nicht ausreichend erforscht sind (Tims et al., 2022), es wäre aber auch denkbar, dass digitale Vorbilder unzureichend von ihren Vorgesetzten beachtet werden. Hierüber besteht weiterer Forschungsbedarf.

Bei isolierter Betrachtung von Job Crafting, transformationaler Führung und digitaler Vorbildfunktion anhand der Mediatoranalyse zeigte sich, dass der Einfluss von Job Crafting auf die Annahme einer digitalen Vorbildfunktion partiell über die Selbsteinschätzung als transformationale Führungsperson erfolgt. Das Ergebnis unterstreicht die den in der Forschungsliteratur bislang nur theoretisch begründete Nähe der drei Konzepte (Avolio et al., 2000; Kahai, 2012; Saugbacs & Erdougan, 2022). In Folgestudien wäre genauer zu untersuchen, inwiefern auch hier eine Art Generalfaktor existiert oder ob es sich bei individueller Proaktivität, organisationaler Einbindung und digitalen Faktoren um isolierte Größen handelt. Insgesamt lassen sich aus diesen Ergebnissen Handlungsempfehlungen für die Gestaltung organisationaler Rahmenbedingungen und Hierarchiekonzepte für die digitale Transformation ableiten (s. Kap. 13.2.2).

Work-Life Balance

Work-Life-Balance ist als Konstrukt schwer zu definieren, da sich beide Entitäten *work* und *life* im ständigen Wandel befinden. Die meisten Definitionen fassen Work-Life-Balance als Work-Nonwork-Balance auf und beziehen diese auf einen möglichst kleinen Rollenkonflikt zwischen einer Arbeitsrolle und einer Nicht-Arbeitsrolle. Bisherige Forschung fokussierte die Identifikation von Einflussfaktoren und Konsequenzen von Work-Life-Balance, digitale Einflüsse auf das Konstrukt stellen aber eine Forschungslücke dar. Auch wenn schädliche Einflüsse von Technostress (Schwierigkeiten mit technikbezogenen Anforderungen) und Telepressure (dem Gefühl, ständig erreichbar sein zu müssen) bereits identifiziert wurden, wurden diese noch nicht anhand der COR-Theorie als Stressoren aufgefasst und zu ausgleichenden Ressourcen in Bezug gesetzt. Zusätzlich stellt sich der Einfluss von Telework (im Deutschen oft als *Homeoffice* bezeichnet) auf Work-Life-Balance im Forschungsstand sehr uneinheitlich dar, was als Telework-Paradox bezeichnet wird.

In Studie S4 bestätigte sich, dass sich verschiedene Modalitäten des Teleworks unterschiedlich auf die Work-Life-Balance auswirken. Hierbei wurde der Befund von

Neirotti et al. (2019) bestätigt, dass sich eine *work practice*, die der Strukturierung von Arbeitsaufgaben dient, im Nachteil gegenüber einer *employment practice* befindet, welche auf die Loyalität und Bindung der Mitarbeiter abzielt. Es zeigte sich aber auch, dass diese Unterscheidung über die Entscheidungsbefugnis der Arbeitsperson operationalisiert werden kann, anstatt als Abfrage über organisationale Regelungen. Dies stellt für zukünftige Forschung ein einfaches und effektives Mittel dar, das Telework-Paradox weiter zu erforschen und einzuordnen, insbesondere im Zusammenspiel mit anderen Faktoren. Zusätzlich zeigte sich, dass selbstgewählte Teleworker keine bessere Work-Life-Balance haben als Personen, die über keine Möglichkeit des Teleworks verfügen. Dies stellt eine Ergänzung zu den Ergebnissen von Bal und De Lange (2015) dar, nach denen das Angebot eines Telework-Tages unabhängig von der Inanspruchnahme einen positiven Effekt auf das Engagement hat sowie den Ergebnissen von Angelici und Profeta (2023), wonach die Option eines Telework-Tages die Work-Life-Balance positiv beeinflusst. Gründe für diese Differenzen könnten darin liegen, dass selbstbestimmtes Telework seit der COVID-19-Pandemie an Vorteilhaftigkeit eingebüßt hat und eine hieraus resultierende Verbesserung der Vereinbarkeit von Arbeit und Nicht-Arbeit nun als normal empfunden wird oder weitere Anforderungen evoziert. Hier besteht weiterer Forschungsbedarf, da der Einfluss der Pandemie auf die Bewertung der Work-Life-Balance bei Telework eine eventuell grundsätzlich andere Theoriebildung erfordert. Zukünftige Forschung könnte am Konzept des *time-spatial job crafting* (Wessels et al., 2019) anknüpfen, um selbstbestimmtes Telework im Zusammenhang zu proaktiver Ausgestaltung dessen zu verknüpfen. Deskriptiv ist zudem interessant, dass annähernd die Hälfte der Stichprobe (49.4%) selbstbestimmt Telework durchführen kann, was unterstreicht, dass es sich hierbei um einen geläufigen Arbeitsmodus handelt. Aus dem Ergebnis lassen sich Handlungsempfehlungen für die organisationale Gestaltung und individuelle Annahme von Telework-Regelungen formulieren (s. Kap. 13.2.2).

Bei der Untersuchung von Stressoren und Ressourcen zeigte sich, dass die Work-Life-Balance in erwartungsgemäß negativem Zusammenhang zu Techno-Invasion, Techno-Overload und den realen Arbeitsstunden steht. Das Ergebnis bestätigt vorherige Forschung (Bencsik & Juhasz, 2023; Pawlicka et al., 2020) teilweise, da sich Techno-Uncertainty nicht negativ auswirkt. Insbesondere die reale Arbeitszeit ist hierbei ein interessanter Faktor, da dieser in bisheriger Forschung zu Work-Life-Balance nur indirekt über Zeitdruck oder die Möglichkeit auf Teilzeit-Arbeit identifiziert wurde (Sirgy & Lee, 2018). Das Ergebnis steht in Zusammenhang zu den zunächst nicht empirischen Vorarbeiten zur Kritik an der 40-Stunden-Woche (Bergmann, 1990; Graeber, 2018), deren gesellschaftliche Implikationen in Kapitel 13.2.1 diskutiert werden.

An dem Befund zeigt sich das allgemein große Potenzial von KI im Bereich der Datenauswertung, über deren Anwendbarkeit außerhalb der Informatik weiterer Forschungsbedarf besteht. Das zeitliche Ausmaß der Arbeit wirkt sich hinsichtlich der

Effektstärke genau so negativ auf die Work-Life-Balance aus wie Techno-Invasion, Techno-Overload hingegen hatte einen leicht schwächeren Einfluss. Dies deutet allgemein auf eine Forschungslücke im Bereich der Job-Crafting-Theorie hin, da Ressourcen stets positiv konnotiert sind und ein Ressourcenüberfluss, bzw. der proaktive Verzicht auf Ressourcen in bisher keiner Theorie verankert ist. Zhang und Parker (2019) identifizieren zwar *behavioral avoidance resources crafting*, definieren dieses aber als Handlung, um negative Ressourcen zu vermeiden und nicht als Verhalten, um zu viele positive Ressourcen einzugrenzen. Die bereits von Nelson im Jahre 1994 formulierte Idee, KI als Mittel gegen Informationsüberflutung einzusetzen, ist inzwischen wissenschaftlich untersuchbar und adressiert die von Afiouni und Pinsonneault (2022) formulierte Idee des *hybrid task crafting*, hat jedoch immense Implikationen für Arbeitspersonen und Organisationen im Hinblick auf die Arbeitsgestaltung (s. Kap. 13.2.2).

Das Ergebnis spricht zudem für die Konstruktvalidität der Operationalisierung von Work-Life-Balance, welche in zukünftiger Forschung weiter validiert werden sollte. Hier besteht grundsätzlicher Forschungsbedarf an validierten Messinstrumenten von Work-Life-Balance sowie in ihrer Verortung in Abhängigkeit von Forschungsziel und -fokus. Untersuchungen im Hinblick auf Vereinbarkeit von Familie und Beruf erfordern bidirektionale und eventuell feingranularere Messinstrumente als Studien zur Erforschung von Work-Life-Balance als Resultat von Informationsüberforderung oder Risikoabschätzung im Hinblick auf Burn-Out. Dass Techno-Uncertainty keinen Einfluss auf Work-Life-Balance hat, könnte darin begründet liegen, dass die eher junge Stichprobe die Sorge um ihre *employability* nicht technologisch verortet, sondern gesellschaftlich. Dies stellt einen relevanten Anknüpfungspunkt für soziologische Forschung dar und könnte den Fokus der Angst um den Verlust des Arbeitsplatzes durch technologischen Fortschritt richtungsweisend beeinflussen. Techno-Uncertainty steht zudem mit Alter dahingehend in Interaktion, dass ein negativer Zusammenhang zwischen Techno-Uncertainty und Work-Life-Balance nur mit steigendem Alter auftritt. Der Befund unterstreicht den letztgenannten Forschungsbedarf an der folgenden Hypothese: Jüngere Arbeitspersonen sorgen sich um ihre Anstellungsfähigkeit aus gesellschaftlichen Gründen, ältere Arbeitspersonen aus technologischen.

Zusätzlich zeigte sich eine signifikante Moderation von Prevention Fokus auf den Einfluss von realen Arbeitsstunden auf die Work-Life-Balance, welche sich jedoch posthoc nicht bestätigen ließ. Gründe hierfür könnten in der nicht skalierten Verteilung von Prevention Fokus in der Stichprobe liegen, aber auch in Interaktionen höherer Ordnung. Hierüber besteht ebenfalls weiterer Forschungsbedarf, der den bereits formulierten Forschungsbedarf an regulatorischem Fokus unterstreicht.

Letztlich konnte eine disordinale Interaktion festgestellt werden, wonach sich die Work-Life-Balance bei hoher Technikaffinität in einem digitalen Arbeitsumfeld verbessert und in einem analogen Arbeitsumfeld verschlechtert, wohingegen es bei niedriger

Technikaffinität einen nicht-signifikanten, schwach entgegengesetzten Effekt gibt. Der Befund zeigt, dass es sich bei Digitalität per se nicht um einen Stressor handelt, sondern dieser erst im Zusammenspielt mit Charakteristika der Arbeitsperson entsteht sowie dass umgekehrt niedrige Technikaffinität im Hinblick auf Work-Life-Balance auch in einer digitalen Arbeitswelt kein Problem darstellt. Das Ergebnis lässt sich in Handlungsempfehlungen für Arbeitspersonen und Organisationen im Hinblick auf Berufswahl und Passung überführen (s. Kap. 13.2.2).

Zusammengefasst zeigt sich, dass Work-Life-Balance-Studien gemäß der Empfehlung von Shirmohammadi et al. (2022) in der COR-Theorie gut konzeptionell verortbar sind und anhand der Leitfrage, ob der Einfluss eines Stressors durch eine Ressource in Form eines Moderatoreffektes abgefangen wird, gut modelliert werden können. Dies stellt einen praktikablen Ansatz für zukünftige Hypothesen dar, auch wenn die Austauschbarkeit von unabhängiger Variable und Moderatorvariable (Hayes, 2017; McClelland & Judd, 1993) in der Modellkonzeption und Interpretation immer zu berücksichtigen ist. Die Kritik von (Shirmohammadi et al., 2022) an der gängigen Forschungspraxis der Identifikation von Einflussfaktoren und Auswirkungen lässt sich außerdem dahingehend ergänzen, dass die COR-Theorie zwar zirkuläre Wirkbeziehungen annimmt, hierfür aber keine Pfeilrichtung formuliert. Dass in Abbildung 5.2 die Wirkrichtung im Loss-Cycle von Ressourcenverlust auf Work-Life-Balance zeigt und im Gain-Cycle umgekehrt, stellt somit ein Designelement dar. Dies ist bei der Anwendung von statistischen Methoden wie der Strukturgleichungsmodellierung zu berücksichtigen, da diese eine theoretische Basis der Wirkrichtung im Sinne einer Kausalhypothese erfordert (Backhaus et al., 2015), in der COR-Theorie eine Wirkrichtung aufgrund der zyklischen Beziehungen aber nicht sinnvoll formuliert werden kann. Insgesamt lässt sich für zukünftige Forschung der Appell formulieren, im Themenfeld der Work-Life-Balance das konzeptionelle „Denken in Pfeilen“ hinsichtlich der Pfeilrichtungen und der Platzierung der Faktoren in Moderatorbeziehungen kritisch zu reflektieren.

13.1.2 Digitale Transformation, Evaluationskriterien und Technikakzeptanz

Um Forschungsziel 2 zu adressieren und Evaluationskriterien für digitale Transformation aus Arbeitspersonensicht zu identifizieren, wurden zwei qualitative Erhebungen zusammengeführt und inhaltsanalytisch ausgewertet. An den Ergebnissen zeigt sich das insgesamt große Potenzial, welches mit der digitalen Transformation der Arbeit verbunden wird, aber auch die gesellschaftlichen Implikationen und Risiken. Zunächst hat sich der Forschungsstand dahingehend bestätigt, dass nicht nur technikbezogene Kriterien angesetzt werden. Wie sich im Forschungsstand mehrfach gezeigt hat, stellt digitale Transformation auch in Wahrnehmung der Arbeitspersonen keinen rein technischen

Prozess dar. Erfolgreiche digitale Transformation ist demnach auch mit einer transparenten Kommunikation über die Ziele, der Veränderungsoffenheit der Organisation sowie der Mitgestaltung aller beteiligten Arbeitspersonen verbunden. Wie in Kapitel 12.2.5 bereits beschrieben, ähneln die identifizierten Evaluationskriterien klassischen Technikakzeptanzmodellen wie TAM (Davis, 1985) oder UTAUT (Venkatesh et al., 2003), am ehesten jedoch dem auf Konsumkontexte ausgelegten UTAUT2 (Venkatesh et al., 2012). Dies ist insofern nicht verwunderlich, als Alltagstechnik und Arbeitstechnik (Renn & Zwick, 1997) im Rahmen der digitalen Transformation verschwimmen, diese Technikakzeptanzmodelle ursprünglich aus dem Arbeitskontext stammen und digitale Transformation der Arbeit einen technischen Bezug hat. Es spricht aber auch für die Allgemeingültigkeit dieser Modelle auf Ebene der Prädiktoren, konkret Leistungsbewertung, Aufwandsbewertung und Wirtschaftlichkeit. Faktoren, die die Einstellung und Nutzung von Technik beeinflussen, haben demnach eine Schnittmenge zu Faktoren, die aus Sicht der Arbeitsperson den Erfolg von digitalen Transformationsprozessen auszeichnen.

In Abgrenzung zu UTAUT2 konnte das Leistungskriterium in zwei unterschiedliche Facetten unterteilt werden: die Auswirkung auf die Arbeitsqualität als z. B. Produktivitätssteigerung und die spezifische Qualität dahingehend, dass eine Maßnahme im Kontext der digitalen Transformation ihr Ziel erreicht. Ein ähnliches Evaluationskriterium wird bei Edwards und Ramirez (2016) als „Grad des Erfolgs" bezeichnet. Auch in den bisherigen Modelliterationen wurde das Leistungskriterium *Performance Expectancy* angepasst und definiert als die erwarteten Auswirkungen auf die Arbeitsleistung (Davis et al., 1989; Venkatesh et al., 2003) sowie im auf Konsumkontexte ausgelegten UTAUT2 als erwarteter Nutzungsvorteil. Die empirischen Ergebnisse der qualitativen Studie legen eine Unterscheidung anhand der Arbeitsleistung in Abgrenzung zum Erreichen der spezifischen Zielkriterien nahe. Diese Unterscheidung ist wesentlich, jedoch im Fall von KI-Werkzeugen, die in konkret einer Aufgabe unterstützen sollen, nicht überschneidungsfrei. Dass digitale Transformation nicht nur aus einfach zu bedienender Technik, sondern darüber hinaus zu einer allgemeinen Arbeits- bis hin zur Alltagserleichterung führen soll, spricht für den starken Vernetzungscharakter, unterstreicht aber auch die Abkehr von Technologie als Werkzeug (Schuetz & Venkatesh, 2020). Hier wäre für Folgeforschung relevant, unterschiedliche Formen künstlicher Intelligenz anhand ihres Bezugs zur Arbeitsaufgabe in einer Taxonomie zu verorten, für die die vorgeschlagenen Arbeitsdefinitionen von KI-Komponente, KI-Werkzeug, KI-Coach, KI-Assistent und KI-Gesamtsystem (s. Kap. 3.2.3) einen ersten Ansatz darstellen.

Dass Zufriedenheit und Work-Life-Balance als Evaluationskriterien identifiziert werden konnten, unterstreicht die Relevanz von Technostress als Einflussfaktor und zeigt außerdem auf, dass digitale Transformation als potenzielle Bedrohung wahrgenommen wird. Dieser Aspekt findet sich auch in den identifizierten Konflikten und

KI-bezogenen Herausforderungen, darunter der Verlust von Arbeitsplätzen sowie dem Entfallen von einfachen Aufgaben, was sich in dem von Craig et al. (2019) formulierten Aspekts der Berufsidentität wiederfindet. Es zeigen sich aber auch Konfliktpotenziale hinsichtlich der Frage, wer von dem durch digitale Transformation erreichten Produktivitätsgewinn finanziell profitiert.

Im Hinblick auf Akzeptanz bestätigte sich, dass diese als zentrale Größe angesehen wird, jedoch bislang nicht spezifischer definiert ist als ein ausbleibender Protest der Arbeitsperson. Großer Forschungsbedarf besteht darin, eine geeignete Form der Handlungsakzeptanz zu identifizieren, da Nutzung von Technologie aus den in Kapitel 4.1 beschriebenen Gründen keine alleinige Zielgröße sein kann. Hierbei ist insbesondere zu berücksichtigen, dass proaktive Handlungen wie Job Crafting per Definition extraproduktiv sind, sodass durch eine Verwendung von Job Crafting oder verwandten Konzepten wie OCB als Zielgröße in Akzeptanzmodellen impliziert werden würde, die Arbeitsperson habe sich über ihre vertraglich formalisierten Aufgaben hinaus zu engagieren, was immense gesellschaftliche Implikationen hätte (s. Kap. 13.2.1). Auch die aktive Unterstützung als Zielgröße, wie im Evaluationsmodell von Meske und Junglas (2021), birgt dieses Risiko. Zukünftige Forschung sollte fokussieren, ob eine Handlungsakzeptanz im Kontext von digitaler Transformation, welche auch nicht-technisch erfolgen kann, überhaupt sinnvoll pauschal definiert werden kann oder nach Technikbezug und Veränderungsstärke differenziert werden muss. Hierzu sollten zunächst qualitative Studien mit Teilnehmern verschiedener Interessengruppen erfolgen. Solange diese Forschungslücke besteht, erscheint es unter Berufung auf die *theory of planned behavior* (Ajzen, 1985) angemessen, Einstellung als Bewertungsdimension zu verwenden. Dies zeigen auch die Ergebnisse von Meske und Junglas (2021), da das Evaluationsmodell die Varianz in der Zielgröße schlechter vorhersagen konnte als die Varianz in der Einstellung.

Die quantitative Evaluation der sechs Interventionen zeigte, dass sich die Gesamtbewertung der Interventionen in Abhängigkeit des KI-Bezugs sowie in Interaktion zwischen KI-Bezug und Interventionsziel voneinander unterscheidet. KI-Interventionen sind grundsätzlich leicht schlechter bewertet als ihre jeweiligen Pendants ohne KI, was sich beim Interventionsziel der Verbesserung der Work-Life-Balance besonders deutlich zeigt. Der Grund hierfür kann in einer allgemeinen Aversion gegenüber Algorithmen liegen (Jussupow et al., 2020), kann aber auch darin begründet sein, dass insbesondere KI als fremd, bedrohlich und invasiv empfunden wird. Grundsätzlich sind die Abweichungen in den Zielsetzungen Job Crafting und transformationale Führung aber relativ gering. Ein Grund für die niedrigere Bewertung der Intervention zu Work-Life-Balance mit KI könnte darin bestehen, dass der Ansatz als paradox empfunden wird, Work-Life-Balance vor dem Hintergrund einer gesellschaftlichen Informationsüberflutung ausgerechnet mit noch mehr Technologie zu adressieren. Hierfür spräche auch, dass die Work-Life-Balance-Intervention ohne KI in der Gesamtstichprobe am höchsten bewertet wurde. Ein weiterer Grund könnte darin liegen, dass es sich um eine Intervention handelt, die von der Organisation ausgeht und hierin eine Grenzüberschreitung gesehen wird. Speziell der Forschungsstand zu Work-Life-Balance und KI zeigte, dass es großes Forschungsinteresse daran gibt, subjektive Work-Life-Balance mittels KI vorherzusagen, viele Vorarbeiten jedoch Work-Life-Balance unzureichend operationalisieren oder einen synthetischen Trainingsdatensatz verwenden (Sunar & Tümen, 2023; Vinoodhini et al., 2022), ohne diesen als solchen zu kennzeichnen. Die Problematik dieser Praxis abzuschätzen, ist schwierig. Synthetische Daten werden durch Simulation gewonnen, spiegeln im Bestfall die Eigenschaften realer Daten wider und sind letztlich leicht und schnell verfügbar, während sich Privatsphäreüberlegungen erübrigen (Jacobsen, 2023; S. James et al., 2021). Es kann die grundsätzliche Empfehlung formuliert werden, in technischen Publikationen transparent zu machen, wenn synthetische Daten verwendet wurden, und allgemein Trainingsdaten ausführlich zu dokumentieren. Im hier vorliegenden Fall werden Bedenken hinsichtlich Privatsphäre und Qualität des KI-Systems wahrscheinlich nicht aus Bedenken hinsichtlich der Qualität der Trainingsdaten resultieren, sondern eher in Zweifeln, ob die eigene Privatsphäre geschützt ist und das KI-System überhaupt funktioniert.

Insgesamt deuten die Ergebnisse nicht darauf hin, dass der Einsatz von KI in der Förderung von Job Crafting und transformationaler Führung grundsätzlich abgelehnt wird. Insgesamt füllt die gegenüberstellende Evaluation eine Forschungslücke, da Interventionen zur spezifischen Verbesserung von Job Crafting, transformationaler Führung und Work-Life-Balance bisher nicht kontrastierend evaluiert wurden. Hieraus lassen sich Handlungsempfehlungen hinsichtlich der Frage formulieren, mit welchen Maßnahmen digitale Transformation von Organisationen umgesetzt werden kann (s. Kap. 13.2.2).

Die Analyse der inneren Evaluationsstruktur der sechs Szenarien adressiert Forschungsziel 3 und füllt hierbei die Forschungslücke, welchen Einfluss KI-Bezug und Ziel auf die Einstellung gegenüber digitalen Transformationsinterventionen im Arbeitskontext haben. Hierbei zeigte sich, dass Zufriedenheit bei allen Interventionen außer der Intervention zur Steigerung von Job Crafting mit KI der stärkste Prädiktor ist. Der Befund unterstreicht die Bedeutung emotionaler Bewertung im Arbeitskontext und lässt sich dadurch erklären, dass Arbeit im individuellen Wertesystem grundsätzlich und nicht nur von jüngeren Arbeitspersonen (Williams, 2020) anders verortet wird als in der alten Arbeitswelt. Dies ist insbesondere im jeweiligen Vergleich mit den Leistungsmetriken interessant, die weitaus weniger Einfluss auf die Einstellung haben, jedoch in den etablierten Technikakzeptanzmodellen meist den dominantesten Prädiktor darstellen (Venkatesh et al., 2003). Die Einstellung gegenüber Veränderungsprozessen wird primär über die Zufriedenheit der Arbeitsperson bestimmt, weniger über die Auswirkungen auf die eigene Produktivität oder das konkrete Interventionsziel. Dieses Ergebnis hat Implikationen für Handlungsempfehlungen hinsichtlich der Konzeption von Veränderungsprozessen im Arbeitskontext (s. Kap.13.2.2), aber auch gesellschaftliche Implikationen im Hinblick auf Produktivität als verinnerlichte Zielgröße (s. Kap.13.2.1).

Die in der von Stone (2004) und Cherry (2010) aufgestellten Gegenüberstellung der alten und neuen Arbeitswelt formulierte Einbindung von Arbeitspersonen in organisationale Entscheidungsprozesse (s. Tab.3.1) findet sich in der Bewertung der Wirtschaftlichkeit wieder und unterstreicht, dass Arbeitspersonen digitale Transformation mit einem finanziellen Vorteil verbinden, welcher den Einfluss des eigenen Produktivitätszuwachses übersteigt. Interessant ist zudem, dass die Verringerung des Arbeitsaufwands in keinem Szenario einen hypothesenkonformen Einfluss hat und sich bei der Intervention zur Steigerung von Job Crafting ohne KI sogar negativ auswirkt. Gründe hierfür könnten in dem bei Schuetz und Venkatesh (2020) angeführten Argument liegen, dass der Nutzungsaufwand bei KI keine geeignete Evaluationsgröße darstellt. Dies lässt sich auf den hier größeren Kontext der digitalen Transformation und die weiter definierte Evaluationsmetrik der Aufwandsverringerung übertragen: Eine Aufwandsverringerung ist bei digitaler Transformation vorab nicht abschätzbar. Das Ergebnis steht auch in Beziehung zum Konzept des Job Craftings, da Aufwandsverringerung eine Aktivität des *avoidance crafting* darstellt (Zhang & Parker, 2019). Dies stellt auch einen Erklärungsansatz für den negativen Einfluss in der Interventionsevaluation zu Job Crafting dar: Die Maßnahme wird positiver bewertet, wenn sie den Arbeitsaufwand leicht erhöht.

Hinsichtlich Mitgestaltungsmotivation und Veränderungsadaption zeigte sich ein uneinheitliches Bild in den verschiedenen Interventionsbewertungen. Die Einstellung gegenüber der KI-basierten Intervention zur Steigerung des Job Craftings wird am stärksten über die Mitgestaltungsmotivation beeinflusst. Dies lässt auf eine grundsätzliche erwartete Wirksamkeit der Maßnahme schließen, wofür auch der Einfluss der Arbeitsqualität spricht. Der negative Einfluss der Veränderungsadaption lässt sich dahingehend interpretieren, dass Arbeitspersonen Veränderungen lieber selbst mitgestalten, anstatt sich an resultierende Veränderungen anzupassen. Der Einfluss von Veränderungsadaption stellte sich nur in den Evaluationen der Interventionen zur transformationalen Führung als positiv hinaus, was diesen Aspekt ebenfalls unterstreicht: Je eher Arbeitspersonen bereit sind, sich auf Veränderungen einzulassen, desto positiver bewerten sie Bestrebungen, ihre Führungsqualität zu steigern. In der Interventionsbewertung zur Verbesserung der Work-Life-Balance ohne KI zeigen sich positive Einflüsse von spezifischer Qualität und Arbeitsqualität, was darauf zurückgeführt werden kann, dass Arbeitspersonen Telework als produktivitätssteigernd empfinden, da sie die Arbeit zu Hause als intensiver (Felstead & Henseke, 2017) und als nette Geste des Arbeitgebers empfinden (Kelliher & Anderson, 2010).

Im Hinblick auf den Unterschied zwischen Maßnahmen mit und ohne KI-Bezug zeigt sich ein dominanter Einfluss der Mitgestaltungsmotivation bei Interventionen mit KI, sodass es sich bei dem starken Einfluss der Intervention zu Job Crafting mit KI um einen Interaktionseffekt handeln könnte. Dies wäre in weiteren Studien genauer zu untersuchen, zeigt jedoch, dass Transformationsprozesse mit starkem Innovationscharakter anhand ihres Miteinbezugs bewertet werden, was wiederum die Ergebnisse von Perez et al. (2022) und Blazejewski und Walker (2018) bestätigt, wonach KI zu Job Crafting anregt, da Ressourcen sich wandeln und hierauf Anpassungen erfolgen.

13.2 Handlungsempfehlungen und Implikationen für die Praxis

13.2.1 Gesellschaftliche Implikationen

Digitale Transformation vollzieht sich nicht rein technologisch, sondern auch auf gesamtgesellschaftlicher Ebene. Arbeit ist im Gesellschaftssystem tief verankert und der Diskurs um die digitale Transformation ist nicht nur von Sorgen um den eigenen Arbeitsplatz begleitet (Arntz et al., 2016), sondern auch Sorgen um Verluste ganzer Berufe, z. B. im Rechtssystem (Iu & Wong, 2023). Gleichzeitig ist technischer Fortschritt im Bereich der KI-Entwicklung von mentalen Modellen aus der Science-Fiction geprägt (Pawlicka et al., 2020) und wird nicht realistisch eingeschätzt (Brock & Von Wangenheim, 2019).

Auch in Bezug auf die qualitativen Ergebnisse dieser Forschungsarbeit lässt sich als gesellschaftliche Implikation formulieren, dass in Bezug auf künstliche Intelligenz Wissensbedarfe bestehen. Ambivalent ist hierbei, dass zahlreiche Anwendungen bereits auf KI basieren (Choudrie et al., 2023) und diese im Hinblick auf die Übernahme von Arbeitsaufgaben (Afiouni & Pinsonneault, 2022), Jobs und Berufen von nahezu jedem überprüft werden können. Dies ist einerseits positiv, da KI eine leichte Zugänglichkeit hat, andererseits aber auch riskant, da durch eine nicht eingeordnete Auseinandersetzung mit z. B. ChatGPT erst recht dystopische Vorstellungen entstehen können. Hieraus lässt sich ein gesellschaftlicher Vermittlungsauftrag an diejenigen ableiten, die über *digital literacy* (Reddy et al., 2020) und *AI literacy* (D. T. K. Ng et al., 2021) verfügen, es entsteht aber auch ein Bildungsauftrag an damit formal beauftragte Institutionen. Sollte sich die digitale Kluft dahingehend vergrößern, könnten undemokratische Parteien die Angst vor dem Verlust des Arbeitsplatzes (erneut) als falsches Argument verwenden (Hufer, 2016).

Gleichzeitig sollten die Auswirkungen der digitalen Transformation keinesfalls unterschätzt werden, da abseits des Massenarbeitslosigkeitsszenarios auch Risiken hinsichtlich Überforderung, Berufsidentität und erlebter Sinnhaftigkeit der Arbeit bestehen. Graebers Theorie der Bullshit-Jobs, wonach viele Jobs sinnlos seien und entfallen können, wirft – unabhängig davon, dass sie bisher nicht empirisch nachgewiesen / nachweisbar ist – die berechtigte Frage auf, ob stetige Produktivitätssteigerung mit dem Festhalten an der 40-Stunden-Woche dauerhaft vereinbar ist. Dies reiht sich ein in andere kapitalismuskritische Positionen wie Bergmanns Konzept der New Work, aber auch Binswangers Argument, dass steigender Komplexität in der Regel mit Bürokratie begegnet wird. Einigen dieser Kritiken ist gemein, dass sie ein neoliberales Wirtschaftssystem kritisieren und für die jeweiligen Missstände verantwortlich machen. Neoliberalismus bezeichnet hierbei eine politische Ideologie im kapitalistischen Wirtschaftssystem, die Individualismus, freie Märkte und nur begrenzte staatliche Eingriffe fordert[1], aber hierdurch laut Bal und Doci (2018) auch Rahmenbedingungen schafft, in denen die Arbeits- und Organisationspsychologie den Forschungsfokus ohne Rücksicht auf individuelle Bedürfnisse auf die Frage legt, wie die Produktivität von Arbeitspersonen immer weiter gesteigert werden kann.

A. James (2011) kritisiert es als ebenfalls neoliberal, dass Work-Life-Balance stets unter der Frage betrachtet wird, ob sich Work-Life-Balance-Konzepte für Unternehmen finanziell lohnen und auch Georgi (2021) kritisiert es als neoliberal, dass sich Unternehmen mit vermeintlicher New Work inszenieren und als Ort der Selbstverwirklichung und des werteorientierten Arbeitens darstellen. Übertragen auf diese Forschungsarbeiten und sämtliche Vorarbeiten lässt sich die Frage formulieren, ob Forschung an Job Crafting nicht eigentlich Forschung an *Organizational Citizenship Behavior* (OCB) ist, Forschung an transformationaler Führung nicht eigentlich (immer noch) Forschung an der Frage ist, wie man Mitarbeiter zu extraproduktivem Verhalten motiviert, und Forschung an Work-Life-Balance nicht eigentlich dadurch motiviert ist, dass bei der Arbeit zu Hause Überstunden nicht dokumentiert werden. Diese Fragen lassen sich nicht final verneinen, selbst wenn Forschungsvorhaben diese Problematik gründlich reflektieren. Dennoch lassen sich hieraus gesellschaftliche Handlungsempfehlungen formulieren.

Diese wären zunächst, den Staat als Akteur für die Gestaltung eines z. B. gesetzlich verankerten *right to disconnect* (Secunda, 2019) oder der Vermeidung von undokumentierten Überstunden stärker wahrzunehmen. Eine gesetzliche Verankerung von Telework im ohnehin dominanten Dienstleistungssektor würde bei Pendlern zudem zu erheblichen CO2-Einsparungen führen. Im Hinblick auf den Einsatz von KI ist der Aspekt des hohen Energieverbrauchs (Schwartz et al., 2020) allerdings nicht zu vernachlässigen, sodass hier ebenfalls Handlungsbedarf besteht, Arbeitsaufgaben in ihrer Angemessenheit zu bewerten, bevor ein KI-Einsatz in Erwägung gezogen wird. Eine weitaus größere gesellschaftliche Herausforderung besteht jedoch darin, möglichen negativen Auswirkungen und den Potenzialen der digitalen Transformation – analog zum Job Crafting – proaktiv zu begegnen und Diskurse um eine Stärkung des Sozialstaates, eine Abkehr von der 40-Stunden-Woche und Konzepte wie ein bedingungsloses Gr-

[1]Der Begriff ist einem starken Wandel unterworfen und wird auch als „politisches Schimpfwort“ verwendet (Hartwich, 2009)

undeinkommen zu führen, ohne jede Form von Kapitalismuskritik pauschal ideologisch aufzuladen. Letztlich liegt auch eine große politische Herausforderung darin, Kriterien zu identifizieren, an denen abgeschätzt werden kann, wie intensiv diese Diskurse geführt werden müssen.

Hierbei ist jedoch das Risiko dessen nicht zu vernachlässigen, dass z. B. eine Reduzierung der Arbeitszeit hauptsächlich für digitale Wissensarbeiter überhaupt umsetzbar ist, sodass sich die „digitale Kluft" von einer Wissenskluft (Trkulja & Trkulja, 2010) zu einer gesellschaftlichen Spaltung ausweiten könnte, bei der nur bestimmte Berufsgruppen ihre Arbeitszeit reduzieren können. Ein weiteres Risiko bestünde zudem darin, wenn wissenschaftliche Technikakzeptanzforschung proaktive Unterstützung als alleinige Handlungsakzeptanz der digitalen Transformation begreifen würde, da hierdurch ein Idealbild entstünde, welches das Arbeitsverhalten derer, die am digitalen Transformationsprozess nicht aktiv partizipieren wollen oder können, abwertet. Auch in einer sich digital transformierenden und digital transformierten Arbeitswelt darf die Arbeit dieser Arbeitspersonen nicht abgewertet werden.

13.2.2 Arbeitspersonen und Organisationen

Bei Handlungsempfehlungen für Arbeitspersonen und Organisationen ist grundsätzlich zu beachten, dass Einstellung, Verhalten, Ressourcen, Anforderungen und Rollenkonflikte im Arbeitskontext höchst individuell erlebt werden und von zahlreichen externen Faktoren beeinflusst sein können.

Arbeitsperson

Arbeitspersonen ist zunächst zu empfehlen, das eigene Verhältnis zur Produktivität zu reflektieren, um einzuordnen, ob es sich bei Interventionen der Organisation um eine erwünschte Bestärkung der eigenen Fähigkeiten handelt oder hierdurch Leistungsdruck aufgebaut wird. Pauschal und unter Rückgriff auf die empirischen Ergebnisse dieser Forschungsarbeit kann zudem die Handlungsempfehlung ausgesprochen werden, Überstunden zu dokumentieren. Dies gilt vor allem für die Arbeit zu Hause und insbesondere für die Überstunden, die aus Pflichterfüllung geleistet werden. Bei jeder extraproduktiven Leistung sollte reflektiert werden, ob diese mit einem Ressourcengewinn (z. B. verbesserten Fähigkeiten oder besserer Bezahlung) verbunden ist. Zudem kann ein Austausch und eine Auseinandersetzung mit den Aktivitäten des Job Craftings sinnvoll sein, um z. B. die Arbeit zu Hause und hieraus resultierende Rollenkonflikte besser zu bewältigen. Hier kann weiterhin empfohlen werden, sich mit aktiver Gestaltung gewisser Aspekte des eigenen Arbeitsplatzes auseinanderzusetzen, da dieses Verhalten in erster Linie für die Arbeitsperson einen Vorteil darstellt und eine bessere Passung begünstigt. Insbesondere bei der Gestaltung von Veränderungskommunikation sollte ein Austausch dahingehend stattfinden, welche Form und welches Ausmaß gewünscht sind. Hierbei haben sich Unterschiede im regulatorischen Fokus als einflussreich herausgestellt, weshalb empfohlen werden kann, in Veränderungsprozessen auf den eigenen Fokus zu achten und diese zu reflektieren.

Eventuelle Schwierigkeiten in Veränderungsprozessen sollten mit formalen Vorgesetzten und anderen Arbeitspersonen erfolgen, die als digitale Vorbilder angesehen werden. Dies gilt insbesondere für ältere Arbeitspersonen und solche mit niedriger Veränderungsbereitschaft. In Ergänzung hierzu sollte die eigene positive Auswirkung auf andere Arbeitspersonen im Kontext von digitalen Veränderungsprozessen nicht unterschätzt werden, da grundsätzlich jede Arbeitsperson transformational agieren und ein digitales Vorbild sein kann. Im Hinblick auf Work-Life-Balance hat sich herausgestellt, dass niedrige Technikaffinität auch in einem sehr digitalen Arbeitsumfeld keine negativen Auswirkungen hat, Personen mit hoher Technikaffinität jedoch vermehrt darauf achten sollten, einen hierzu passenden Arbeitsplatz zu wählen. Bei Informationsüberflutung kann empfohlen werden, bewusst auf Ressourcen zu verzichten oder technische Mittel zu verwenden, die Informationen kompakt zusammenfassen. Grundsätzlich kann beim Thema Work-Life-Balance empfohlen werden, auch Arbeitgeber und Staat nicht als hieran unbeteiligt zu begreifen.

In Hinblick auf KI-Anwendungen ist zu beachten, dass diese nicht per se dazu geeignet sind, den eigenen Arbeitsplatz zu ersetzen, sondern ebenfalls dafür, unliebsame Routineaufgaben abzunehmen und in Ergänzung mit menschlicher Arbeit Mehrwert zu generieren. Hieraus lässt sich ebenfalls die Empfehlung ableiten, kognitive Routineaufgaben, die als identitätsstiftend empfunden werden, beizubehalten. Hierzu ist generell ein offener Umgang mit neuer Technologie zu empfehlen, um die Zuordnung zwischen KI und Arbeitsaufgabe fundiert vorzunehmen, aber auch kritisch zu beurteilen, ob durch den KI-Einsatz Kontrollfunktionen nach tayloristischem Vorbild implementiert werden sowie ob Privacybedenken hinsichtlich der Nutzung oder der verwendeten Trainingsdaten bestehen. Bei kostenlos verfügbaren KI-Systemen ist zudem zu berücksichtigen, dass sich diese extern dynamisch verändern können, sodass die eigene Aufgabengestaltung nicht zu sehr auf diese Systeme ausgerichtet werden sollte.

Organisation

Bei der Umsetzung von digitaler Transformation ist darauf zu achten, dass Veränderungskommunikation auch überfordernd sein kann. Das Ausmaß von Informationsvermittlung und dem Verhältnis zwischen Push- und Pull-Kommunikation sollte in Rücksprache mit jüngeren, älteren, veränderungsaffinen und veränderungsaversen Personen erfolgen. Bei der Gestaltung von Veränderungsprozessen sollte eine wertschätzendes und innovationsoffenes Organisationsklima geschaffen werden, um eine proaktive Beteiligung aller Arbeitspersonen zu ermöglichen, aber nicht zu erzwingen. Digitale Transformationsprozesse sollten unter klarer Angabe der Gründe und nicht isoliert umgesetzt werden. Zudem sollten vorab Zielkriterien definiert werden, die von einer Steigerung betriebswirtschaftlicher Indizes abzugrenzen sind. Zusätzlich sollte insbesondere Mitarbeitern mit digitaler Vorbildfunktion die Möglichkeit gegeben werden, sich in organisationale Entscheidungsprozesse einzubringen. Ferner sollten Rahmenbedingungen geschaffen werden, transformationale Führungspersonen auf jeder Hierarchieebene zu entwickeln und zu fördern, was insbesondere für ältere Mitarbeiter von Vorteil ist.

Bei der Gestaltung von Rahmenbedingungen zur flexiblen Arbeit zu Hause ist vermehrt darauf zu achten, Mitarbeiter hierüber mitbestimmen zu lassen. Zusätzlich sollten Mitarbeiter bürokratisch unkomplizierte Möglichkeiten erhalten, zu Hause geleistete Überstunden zu kompensieren. Bei der Personalauswahl sollten technikaffine Mitarbeiter nur in ein analog geprägtes Arbeitsumfeld eingestellt werden, wenn ihre Mitgestaltung erwünscht ist und sie geeignete Ressourcen hierzu vorfinden. Zudem sollten in digitalen Arbeitsumfeldern strikte *do not disturb*-Regelungen getroffen werden. Bei der Ausgabe von digitalen Geräten sollte transparent kommuniziert werden, welche Art von Flexibilität erwartet wird.

Interventionen zur Verbesserung von Job Crafting, transformationaler Führung und Work-Life-Balance werden entsprechend ihrem Ziel und ihres KI-Bezugs von Arbeitspersonen anders aufgenommen. Arbeitspersonen fokussieren primär Zufriedenheit als Evaluationskriterium, weshalb solche Interventionen hierauf ausgerichtet konzipiert werden sollten. Umgekehrt sollten erwartete Leistungsmetriken vorab transparent gemacht werden. Mitarbeiter bewerten Transformationsmaßnahmen auch hinsichtlich des erwarteten wirtschaftlichen Vorteils für die Organisation. Zur Vermeidung von Konflikten sollten Mitarbeiter an finanziellen Vorteilen der Organisation teilhaben können.

Ein Einsatz von KI wird nicht per se schlechter bewertet als entsprechende Maßnahmen ohne KI, bei der Verbesserung von Work-Life-Balance besteht ein Sonderfall, sodass hier eher Maßnahmen ohne KI zurückgegriffen werden sollte. Grundsätzlich kann dennoch die Handlungsempfehlung aufgestellt werden, digitale Transformationsmaßnahmen nicht notwendigerweise an innovative Technologie zu knüpfen und organisationale, vermeintlich „analoge" Maßnahmen wie die Bereitstellung eines Telework-Tages oder das Empowerment der Mitarbeiter ebenfalls in Erwägung zu ziehen.

Allgemein lassen sich basierend auf der qualitativen Studie die Empfehlungen ableiten, Digitalisierung nicht als Selbstzweck aufzufassen und digitale Transformation als Prozess zu verstehen, der mit der genauen Definition von Prozessschritten beginnt und vollständig durchgeführt werden sollte. Außerdem sollten bürokratische Prozesse und Dokumentationsvorgänge kritisch hinsichtlich ihrer Notwendigkeit überprüft werden und nur automatisiert werden, wenn sie nicht ohnehin entfallen können.

13.3 Limitationen und Forschungsbedarf

13.3.1 Methodenreflexion

Bei der Interpretation der Ergebnisse ist zu berücksichtigen, dass jede Stichprobe eine relativ junge Altersverteilung aufweist. Dies ist im Kontext der digitalen Transformation der Arbeit nicht per se problematisch, da es sich dennoch um Arbeitspersonen handelt. Sofern sich diese noch in Ausbildung befinden, stellen sie die Arbeitnehmer der nahen Zukunft dar. Hieran ist außerdem inhaltlich berücksichtigen, dass Ausbildung und Studium strukturell der neuen Arbeitswelt sehr ähnlich sind: Es gibt klare Projektstrukturen, erfordert Teamarbeit und Eigenständigkeit sowie nicht erst seit der COVID-19-Pandemie raumzeitlich flexible Arbeitskonzepte. Dennoch ist zu berücksichtigen, dass gerade jüngere Arbeitspersonen Arbeit in ihrem Wertesystem anders verorten, was auch eine Erklärung für den Befund darstellen kann, dass Zufriedenheit in den meisten Interventionsevaluationen den stärksten Prädiktor darstellt.

Zudem ist zu berücksichtigen, dass alle Stichproben aus Deutschland stammen, sodass eine Übertragbarkeit auf andere Kulturkreise, aber auch die Hypothesengenerierung anhand von Studien aus anderen Kulturkreisen kritisch reflektiert werden muss. Hierüber gibt es Vorarbeiten, die z. B. moderierende Einflüsse von kulturellem Individualismus, Machtdistanz, Maskulinität und Unsicherheitsvermeidung aufzeigen (Sirgy & Lee, 2018). Abseits dieser kulturwissenschaftlichen Dimensionen ist jedoch nicht auszuschließen, dass auch Ergebnisse aus z. B. Skandinavien oder den Niederlanden nicht vollständig auf Deutschland übertragbar sind. Dies erschwert eine international übergreifende Forschungslinie und sollte auch in zukünftigen Studien beachtet werden. Kritisch ist weiterhin anzumerken, dass es sich bei jeder Stichprobe um Querschnitte über verschiedene Berufsgruppen und Branchen handelt, da bislang keine Brancheneinteilung vorliegt, die für eine wissenschaftlich fundierte Hypothesengenerierung geeignet ist.

Hinsichtlich der verwendeten Messinstrumente muss kritisch hervorgehoben werden, dass insbesondere die Operationalisierungen der Persönlichkeitsmerkmale intern nicht vollständig konsistent waren. Dies ist insofern überraschend, als es sich um deutschsprachig validierte Messinstrumente handelt. Hier besteht weiterer Forschungsbedarf. Dies trifft auch auf die Messung von Prevention Fokus zu, welcher zwar konsistent, aber nicht in jeder Studie skaliert gemessen werden konnte. Allgemein ist kritisch hervorzuheben, dass Skalen meist mit wenigen Items gemessen wurden, sodass zur Reliabilitätsabschätzung neben Cronbachs-Alpha auch McDonald's Omega herangezogen wurde. Dies sollte in zukünftigen Studien beibehalten werden, auch unter Berücksichtigung der inhaltlichen Dynamik der Konzepte.

Einige Skalen wurden unter rational-deduktiver Konstruktionsstrategie konzipiert

(Pospeschill, 2022), da augenscheinvalide Messinstrumente wie z. B. die Work-Nonwork-Balance-Crafting Scale von Kerksieck et al. (2022) zum Zeitpunkt der Fragebogenkonstruktion noch nicht publiziert waren. Unter dem Kriterium der inneren Konsistenz ist diese Vorgehensweise als positiv zu bewerten, die jeweiligen Messinstrumente sollten jedoch in Validierungsstudien weiter untersucht und optimiert werden. Zur durchgeführten Adaption der MLQ5-Skala (Felfe, 2006) ist kritisch anzumerken, dass es sich in manchen Items um eine Selbsteinschätzung der Fremdeinschätzung handelt (z. B. „Ich bringe meine Kolleg*innen dazu, Probleme aus verschiedenen Blickwinkeln zu betrachten.“), sodass die Kriteriumsvalidität weiter untersucht werden sollte.

Hinsichtlich der Wahl der Auswertungsmethoden ist kritisch anzumerken, dass der gewählte Ansatz der Untersuchung von Moderatoreffekten durch lineare Regression und Simple-Slope-Analyse zwar in jedem Fall theoretisch hergeleitet war, ein eher strukturentdeckendes Verfahren jedoch eher den Forschungsfragen entsprochen hätte. Ein regressionsbasierter Ansatz wie der durchgeführte entspricht wissenschaftlicher Praxis (Hayes, 2017), eine noch zu entwickelnde, dezidiert explorative Moderatoranalyse wäre im inhaltlichen Kontext der digitalen Transformation der Arbeitswelt jedoch sehr wertvolles statistische Verfahren – und ein möglicher Anwendungsfall für KI. Hierbei ist ebenfalls kritisch hervorzuheben, dass bislang kein statistisches Verfahren in einem als Moderatoreffekt angeordneten Strukturmodell die Subskalenstrukturen aller drei Variablen gleichzeitig berücksichtigen kann. Letztlich ist anzumerken, dass es sich bei *simple slopes* um drei ordinale Gruppen handelt und die gewählte übliche Einteilung je nach Verteilung der Moderatorvariable nicht optimal geeignet sein kann, den Effekt in seiner Richtung zu beurteilen.

In Studie S5 wurde ein Gesamtscore der identifizierten Evaluationskriterien gebildet. Dies ist unproblematisch, setzt jedoch eine Gleichwertigkeit der Faktoren voraus, um für eine Gesamtbetrachtung valide zu sein. Eine solche Strukturierung der Faktoren sollte in Folgestudien anhand explorativer Faktorenanalyse oder Hauptkomponentenanalyse untersucht werden.

Hinsichtlich der qualitativen Analyse ist anzumerken, dass eine sozialwissenschaftliche Analyse betriebswirtschaftlicher Indizes nicht gegeben ist, da bei Begriffen wie Effizienz, Effektivität, Produktivität, Performance, verbesserter Output etc. weitestgehend synonymer Begriffsgebrauch angenommen werden kann. Selbiges gilt für die Abgrenzung zwischen Digitalisierung und digitaler Transformation. Das gewählte Analyseverfahren ist im Hinblick auf Forschungsziel und zugrunde liegendem Material insgesamt angemessen gewählt.

Letztlich ist kritisch hervorzuheben, dass es sich bei sämtlichen Evaluationen um textuell dargestellte Szenarien handelt. Dies ist im Kontext des Themas kein grundsätzliches Problem, da sich Wirkmechanismen im Forschungsstand als sehr implizit herausstellten und deshalb z. B. die Vorstellung, einen Tag pro Woche von zu Hause aus arbeiten zu dürfen, einen ausreichenden Stimulus darstellt. Dennoch ist dies im Hinblick auf die Übertragbarkeit der Ergebnisse zu berücksichtigen, denn mit Ausnahme der Regressionsmodellierungen waren manche Ergebnisse von kleiner Effektstärke. Für jede Szenarienevaluation muss zudem ein Kompromiss gefunden werden, da Veränderungsprozesse einerseits in stark vernetzten Kontexten stattfinden, andererseits breit aufgestellte Szenarien immer mehrere Eigenschaften enthalten. Dies ist insbesondere bei der Interpretation der sechs verglichenen Interventionsszenarien zu berücksichtigen. Zukünftige Studien sollten die zu erwartenden kleinen Effektstärken berücksichtigen und mittels Poweranalyse a-priori ausreichend große Stichprobengrößen bestimmen und einplanen. Insgesamt kann der gewählte methodische Ansatz als geeignet für die Beantwortung der jeweiligen Forschungsfragen angesehen werden.

13.3.2 Inhaltliche Limitationen

Von diesen methodischen Kritikpunkten sind inhaltliche Limitationen abzugrenzen, die sich hauptsächlich, aber nicht ausschließlich aus den in Kapitel 6.2 vorgenommenen Einschränkungen ergeben. In zukünftiger Forschung sollten die vertragliche Flexibilität, Karriereentscheidungen sowie eine genauere Betrachtung digitaler Kompetenzen in Form von z. B. Leistungstests vorgenommen werden. Von besonderem Interesse im Hinblick auf Job Crafting wäre hierbei die Fähigkeit, die Nützlichkeit eines KI-Assistenzsystems für die eigenen Arbeitsaufgaben vorzunehmen (s. *hybrid task crafting* bei Afiouni und Pinsonneault (2022)). Weiterhin wurden in dieser Forschungsarbeit finanzielle Aspekte lediglich in Form von extrinsischer Arbeitsmotivation (Studie S2) und erwartetem wirtschaftlichem Vorteil (Studie S5) untersucht. Gerade im Kontext von Inflation wären wirtschaftswissenschaftliche Größen wie ein erlebter Reallohnverlust relevante Kontrollvariablen zur spezifizierenden Untersuchung der identifizierten Einflüsse, auch im Kontext von weiterer Forschung zur Operationalisierung von erlebter Sinnhaftigkeit.

Im Hinblick auf Work-Life-Balance ist zudem hervorzuheben, dass in dieser Forschungsarbeit eine eindimensionale und unidirektionale Konzeption zugrunde gelegt wurde. Über Untersuchungen zu Work-Life-Balance als Vereinbarkeit von Care-Arbeit und Beruf im Kontext der digitalen Transformation besteht weiterhin großer Forschungsbedarf, auch im Hinblick auf Geschlechtsunterschiede. Letztlich ist als inhaltliche Limitation zu benennen, dass das KI-Modell ChatGPT der Firma OpenAI[2] seit seiner Veröffentlichung im November 2022 maßgeblich zum öffentlichen Diskurs um KI im Kontext der digitalen Transformation der Arbeitswelt beigetragen hat und inzwischen als prototypische KI gelten dürfte. Zum Zeitpunkt der Datenerhebungen ist die allgemeine Vorstellung von KI als wesentlich abstrakter einzuschätzen.

[2] https://chat.openai.com/, Zugriff am 26.09.2023

13.3.3 Ausblick und Anknüpfungspunkte für Folgeforschung

In den Kapiteln 13.1 und 13.2 wurden bereits Anknüpfungspunkte für zukünftige Forschung identifiziert und sollen an dieser Stelle zusammengefasst werden.

Kommunikationswissenschaftliche Folgeforschung sollte quantitativ untersuchen, welche Eigenschaften von Arbeitspersonen die Bewertung von Veränderungskommunikation in Abhängigkeit ihrer Komplexität beeinflussen. Qualitativ sollte untersucht werden, wie Work-Life-Balance, transformationale Führung und Job Crafting miteinander in Beziehung stehen. Hierbei stellt insbesondere die Erforschung von *cognitive crafting* eine Forschungslücke dar. Zusätzlich sollte die Forschungsfrage adressiert werden, inwiefern Vorgesetzte digitale Vorbilder unter ihren Mitarbeitern identifizieren können und inwiefern diese verstärkt in organisationale Prozesse eingebunden werden. Zukünftige Forschung zum Thema Work-Life-Balance sollte an der Frage anknüpfen, inwiefern Arbeitspersonen ihren Arbeitsalltag bewusst entlang ihrer Flexibilisierungsmöglichkeiten gestalten.

Im Forschungsfeld der Mensch-Technik-Interaktion und der Technikakzeptanzforschung besteht ein zentraler Ausgangspunkt für Folgeforschung in der Klärung der Frage, welche Verhaltensweisen von Arbeitspersonen als Handlungsakzeptanz in der digitalen Transformation aufgefasst werden können und wie diese miteinander in Beziehung stehen. Zusätzlich besteht weiterer Forschungsbedarf in der Identifikation relevanter Charakteristika von Transformationsmaßnahmen.

Soziologische Folgeforschung sollte untersuchen, inwiefern die allgemein erlebte Unsicherheit vor der Zukunft der Arbeit bei älteren Personen technisch begründet wird, wohingegen jüngere Personen Unsicherheit aufgrund von politischen Rahmenbedingungen wie z. B. befristeten Verträgen und Inflation erleben. Weiterer Forschungsbedarf besteht in der Operationalisierung von Sinnhaftigkeit und Berufungserleben, wofür zunächst qualitative Forschungsvorhaben durchgeführt werden sollten.

Im Hinblick auf Operationalisierungen sollte psychologische Folgeforschung die Weiterentwicklung bestehender Messinstrumente zu regulatorischem Fokus sowie die Überarbeitung der Messinstrumente zu Persönlichkeitseigenschaften verfolgen, auch unter der Berücksichtigung eventueller Generalfaktoren. Ein interessanter Anknüpfungspunkt wäre außerdem, inwiefern sich Persönlichkeitseigenschaften von Vorgesetzten als Stressor innerhalb der COR-Theorie auffassen lassen und durch welche Ressourcen diese auszugleichen sind. Hierbei wäre die Erforschung von Coping-Strategien bei einem Überfluss positiver Ressourcen relevant, da positive Ressourcen entlang gängiger Theorien keine negativen Auswirkungen haben.

Folgeforschung aus der Informatik sollte weiterhin untersuchen, inwiefern sich Verzerrungen innerhalb der Trainingsdaten auf die Qualität von KI-Modellen überträgt und welche Auswirkungen die Verwendung synthetischer Daten hat. Diese sollten in

Publikationen unbedingt als solche gekennzeichnet werden. Zudem besteht großer Bedarf an KI-Modellen, die in großen Datensätzen explorativ Moderatoreffekte identifizieren können und hierbei die Subskalenstrukturen aller Variablen berücksichtigen. Die Entwicklung einer Taxonomie von KI-Systemen entlang ihres Bezugs zur Arbeitsaufgabe stellt ebenfalls eine Forschungslücke dar, für die die in dieser Forschungsarbeit getroffenen Arbeitsdefinitionen einen ersten Ansatz darstellen können.

Ferner bestehen inhaltliche Anknüpfungspunkte zu Politikwissenschaft, Literaturwissenschaft und Wirtschaftswissenschaft, um die Transformation der Arbeit hinsichtlich ihrer politischen Implikationen zu analysieren, das Zusammenspiel zwischen wissenschaftlichem und nicht-wissenschaftlichem Diskurs im Hinblick auf Modewörter zu untersuchen sowie die Untersuchung menschlichen Verhaltens im Transformationsprozess um finanzielle Faktoren wie z. B. erlebten Reallohnverlust zu ergänzen.

14 Fazit

Die digitale Transformation der Arbeitswelt beschreibt einen gegenwärtigen Wandlungsprozess, welcher sich mit hoher Geschwindigkeit vollzieht und mit zahlreichen anderen globalen Herausforderungen wie demografischem Wandel, Klimawandel und Globalisierung in wechselseitiger und komplexer Beziehung steht. Digitale Transformation ist hierbei nicht mit Digitalisierung und technologischem Fortschritt gleichzusetzen, sondern vollzieht sich auch innerhalb jeder Ebene von Organisationen und führt zu neuen Problemen der Abgrenzung zwischen Arbeit und Nicht-Arbeit. Hierbei ist der Miteinbezug aller Beteiligten von zentraler Bedeutung, um diesen tiefgreifenden Wandlungsprozess im Sinne der Arbeitspersonen mitzugestalten, anstatt ihn passieren zu lassen. Diese Forschungsarbeit setzte an dieser Stelle an und erforschte den Wandel von individuellem Arbeitsverhalten, sich wandelnde Führungsstile und Probleme aus der Diffusion zwischen Arbeit und Nicht-Arbeit entlang der Themengebiete Job Crafting, transformationale Führung und Work-Life-Balance. Hierzu wurde ein mehrstufiges Forschungskonzept aufgestellt und in insgesamt fünf empirischen Studien adressiert, um diese Themengebiete im Kontext der digitalen Transformation der Arbeitswelt detaillierter zu verstehen, Evaluationskriterien für erfolgreiche digitale Transformation zu identifizieren und Interventionen zur Förderung der digitalen Transformation anhand ihres Interventionsziels und ihres KI-Bezugs zu evaluieren.

Job Crafting beschreibt die proaktive Umgestaltung gewisser Aspekte des Arbeitsplatzes durch die Arbeitsperson, um diesen besser mit ihren Fähigkeiten, Präferenzen und Werten in Einklang zu bringen. Hierin ist Job Crafting ein typisches Verhalten der modernen Arbeitswelt, bislang in dezidiert digitalen Kontexten aber unzureichend erforscht. Die Ergebnisse der empirischen Studien zeigen, dass eine vermeintlich hohe Qualität der Veränderungskommunikation zu weniger Job Crafting führt als vermeintlich schlechte Veränderungskommunikation sowie dass dieser Effekt weiterhin vom regulatorischen Fokus der Arbeitsperson abhängig ist. Zusätzlich zeigte sich, dass Job Crafter zu gleichen Anteilen als technikaffin, intrinsisch motiviert und promotion-fokussiert charakterisiert werden können.

Transformationale Führung bezeichnet einen Führungsstil, welcher sich auf andere Arbeitspersonen besonders motivierend auswirkt, jedoch trotz konzeptioneller Ähnlichkeit zu digitaler Führung unzureichend im Zusammenhang hierzu erforscht ist sowie bislang nur in klaren Rollenverteilungen zwischen Vorgesetzten und Mitarbeitern untersucht wurde. In den Studien zeigte sich, dass digital transformative Führung (operationalisiert als digitale Vorbildfunktion) zu gleichen Anteilen über Job Crafting und der Selbsteinschätzung als transformationale Führungsperson bestimmt wird.

Work-Life-Balance ist als Konstrukt schwer zu definieren und bezeichnet im Kontext dieser Forschungsarbeit einen möglichst kleinen Rollenkonflikt innerhalb einer Arbeitsrolle oder zwischen einer Arbeitsrolle und einer Nicht-Arbeitsrolle. Das Konzept wird im bisherigen Forschungsstand nicht als digital aufgefasst und wurde hauptsächlich im Hinblick auf Einflussfaktoren und Auswirkungen untersucht, anstatt diese als zirkuläre Wirkprozesse anzunehmen und die Kompensation zwischen Stressor und entgegengesetzter Ressource zu untersuchen. Hierbei zeigte sich, dass Arbeitspersonen, die über die raumzeitliche Flexibilisierung ihrer Arbeit nicht selbst entscheiden können, eine schlechtere Work-Life-Balance haben als Personen mit anderen Flexibilisierungsmöglichkeiten. Zusätzlich zeigte sich, dass technikaffine Arbeitspersonen von hoher Digitalität des Arbeitsplatzes profitieren, diese bei technikaversen Personen aber keine Auswirkungen hat.

In einer Abschlussstudie wurden schließlich die spezifische Qualität, Arbeitsleistung, Reduktion des Arbeitsaufwandes, Mitgestaltungsmotivation, Veränderungsadaption, Zufriedenheit und Wirtschaftlichkeit als Evaluationskriterien erfolgreicher digitaler Transformation identifiziert. Diese wurden in ein Evaluationsmodell überführt und quantitativ anhand von sechs Interventionen angewendet, die sich hinsichtlich ihres Interventionsziels (Steigerung von Job Crafting, transformationaler Führung und Work-Life-Balance) und ihres KI-Bezugs (mit oder ohne KI) unterscheiden. Hierbei zeigte sich, dass Interventionen mit KI grundsätzlich schlechter bewertet werden als Interventionen ohne KI, was beim Interventionsziel Work-Life-Balance jeweils besonders ins Gewicht fällt. Zudem zeigte sich, dass sich die Evaluationskriterien entlang von Interventionsziel und KI-Bezug unterschiedlich stark auf die Einstellung gegenüber der Intervention auswirken.

Alle Ergebnisse wurden in den jeweiligen Forschungsstand eingeordnet und anhand ihrer Implikationen für Arbeitspersonen, Organisationen und Gesellschaft in Handlungsempfehlungen und weiteren Forschungsbedarf überführt. Die vorliegende Forschungsarbeit leistet aus kommunikationswissenschaftlicher Perspektive einen wesentlichen Beitrag zum Verständnis von Job Crafting, transformationaler Führung und Work-Life-Balance im Kontext der digitalen Transformation und füllt mit der Identifikation von Evaluationskriterien für eine aus Sicht von Arbeitspersonen erfolgreiche digitale Transformation eine relevante Forschungslücke. Die durchgeführte kontrastierende Evaluation entlang von Interventionsziel und KI-Bezug stellt im Forschungsstand ein Novum dar. Insgesamt lassen sich die Ergebnisse in wegweisende Handlungsempfehlungen überführen, um zu einer für Arbeitspersonen erfolgreichen digitalen Transformation der Arbeitswelt beizutragen.

Literaturverzeichnis

Abel, J., Hirsch-Kreinsen, H. & Wienzek, T. (2019). Akzeptanz von Industrie 4.0: Abschlussbericht zu einer explorativen empirischen Studie über die deutsche Industrie (F. der Plattform Industrie 4.0, Hrsg.). https://www.acatech.de/publikation/abschlussbericht-akzeptanz-in-der-industrie-4-0/

Abrell, C., Rowold, J., Weibler, J. & Moenninghoff, M. (2011). Evaluation of a long-term transformational leadership development program. *German Journal of Human Resource Management: Zeitschrift für Personalforschung*, *25*(3), 205–224. https://doi.org/10.1177/239700221102500307

Afiouni, R. & Pinsonneault, A. (2022). Ripples of Change–An AI Job Crafting Model for Human-in-Control. https://doi.org/10.24251/hicss.2022.631

Afsar, B., Masood, M. & Umrani, W. A. (2019). The role of job crafting and knowledge sharing on the effect of transformational leadership on innovative work behavior. *Personnel Review*, *48*(5), 1186–1208. https://doi.org/10.1108/pr-04-2018-0133

Ajzen, I. (1985). From intentions to actions: A theory of planned behavior. *Action control: From cognition to behavior* (S. 11–39). Springer. https://doi.org/10.1007/978-3-642-69746-3_2

Alduayj, S. S. & Rajpoot, K. (2018). Predicting employee attrition using machine learning. *2018 international conference on innovations in information technology (iit)*, 93–98. https://doi.org/10.1109/innovations.2018.8605976

Aleksandrowicz, P., Zieschang, H., Bräunig, D. & Jahn, F. (2014). Horizontal career changes as an alternative to premature exit from work. *International journal of occupational safety and ergonomics*, *20*(1), 65–76. https://doi.org/10.1080/10803548.2014.11077035

Alieva, J. & Powell, D. J. (2023). The significance of employee behaviours and soft management practices to avoid digital waste during a digital transformation. *International Journal of Lean Six Sigma*, *14*(1), 1–32. https://doi.org/10.1108/ijlss-07-2021-0127

Allen, T. D., Herst, D. E., Bruck, C. S. & Sutton, M. (2000). Consequences associated with work-to-family conflict: a review and agenda for future research. *Journal of occupational health psychology*, *5*(2), 278. https://doi.org/10.1037/1076-8998.5.2.278

Aloisi, A. (2019). Negotiating the digital transformation of work: non-standard workers' voice, collective rights and mobilisation practices in the platform economy. *SSRN Electronic Journal*. https://doi.org/10.2139/ssrn.3404990

Alom, M. Z., Taha, T. M., Yakopcic, C., Westberg, S., Sidike, P., Nasrin, M. S., Hasan, M., Van Essen, B. C., Awwal, A. A. & Asari, V. K. (2019). A state-of-the-art survey on deep learning theory and architectures. *Electronics*, *8*(3), 292. https://doi.org/10.3390/electronics8030292

Alos-Simo, L., Verdu-Jover, A. J. & Gomez-Gras, J.-M. (2017). How transformational leadership facilitates e-business adoption. *Industrial Management Data Systems*, *117*(2), 382–397. https://doi.org/10.1108/imds-01-2016-0038

Alpaydin, E. (2020). *Introduction to machine learning* (4. Aufl.). MIT press. ISBN: 9780262043793.

American Psychological Association. (2020). *Publication manual of the american psychological association,(2020): The official guide to APA style* (Seventh edition). American Psychological Association. ISBN: 978-1433832154.

Angelici, M. & Profeta, P. (2023). Smart working: work flexibility without constraints. *Management Science*. https://doi.org/10.1287/mnsc.2023.4767

Antonakis, J., Bastardoz, N., Liu, Y. & Schriesheim, C. A. (2014). What makes articles highly cited? *The Leadership Quarterly*, *25*(1), 152–179. https://doi.org/10.1016/j.leaqua.2013.10.014

Antoni, C. H. & Syrek, C. (2017). Digitalisierung der Arbeit: Konsequenzen für Führung und Zusammenarbeit. *Gruppe. Interaktion. Organisation. Zeitschrift für Angewandte Organisationspsychologie (GIO)*, *48*(4), 247–258. https://doi.org/10.1007/s11612-017-0391-5

Appelbaum, E. (2000). *Manufacturing advantage: Why high-performance work systems pay off* (Bd. 30). Cornell University Press. https://doi.org/10.2307/3089250

Arendt, H. (2020). *Vita activa oder Vom tätigen Leben* (Ungekürzte Taschenbuchausgabe, 20. Auflage). Piper ebooks. ISBN: 3492236235.

Arias-Perez, J. & Velez-Jaramillo, J. (2022). Understanding knowledge hiding under technological turbulence caused by artificial intelligence and robotics. *Journal of Knowledge Management*, *26*(6), 1476–1491. https://doi.org/10.1108/JKM-01-2021-0058

Arnold, K. A. (2017). Transformational leadership and employee psychological well-being: A review and directions for future research. *Journal of occupational health psychology*, *22*(3), 381. https://doi.org/10.1037/ocp0000062

Arntz, M., Gregory, T. & Zierahn, U. (2016). The risk of automation for jobs in OECD countries: A comparative analysis. https://doi.org/10.1787/1815199X

Attig, C., Mach, S., Wessel, D., Franke, T., Schmalfuß, F. & Krems, J. F. (2018). Technikaffinität als Ressource für die Arbeit in Industrie 4.0. *aw&I Conference*, *3*. https://doi.org/10.14464/awic.v3i0.251

Aulenbacher, B. & Siegel, T. (1995). *Diese Welt wird völlig anders sein: Denkmuster und Rationalisierung* (B. Aulenbacher & T. Siegel, Hrsg.). Springer-Verlag. https://doi.org/10.1007/978-3-86226-386-8

Autor, D. H., Levy, F. & Murnane, R. J. (2003). The skill content of recent technological change: An empirical exploration. *The Quarterly journal of economics*, *118*(4), 1279–1333. https://doi.org/10.1162/003355303322552801

Avolio, B. J. (2011). *Full range leadership development*. Sage Publications. https://doi.org/10.4135/9781483349107

Avolio, B. J., Kahai, S. & Dodge, G. E. (2000). E-leadership: Implications for theory, research, and practice. *The Leadership Quarterly, 11*(4), 615–668. https://doi.org/10.1016/S1048-9843(00)00062-X

Avolio, B. J., Sosik, J. J., Kahai, S. S. & Baker, B. (2014). E-leadership: Re-examining transformations in leadership source and transmission. *The Leadership Quarterly, 25*(1), 105–131. https://doi.org/10.1016/j.leaqua.2013.11.003

Backhaus, K., Erichson, B., Plinke, W. & Weiber, R. (2016). *Multivariate analysemethoden* (14., überarbeitete und aktualisierte Auflage). Springer. ISBN: 9783662460757. https://doi.org/10.1007/978-3-662-46076-4

Backhaus, K., Erichson, B. & Weiber, R. (2015). *Fortgeschrittene multivariate Analysemethoden: Eine anwendungsorientierte Einführung*. Springer-Verlag. https://doi.org/10.1007/978-3-662-46087-0

Bakker, A. B. & Demerouti, E. (2007). The job demands-resources model: State of the art. *Journal of Managerial Psychology, 22*(3), 309–328. https://doi.org/10.1108/02683940710733115

Bakker, A. B. & de Vries, J. D. (2020). Job Demands–Resources theory and self-regulation: New explanations and remedies for job burnout. *Anxiety, Stress, Coping, 34*(1), 1–21. https://doi.org/10.1080/10615806.2020.1797695

Bal, P. M. & De Lange, A. H. (2015). From flexibility human resource management to employee engagement and perceived job performance across the lifespan: A multisample study. *Journal of Occupational and Organizational Psychology, 88*(1), 126–154. https://doi.org/10.1111/joop.12082

Bal, P. M. & Doci, E. (2018). Neoliberal ideology in work and organizational psychology. *European Journal of Work and Organizational Psychology, 27*(5), 536–548. https://doi.org/10.1080/1359432x.2018.1449108

Barber, L. K. & Santuzzi, A. M. (2015). Please respond ASAP: workplace telepressure and employee recovery. *Journal of occupational health psychology, 20*(2), 172. https://doi.org/10.1037/a0038278

Bass, B. M. (1987). Leadership and performance beyond expectations. *The Academy of Management Review, 12*(4), 756. https://doi.org/10.2307/258081

Bass, B. M. & Avolio, B. (1995). *MLQ multifactor leadership questionnaire*. Mind Garden. https://doi.org/10.1037/t03624-000

Bass, B. M. & Riggio, R. E. (2006). Transformational leadership. https://doi.org/10.4324/9781410617095

Bass, B. M. & Riggio, R. E. (2010). The transformational model of leadership: Perspectives for a new era. In G. R. Hickman (Hrsg.). Sage. ISBN: 1412939089.

Bauernhansl, T. (2017). Die vierte industrielle Revolution–Der Weg in ein wertschaffendes Produktionsparadigma. *Handbuch Industrie 4.0 Bd. 4: Allgemeine Grundlagen*, 1–31. https://doi.org/10.1007/978-3-662-53254-6_1

Bawden, D. & Robinson, L. (2020). Information overload: An introduction. *Oxford research encyclopedia of politics*. Oxford University Press. https://doi.org/10.1093/acrefore/9780190228637.013.1360

Becker, W., Ulrich, P., Schmid, O. & Feichtinger, C. (2020). Industrielle Digitalisierung. *Entwicklungen und Strategien für mittelständische Unternehmen*. https://doi.org/10.1007/978-3-658-28815-0

Beier, G. (2004). *Kontrollüberzeugungen im Umgang mit Technik: ein Persönlichkeitsmerkmal mit Relevanz für die Gestaltung technischer Systeme: Ein Persönlichkeitsmerkmal mit Relevanz für die Gestaltung technischer Systeme* (Als Ms. gedr., Bd. 871). dissertation.de. ISBN: 3898257711.

Beigi, M., Shirmohammadi, M. & Otaye-Ebede, L. (2019). Half a century of work–nonwork interface research: a review and taxonomy of terminologies. *Applied Psychology*, *68*(3), 449–478. https://doi.org/10.1111/apps.12168

Bellmann, L. & Hübler, O. (2021). Working from home, job satisfaction and work–life balance–robust or heterogeneous links? *International Journal of Manpower*, *42*(3), 424–441. https://doi.org/10.1108/IJM-10-2019-0458

Bencsik, A. & Juhasz, T. (2023). Impact of technostress on work-life balance. *Human Technology*, *19*(1), 41–61. https://doi.org/10.14254/1795-6889.2023.19-1.4

Berdicchia, D., Bracci, E. & Masino, G. (2022). Performance management systems promote job crafting: the role of employees' motivation. *Personnel Review*, *51*(3), 861–875.

Berg, J. M., Dutton, J. E., Wrzesniewski, A. & Baker, W. E. (2013). *Job crafting exercise*. University of Michigan Ann Arbor, MI, USA. http://www.jobcrafting.org/

Bergmann, F. (1990). Neue Arbeit (New Work). Das Konzept und seine Umsetzung in der Praxis. *Jahrbuch Arbeit und Technik*, 71–80. ISBN: 3801240207.

Bergmann, F. (2020). *Neue Arbeit, Neue Kultur* (S. Schuhmacher, Hrsg.). Arbor Verlag. ISBN: 9783867812849. http://nbn-resolving.org/urn:nbn:de:bsz:31-epflicht-1850100

Berthold, J. & Oschmiansky, F. (2020). Der Arbeitsbegriff im Wandel der Zeiten. *Bundeszentrale für politische Bildung*, 95–100. https://www.bpb.de/themen/arbeit/arbeitsmarktpolitik/305854/der-arbeitsbegriff-im-wandel-der-zeiten/

Binswanger, M. (2019). Digital Transformation and Employment: Where Will New Jobs be Created? *e-Proceedings of 2nd Connect-Us Conference (CuC 2019)*, 45–48. ISBN: 978-967-16755-2-6.

Blair-Loy, M., Hochschild, A., Pugh, A. J., Williams, J. C. & Hartmann, H. (2015). Stability and transformation in gender, work, and family: Insights from the second shift for the next quarter century. *Community, Work & Family*, *18*(4), 435–454. https://doi.org/10.1080/13668803.2015.1080664

Blanz, M. (2021). *Forschungsmethoden und Statistik für die Soziale Arbeit: Grundlagen und Anwendungen*. Kohlhammer Verlag. https://doi.org/10.17433/978-3-17-039819-1

Blazejewski, S. & Walker, E.-M. (2018). Digitalization in retail work: coping with stress through job crafting. *management revu*, *29*(1), 79–100. https://doi.org/10.5771/0935-9915-2018-1-79

Boell, S. K., Cecez-Kecmanovic, D. & Campbell, J. (2016). Telework paradoxes and practices: The importance of the nature of work. *New Technology, Work and Employment*, *31*(2), 114–131. https://doi.org/10.1111/ntwe.12063

Bohnlein, P. & Baum, M. (2022). Does job crafting always lead to employee well-being and performance? Meta-analytical evidence on the oderating role of societal culture. *The International Journal of Human Resource Management*, *33*(4), 647–685. https://doi.org/10.1080/09585192.2020.1737177

Boxall, P. & Macky, K. (2009). Research and theory on high-performance work systems: progressing the high-involvement stream. *Human resource management journal*, *19*(1), 3–23. https://doi.org/10.1111/j.1748-8583.2008.00082.x

Brandão, C., Silva, R. & dos Santos, J. V. (2019). Online recruitment in Portugal: Theories and candidate profiles. *Journal of Business Research*, *94*, 273–279. https://doi.org/10.1016/j.jbusres.2018.04.011

Brock, J. K.-U. & Von Wangenheim, F. (2019). Demystifying AI: What digital transformation leaders can teach you about realistic artificial intelligence. *California management review*, *61*(4), 110–134. https://doi.org/10.1177/1536504219865226

Brough, P., Holt, J., Bauld, R., Biggs, A. & Ryan, C. (2008). The ability of work—life balance policies to influence key social/organisational issues. *Asia Pacific Journal of Human Resources*, *46*(3), 261–274. https://doi.org/10.1177/1038411.108095758

Brough, P. & O'Driscoll, M. P. (2010). Organizational interventions for balancing work and home demands: An overview. *Work & Stress*, *24*(3), 280–297. https://doi.org/10.1080/02678373.2010.506808

Brynjolfsson, E. & McAfee, A. (2014). *The second machine age: Work, progress, and prosperity in a time of brilliant technologies: Work, progress, and prosperity in a time of brilliant technologies* (A. McAfee, Hrsg.; First published as a Norton paperback). WW Norton & Company. ISBN: 0393350649.

Bryson, A., Forth, J. & Kirby, S. (2005). High-involvement management practices, trade union representation and workplace performance in Britain. *Scottish journal of political economy*, *52*(3), 451–491. https://doi.org/10.1111/j.0036-9292.2005.00352.x

Buchanan, B. G. & Smith, R. G. (1988). Fundamentals of expert systems. *Annual review of computer science*, *3*(1), 23–58. https://doi.org/10.1146/annurev.cs.03.060188.000323

Bühner, M. (2021). *Einführung in die Test-und Fragebogenkonstruktion* (4. korrigierte und erweiterte Auflage, Bd. 4033). Pearson Deutschland GmbH. ISBN: 978-3-86894-326-9.

Bundesagentur für Arbeit. (2023). Berichte: Blickpunkt Arbeitsmarkt – Entwicklungen in der Zeitarbeit. https://statistik.arbeitsagentur.de/DE/Statischer-Content/Statistiken/Themen-im-Fokus/Zeitarbeit/generische-Publikation/Arbeitsmarkt-Deutschland-Zeitarbeit-Aktuelle-Entwicklung.pdf

Bunjak, A., Bruch, H. & Černe, M. (2022). Context is key: The joint roles of transformational and shared leadership and management innovation in predicting employee IT innovation adoption. *International Journal of Information Management*, *66*, 102516. https://doi.org/10.1016/j.ijinfomgt.2022.102516

Byron, K. (2005). A meta-analytic review of work–family conflict and its antecedents. *Journal of vocational behavior*, *67*(2), 169–198. https://doi.org/10.1016/j.jvb.2004.08.009

Caligiuri, P. & Givelekian, N. (2008). Strategic human resources and work-life balance (P. Caligiuri, Hrsg.). *Harmonizing work, family, and personal life: From policy to practice*, 19–38. https://doi.org/10.1017/cbo9780511488498.002

Cantu-Ortiz, F. J., Galeano Sanchez, N., Garrido, L., Terashima-Marin, H. & Brena, R. F. (2020). An artificial intelligence educational strategy for the digital transformation. *International Journal on Interactive Design and Manufacturing (IJIDeM)*, *14*(4), 1195–1209. https://doi.org/10.1007/s12008-020-00702-8

Carifio, J. & Perla, R. (2008, Dezember). Resolving the 50-year debate around using and misusing Likert scales. https://doi.org/10.1111/j.1365-2923.2008.03172.x

Casper, W. J., Vaziri, H., Wayne, J. H., DeHauw, S. & Greenhaus, J. (2018). The jingle-jangle of work–nonwork balance: A comprehensive and meta-analytic review of its meaning and measurement. *Journal of Applied Psychology*, *103*(2), 182. https://doi.org/10.1037/apl0000259

Cheng, B., Lin, H. & Kong, Y. (2023). Challenge or hindrance? How and when organizational artificial intelligence adoption influences employee job crafting. *Journal of Business Research*, *164*, 113987. https://doi.org/10.1016/j.jbusres.2023.113987

Cherry, M. A. (2010). A taxonomy of virtual work. *Georgia Law Review*, *45*(4), 951–1013. https://digitalcommons.law.uga.edu/glr/vol45/iss4/2

Cherry, M. A. (2016). Beyond misclassification: The digital transformation of work. *Comparative Labor Law & Policy Journal, Forthcoming, Saint Louis U. Legal Studies Research Paper*, (2016-2). https://ssrn.com/abstract=2734288

Chieregato, E. (2020). A work–life balance for all? Assessing the inclusiveness of EU Directive 2019/1158. *International Journal of Comparative Labour Law and Industrial Relations*, *36*(1), 59–80. https://doi.org/10.54648/ijcl2020004

Choudrie, J., Manandhar, N., Castro, C. & Obuekwe, C. (2023). Hey Siri, Google! Can you help me? A qualitative case study of smartphones AI functions in SMEs. *Technological Forecasting and Social Change*, *189*, 122375. https://doi.org/10.1016/j.techfore.2023.122375

Clark, S. C. (2000). Work/family border theory: A new theory of work/family balance. *Human relations*, *53*(6), 747–770. https://doi.org/10.1177/0018726700536001

Cohen, J. (1992). Statistical power analysis. *Current directions in psychological science*, *1*(3), 98–101. https://doi.org/10.1111/1467-8721.ep10768783

Contreras, I. & Vehi, J. (2018). Artificial intelligence for diabetes management and decision support: literature review. *Journal of Medical Internet Research*, *20*(5), e10775. https://doi.org/10.2196/10775

Cortellazzo, L., Bruni, E. & Zampieri, R. (2019). The role of leadership in a digitalized world: A review. *Frontiers in Psychology*, *10*, 1938. https://doi.org/10.3389/fpsyg.2019.01938

Cortina, J. M. (1993). What is coefficient alpha? An examination of theory and applications. *Journal of Applied Psychology*, *78*(1), 98. https://doi.org/10.1037/0021-9010.78.1.98

Cousins, K. & Robey, D. (2015). Managing work-life boundaries with mobile technologies: An interpretive study of mobile work practices. *Information Technology & People*, *28*(1), 34–71. https://doi.org/10.1108/itp-08-2013-0155

Craig, K., Thatcher, J. B. & Grover, V. (2019). The IT identity threat: A conceptual definition and operational measure. *Journal of Management Information Systems*, *36*(1), 259–288. https://doi.org/10.1080/07421222.2018.1550561

Cranefield, J., Winikoff, M., Chiu, Y.-T., Li, Y., Doyle, C. & Richter, A. (2023). Partnering with AI: The case of digital productivity assistants. *Journal of the Royal Society of New Zealand*, *53*(1), 95–118. https://doi.org/10.1080/03036758.2022.2114507

Crede, M., Jong, J. & Harms, P. (2019). The generalizability of transformational leadership across cultures: A meta-analysis. *Journal of Managerial Psychology*, *34*(3), 139–155. https://doi.org/10.1108/jmp-11-2018-0506

Czado, C. & Schmidt, T. (2011). *Mathematische Statistik*. Springer-Verlag. https://doi.org/10.1007/978-3-642-17261-8

Dahlgreen, W. (2015). *37% of British workers think their jobs are meaningless*. https://yougov.co.uk/society/articles/13005-british-jobs-meaningless?redirect_from=/topics/lifestyle/articles-reports/2015/08/12/british-jobs-meaningless

Dantas, C., Mackiewicz, K., Tageo, V., Jacucci, G., Guardado, D., Ortet, S., Varlamis, I., Maniadakis, M., de Lera, E., Quintas, J. et al. (2021). Benefits and Hurdles of AI In The Workplace–What Comes Next. *International Journal of Artificial Intelligence and Expert Systems*. https://www.cscjournals.org/library/manuscriptinfo.php?mc=IJAE-200

Davis, F. D. (1985). *A technology acceptance model for empirically testing new end-user information systems: Theory and results* (Diss.). Massachusetts Institute of Technology. http://hdl.handle.net/1721.1/15192

Davis, F. D., Bagozzi, R. P. & Warshaw, P. R. (1989). User acceptance of computer technology: A comparison of two theoretical models. *Management science*, *35*(8), 982–1003. https://doi.org/10.1287/mnsc.35.8.982

De Hoogh, A. H. B., Den Hartog, D. N. & Koopman, P. L. (2005). Linking the Big Five-Factors of personality to charismatic and transactional leadership; perceived dynamic work environment as a moderator. *Journal of Organizational Behavior*, *26*(7), 839–865. https://doi.org/10.1002/job.344

De Menezes, L. M. & Kelliher, C. (2011). Flexible working and performance: A systematic review of the evidence for a business case. *International Journal of Management Reviews*, *13*(4), 452–474. https://doi.org/10.1111/j.1468-2370.2011.00301.x

De Vos, A., Akkermans, J. & Van der Heijden, B. (2019, November). From occupational choice to career crafting. *The Routledge companion to career studies* (S. 128–142). Routledge. https://doi.org/10.4324/9781315674704-9

de Gennaro, D., Adinolfi, P., Piscopo, G. & Cavazza, M. (2021). Work Digitalization and Job Crafting: The Role of Attitudes Toward Technology. *Organizing in a Digitized World:*

Individual, Managerial and Societal Issues, 59–72. https://doi.org/10.1007/978-3-030-86858-1_4

Dethloff, C. (2004). *Akzeptanz und Nicht-Akzeptanz von technischen Produktinnovationen* (1. Aufl.). Pabst Science Publ. ISBN: 3-89967-134-1.

Deutsche Industrie- und Handelskammer. Bereich Digitale Wirtschaft Infrastruktur Regionalpolitik. (2023). *Digitalisierung tritt auf der Stelle. Die IHK-Umfrage zur Digitalisierung.* https://www.dihk.de/resource/blob/91516/aac9a26dea81dc7c1bc1e5f28b6105e8/dihk-digitalisierungsumfrage-2022-2023-data.pdf

Di Vaio, A., Palladino, R., Hassan, R. & Escobar, O. (2020). Artificial intelligence and business models in the sustainable development goals perspective: A systematic literature review. *Journal of business research*, *121*, 283–314. https://doi.org/10.1016/j.jbusres.2020.08.019

Dlugosch, S. & Terörde, A. (2009). *Eignungsdiagnostik im Wandel: Perspektiven-Trends-Konzepte: Perspektiven - Trends - Konzepte* (S. Dlugosch, Hrsg.). Vandenhoeck & Ruprecht. ISBN: 3525403518.

Drange, I., Bernstrøm, V. H. & Mamelund, S.-E. (2018). Are you moving up or falling short? An inquiry of skills-based variation in self-perceived employability among Norwegian employees. *Work, Employment and Society*, *32*(2), 387–406. https://doi.org/10.1177/0950017017749720

Drath, R. & Horch, A. (2014). Industrie 4.0: Hit or hype?[industry forum]. *IEEE industrial electronics magazine*, *8*(2), 56–58. https://doi.org/10.1109/mie.2014.2312079

Duan, Y., Edwards, J. S. & Dwivedi, Y. K. (2019). Artificial intelligence for decision making in the era of Big Data–evolution, challenges and research agenda. *International journal of information management*, *48*, 63–71. https://doi.org/10.1016/j.ijinfomgt.2019.01.021

Duckworth, J. D. & Buzzanell, P. M. (2009). Constructing work-life balance and fatherhood: Men's framing of the meanings of both work and family. *Communication Studies*, *60*(5), 558–573. https://doi.org/10.1080/10510970903260392

Dunn, T. J., Baguley, T. & Brunsden, V. (2014). From alpha to omega: A practical solution to the pervasive problem of internal consistency estimation. *British journal of psychology*, *105*(3), 399–412. https://doi.org/10.1111/bjop.12046

Eberl, J. K. & Drews, P. (2021). Digital Leadership–Mountain or molehill? A literature review. *Innovation Through Information Systems: Volume III: A Collection of Latest Research on Management Issues*, 223–237. https://doi.org/10.1007/978-3-030-86800-0_17

Edwards, P. & Ramirez, P. (2016). When should workers embrace or resist new technology? *New Technology, Work and Employment*, *31*(2), 99–113. https://doi.org/10.1111/ntwe.12067

Eisenbeiss, S. A., Van Knippenberg, D. & Boerner, S. (2008). Transformational leadership and team innovation: integrating team climate principles. *Journal of Applied Psychology*, *93*(6), 1438. https://doi.org/10.1037/a0012716

Elbaz, S., Richards, J. B. & Provost Savard, Y. (2022). Teleworking and work–life balance during the COVID-19 pandemic: A scoping review. *Canadian Psychology/Psychologie canadienne*. https://doi.org/10.1037/cap0000330

Ellis, P. D. (2010). *The essential guide to effect sizes: Statistical power, meta-analysis, and the interpretation of research results*. Cambridge university press. https://doi.org/10.1017/CBO9780511761676

Elo, S. & Kyngäs, H. (2008). The qualitative content analysis process. *Journal of advanced nursing*, *62*(1), 107–115. https://doi.org/10.1111/j.1365-2648.2007.04569.x

Eppler, M. J. & Mengis, J. (2004). The Concept of Information Overload-A Review of Literature from Organization Science, Accounting, Marketing, MIS, and Related Disciplines (2004) The Information Society: An International Journal, 20 (5), 2004, pp. 1–20. *The Information Society*, *20*(5), 271–305. https://doi.org/10.1080/01972240490507974

Erfurth, C. (2018, Dezember). The digital turn: on the quest for holistic approaches. In G. Fahrnberger (Hrsg.), *Distributed Computing and Internet Technology: 15th International Conference, ICDCIT 2019, Bhubaneswar, India, January 10–13, 2019, Proceedings 15* (S. 24–30). Springer International Publishing. ISBN: 978-3-030-05365-9. https://doi.org/10.1007/978-3-030-05366-6_2

Europäische Kommission. (2022). *Index für die digitale Wirtschaft und Gesellschaft (DESI) 2022* [Zugriff am 23.05.2023]. https://ec.europa.eu/newsroom/dae/redirection/document/88748

Evans, A. M., Carney, J. S. & Wilkinson, M. (2013). Work–life balance for men: Counseling implications. *Journal of Counseling & Development*, *91*(4), 436–441. https://doi.org/10.1002/j.1556-6676.2013.00115.x

Fallucchi, F., Coladangelo, M., Giuliano, R. & William De Luca, E. (2020). Predicting employee attrition using machine learning techniques. *Computers*, *9*(4), 86. https://doi.org/10.3390/computers9040086

Faraj, S., Pachidi, S. & Sayegh, K. (2018). Working and organizing in the age of the learning algorithm. *Information and Organization*, *28*(1), 62–70. https://doi.org/10.1016/j.infoandorg.2018.02.005

Fasel, D. & Meier, A. (2016). *Big data: Grundlagen, Systeme und Nutzungspotenziale* (D. Fasel & A. Meier, Hrsg.). Springer. ISBN: 978-3-658-11588-3. https://doi.org/10.1007/978-3-658-11589-0

Felfe, J. (2006). Validierung einer deutschen Version des "Multifactor Leadership Questionnaire "(MLQ Form 5 x Short) von. *Zeitschrift für Arbeits- und Organisationspsychologie A&O*, *50*(2), 61–78. https://doi.org/10.1026/0932-4089.50.2.61

Felstead, A. & Henseke, G. (2017). Assessing the growth of remote working and its consequences for effort, well-being and work-life balance. *New Technology, Work and Employment*, *32*(3), 195–212. https://doi.org/10.1111/ntwe.12097

Ferreira, J. J. & Monteiro, M. S. (2020). What are people doing about XAI user experience? A survey on AI explainability research and practice. In A. Marcus & E. Rosenzweig (Hrsg.), *Design, User Experience, and Usability. Design for Contemporary Interactive*

Environments: 9th International Conference, DUXU 2020, Held as Part of the 22nd HCI International Conference, HCII 2020, Copenhagen, Denmark, July 19–24, 2020, Proceedings, Part II 22 (S. 56–73). Springer International Publishing. ISBN: 978-3-030-49759-0. https://doi.org/10.1007/978-3-030-49760-6_4

Field, Z., Miles, J. & Field, A. (2014). *Discovering statistics using R* (Repr.). Sage. ISBN: 978-1446200452.

Fishbein, M. (1979). A theory of reasoned action: some applications and implications. *Nebraska Symposium on Motivation*, *27*, 65–116.

Flick, U. (2020). *Triangulation. Handbuch Qualitative Forschung in der Psychologie*. Springer. https://doi.org/10.1007/978-3-658-26887-9_23

Frambach, H. A. (2002). Zum Verständnis von Arbeit im historischen Wandel: eine Untersuchung aus nationalökonomischer Perspektive. *Arbeit*, *11*(3), 226–243. https://doi.org/10.1515/arbeit-2002-0305

Franke, T., Attig, C. & Wessel, D. (2019). A personal resource for technology interaction: development and validation of the affinity for technology interaction (ATI) scale. *International Journal of Human–Computer Interaction*, *35*(6), 456–467. https://doi.org/10.1080/10447318.2018.1456150

Frey, C. B. & Osborne, M. A. (2017). The future of employment: How susceptible are jobs to computerisation? *Technological forecasting and social change*, *114*, 254–280. https://doi.org/10.1016/j.techfore.2016.08.019

Frodermann, C., Grunau, P., Haas, G.-C. & Müller, D. (2021). *Homeoffice in Zeiten von Corona: Nutzung, Hindernisse und Zukunftswünsche* (Techn. Ber.). IAB-Kurzbericht.

Frone, M. R. (2003). Work-family balance. (J. C. Quick, L. E. Tetrick & J. C. Quick, Hrsg.), 143–162. ISBN: 1-55798-927-3. https://doi.org/10.1037/10474-007

Furnham, A., Richards, S. C. & Paulhus, D. L. (2013). The Dark Triad of personality: A 10 year review. *Social and Personality Psychology Compass*, *7*(3), 199–216. https://doi.org/10.1111/spc3.12018

Gallie, D., Felstead, A., Green, F. & Inanc, H. (2017). The hidden face of job insecurity. *Work, Employment and Society*, *31*(1), 36–53. https://doi.org/10.1177/0950017015624399

Garad, A., Haryono, S., Yaya, R., Pratolo, S. & Rahmawati, A. (2023). The relationship between transformational leadership, improving employee's performance and the raising efficiency of organizations. *Management and Production Engineering Review*, 15–30. https://doi.org/10.24425/mper.2022.142052

Gardiner, J., Stuart, M., Forde, C., Greenwood, I., MacKenzie, R. & Perrett, R. (2007). Work–life balance and older workers: employees' perspectives on retirement transitions following redundancy. *The International Journal of Human Resource Management*, *18*(3), 476–489. https://doi.org/10.1080/09585190601167904

Gastaldi, L., Corso, M., Raguseo, E., Neirotti, P., Paolucci, E., Martini, A. et al. (2014). Smart working: Rethinking work practices to leverage employees' innovation potential. *Proceedings of the 15th International CINet Conference*, *100*. ISBN: 978-90-77360-17-0.

Georgi, R. (2021). Das Hütchenspiel der New Work. *Gruppe. Interaktion. Organisation. Zeitschrift für Angewandte Organisationspsychologie (GIO)*, *52*(2), 435–439. https://doi.org/10.1007/s11612-021-00568-8

Gilbert, L. A. & Rachlin, V. (1987). Mental health and psychological functioning of dual-career families. *The Counseling Psychologist*, *15*(1), 7–49. https://doi.org/10.1177/0011000087151002

Godard, J. (2004). A critical assessment of the high-performance paradigm. *British journal of industrial relations*, *42*(2), 349–378. https://doi.org/10.1111/j.1467-8543.2004.00318.x

Goode, W. J. (1960). A theory of role strain. *American sociological review*, *25*(4), 483–496. https://doi.org/10.2307/2092933

Graeber, D. (2018). *Bullshit jobs: Vom wahren Sinn der Arbeit: Vom wahren Sinn der Arbeit* (S. Vogel, Hrsg.). Klett-Cotta. ISBN: 9783608981087.

Grant, A. M. (2020). An integrated model of goal-focused coaching: an evidence-based framework for teaching and practice. *Coaching Researched: A Coaching Psychology Reader*, 115–139. https://doi.org/10.1002/9781119656913.ch7

Graßmann, C. & Schermuly, C. C. (2020). Coaching with artificial intelligence: concepts and capabilities. *Human Resource Development Review*, *20*(1), 106–126. https://doi.org/10.1177/1534484320982891

Greenhaus, J. H. & Beutell, N. J. (1985). Sources of conflict between work and family roles. *Academy of management review*, *10*(1), 76–88. https://doi.org/10.2307/258214

Greenhaus, J. H., Collins, K. M. & Shaw, J. D. (2003). The relation between work–family balance and quality of life. *Journal of vocational behavior*, *63*(3), 510–531. https://doi.org/10.1016/s0001-8791(02)00042-8

Greif, S. (2007). Geschichte der Organisationspsychologie. In H. Schuler (Hrsg.). Huber Bern. ISBN: 3456844581.

Griffin, G. (2022). The 'Work-Work Balance'in higher education: between over-work, falling short and the pleasures of multiplicity. *Studies in Higher Education*, *47*(11), 2190–2203. https://doi.org/10.1080/03075079.2021.2020750

Grunow, D. et al. (2010). Arbeit von Frauen in Zeiten der Globalisierung. *Bundeszentrale für politische Bildung*. https://www.bpb.de/themen/gender-diversitaet/frauen-in-deutschland/49397/arbeit-von-frauen-in-zeiten-der-globalisierung/

Guest, D. E. (2002). Perspectives on the study of work-life balance. *Social Science Information*, *41*(2), 255–279. https://doi.org/10.1177/0539018402041002005

Gupta, C., Rao, K. R. & Datta, P. (2022). Support vector machine based prediction of work-life balance among women in information technology organizations. *IEEE Engineering Management Review*, *50*(2), 147–155. https://doi.org/10.1109/emr.2022.3152520

Hachtmann, R. & von Saldern, A. (2010). „Gesellschaft am Fließband". Fordistische Produktion und Herrschaftspraxis in Deutschland. *Zeithistorische Forschungen–Studies in Contemporary History*, *6*(2), 186–208. https://doi.org/10.14765/zzf.dok-1828

Hackl, B., Wagner, M., Attmer, L. & Baumann, D. (2017). *New Work: Auf dem Weg zur neuen Arbeitswelt: Management-Impulse, Praxisbeispiele, Studien: Management-Impulse, Praxisbeispiele, Studien* (M. Wagner, L. Attmer & D. Baumann, Hrsg.). Springer-Verlag. ISBN: 3658162651.

Hall, R. H. (1994). *Sociology of work: Perspectives, analyses, and issues* (R. T. Buttram, Hrsg.). Pine Forge Press. ISBN: 0803990030.

Hämmig, O., Brauchli, R. & Bauer, G. F. (2012). Effort-reward and work-life imbalance, general stress and burnout among employees of a large public hospital in Switzerland. *Swiss Medical Weekly, 142*, w13577. https://doi.org/10.4414/smw.2012.13577

Harris, T. R. (2014). *The impact of smartphones on work-life balance* (Diss.). Middle Tennessee State University. https://jewlscholar.mtsu.edu/server/api/core/bitstreams/3cd9130a-e17b-421c-b2cf-9908158bba12/content

Hartwich, O. M. (2009). *Neoliberalism: The genesis of a political swearword.* Centre for Independent Studies St. Leonards. ISBN: 9781864321852.

Harwardt, M. (2020). Digitalisierung in Deutschland–Der aktuelle Stand. *Führen und Managen in der digitalen Transformation: Trends, Best Practices und Herausforderungen*, 17–34. https://doi.org/10.1007/978-3-658-28670-5_2

Hayes, A. F. (2017). *Introduction to mediation, moderation, and conditional process analysis: A regression-based approach: A regression-based approach* (T. D. Little, Hrsg.; Third edition). Guilford publications. ISBN: 1462549039.

He, C., Teng, R. & Song, J. (2023). Linking employees' challenge-hindrance appraisals toward AI to service performance: the influences of job crafting, job insecurity and AI knowledge. *International Journal of Contemporary Hospitality Management.* https://doi.org/10.1108/ijchm-07-2022-0848

He, G., Liu, P., Zheng, X., Zheng, L., Hewlin, P. F. & Yuan, L. (2023). Being proactive in the age of AI: exploring the effectiveness of leaders' AI symbolization in stimulating employee job crafting. *Management Decision.* https://doi.org/10.1108/md-10-2022-1390

Hemphill, J. K. & Coons, A. E. (1957). Development of the leader behavior description questionnaire. In R. M. Stogdill & A. E. Coons (Hrsg.). Ohio State Univer., Bureau of Busin.

Herold, D. M., Fedor, D. B., Caldwell, S. & Liu, Y. (2008). The effects of transformational and change leadership on employees' commitment to a change: a multilevel study. *Journal of Applied Psychology, 93*(2), 346. https://doi.org/10.1037/0021-9010.93.2.346

Herrmann, D., Felfe, J. & Hardt, J. (2012). Transformationale führung und veränderungsbereitschaft. *Zeitschrift für Arbeits- und Organisationspsychologie, 56*(2), 70–86. https://doi.org/10.1026/0932-4089/a000076

Hetland, J., Hetland, H., Bakker, A. B. & Demerouti, E. (2018). Daily transformational leadership and employee job crafting: The role of promotion focus. *European Management Journal, 36*(6), 746–756. https://doi.org/10.1016/j.emj.2018.01.002

Higgins, E. T. (1997). Beyond pleasure and pain. *American Psychologist, 52*(12), 1280. https://doi.org/10.1037/0003-066x.52.12.1280

Higgins, E. T. (2000). Making a good decision: value from fit. *American Psychologist, 55*(11), 1217. https://doi.org/10.1037/0003-066x.55.11.1217

Higgins, E. T. (2005). Value from regulatory fit. *Current Directions in Psychological Science, 14*(4), 209–213. https://doi.org/10.1111/j.0963-7214.2005.00366.x

Higgins, E. T., Friedman, R. S., Harlow, R. E., Idson, L. C., Ayduk, O. N. & Taylor, A. (2001). Achievement orientations from subjective histories of success: Promotion pride versus prevention pride. *European Journal of Social Psychology, 31*(1), 3–23. https://doi.org/10.1002/ejsp.27

Higgins, E. T., Idson, L. C., Freitas, A. L., Spiegel, S. & Molden, D. C. (2003). Transfer of value from fit. *Journal of Personality and Social Psychology, 84*(6), 1140. https://doi.org/10.1037/0022-3514.84.6.1140

Hildebrandt, J. R., Kluge, J. & Ziefle, M. (2019). Work in progress: barriers and concerns of elderly workers towards the digital transformation of work. *Human Aspects of IT for the Aged Population. Design for the Elderly and Technology Acceptance: 5th International Conference, ITAP 2019, Held as Part of the 21st HCI International Conference, HCII 2019, Orlando, FL, USA, July 26-31, 2019, Proceedings, Part I 21*, 158–169. https://doi.org/10.1007/978-3-030-22012-9_12

Hildebrandt, J. R., Kluge, J. & Ziefle, M. (2020). A successful transformation of work? An exploratory analysis on requirements and evaluation criteria. *Human-Computer Interaction. Design and User Experience: Thematic Area, HCI 2020, Held as Part of the 22nd International Conference, HCII 2020, Copenhagen, Denmark, July 19–24, 2020, Proceedings, Part I 22*, 257–272. https://doi.org/10.1007/978-3-030-49059-1_19

Hildebrandt, J. R., Ziefle, M. & Calero Valdez, A. (2022). Entscheidungsautonomie und KI-Methodische Hinweise zur Untersuchung von KI-Nutzung in Sicherheitsbehörden. *Mensch und Computer 2022-Workshopband.* https://doi.org/10.18420/muc2022-mci-ws10-230

Hill, E. J., Hawkins, A. J., Ferris, M. & Weitzman, M. (2001). Finding an extra day a week: The positive influence of perceived job flexibility on work and family life balance. *Family relations, 50*(1), 49–58. https://doi.org/10.1111/j.1741-3729.2001.00049.x

Hirsch-Kreinsen, H. & Ten Hompel, M. (2020). Digitalisierung industrieller Arbeit: Entwicklungsperspektiven und Gestaltungsansätze. *Handbuch Industrie 4.0 Bd. 3: Logistik*, 357–376. https://doi.org/10.1007/978-3-662-58530-6_21

Hobfoll, S. E. (1989). Conservation of resources: A new attempt at conceptualizing stress. *American psychologist, 44*(3), 513. https://doi.org/10.1037/0003-066x.44.3.513

Hobfoll, S. E. (2011). Conservation of resources theory: Its implication for stress, health, and resilience. *The Oxford handbook of stress, health, and coping, 127*, 147. https://doi.org/10.1093/oxfordhb/9780195375343.013.0007

Hobfoll, S. E., Halbesleben, J., Neveu, J.-P. & Westman, M. (2018). Conservation of resources in the organizational context: The reality of resources and their consequences. *Annual review of organizational psychology and organizational behavior, 5*(1), 103–128. https://doi.org/10.1146/annurev-orgpsych-032117-104640

Höflinger, V., Mai, C., Büttgen, M. & Eckhardt, A. (2020). Der Generalfaktor der Persönlichkeit und die Dunkle Triade. *Zeitschrift für Arbeits- und Organisationspsychologie, 64*(4), 234–248. https://doi.org/10.1026/0932-4089/a000328

Hofmann, J., Piele, A. & Piele, C. (2019). New Work. Best Practices und Zukunftsmodelle. https://doi.org/10.24406/publica-fhg-299651

Hornung, S. (2018). *Interview zu New Work mit Frithjof Bergmann: Ich ärgere mich sehr, sehr tüchtig. Haufe Personalmagazin* [Zugriff am 23.05.2023]. https://www.haufe.de/personal/hr-management/frithjof-bergmann-uebt-kritik-an-akteuller-new-work-debatte_80_467516.html

Hufer, K. P. (2016, Juli). *Argumente am Stammtisch: Erfolgreich gegen Parolen, Palaver und Populismus.* Wochenschau Verlag. ISBN: 9783734402791. https://doi.org/10.46499/725

Huijts, N. M., Molin, E. J. & Steg, L. (2012). Psychological factors influencing sustainable energy technology acceptance: A review-based comprehensive framework. *Renewable and Sustainable Energy Reviews, 16*(1), 525–531. https://doi.org/10.1016/j.rser.2011.08.018

Imran, F., Shahzad, K., Butt, A. & Kantola, J. (2020). Leadership Competencies for Digital Transformation: Evidence from Multiple Cases. *Advances in Human Factors, Business Management and Leadership*, 81–87. https://doi.org/10.1007/978-3-030-50791-6_11

Ingusci, E. (2018). Diversity climate and job crafting: the role of age. *The Open Psychology Journal, 11*(1), 105–111. https://doi.org/10.2174/1874350101811010105

Ingusci, E., Signore, F., Giancaspro, M. L., Manuti, A., Molino, M., Russo, V., Zito, M. & Cortese, C. G. (2021). Workload, techno overload, and behavioral stress during COVID-19 emergency: The role of job crafting in remote workers. *Frontiers in Psychology, 12*, 655148. https://doi.org/10.3389/fpsyg.2021.655148

Ishii, K., Lyons, M. M. & Carr, S. A. (2019). Revisiting media richness theory for today and future. *Human behavior and emerging technologies, 1*(2), 124–131. https://doi.org/10.1002/hbe2.138

Iu, K. Y. & Wong, V. M.-Y. (2023). ChatGPT by OpenAI: The End of Litigation Lawyers? *Available at SSRN.* https://doi.org/10.2139/ssrn.4339839

Jackson, T. W., Dawson, R. & Wilson, D. (2003). Understanding email interaction increases organizational productivity. *Communications of the ACM, 46*(8), 80–84. https://doi.org/10.1145/859670.859673

Jacobsen, B. N. (2023). Machine learning and the politics of synthetic data. *Big Data & Society, 10*(1), 20539517221145372. https://doi.org/10.1177/20539517221145372

Jacucci, G., Daee, P., Vuong, T., Andolina, S., Klouche, K., Sjöberg, M., Ruotsalo, T. & Kaski, S. (2021). Entity recommendation for everyday digital tasks. *ACM transactions on computer-human interaction: a publication of the Association for Computing Machinery, 28*(5), 1–41. https://doi.org/10.1145/3458919

James, A. (2011). Work–life (im)'balance'and its consequences for everyday learning and innovation in the New Economy: evidence from the Irish IT sector. *Gender, Place & Culture, 18*(5), 655–684. https://doi.org/10.1080/0966369x.2011.601805

James, A. (2014). Work–life 'balance', recession and the gendered limits to learning and innovation (or, why it pays employers to care). *Gender, Work & Organization, 21*(3), 273–294.

James, A. (2017). *Work-life advantage: Sustaining regional learning and innovation.* John Wiley & Sons. ISBN: 9781118944806. https://doi.org/10.1002/9781118944806

James, S., Harbron, C., Branson, J. & Sundler, M. (2021). Synthetic data use: exploring use cases to optimise data utility. *Discover Artificial Intelligence, 1*(1), 15. https://doi.org/10.1007/s44163-021-00016-y

Jolly, P. M., Kong, D. T. & Kim, K. Y. (2021). Social support at work: An integrative review. *Journal of organizational behavior, 42*(2), 229–251. https://doi.org/10.1002/job.2485

Jones, D. N. & Paulhus, D. L. (2014). Introducing the short Dark Triad (SD3): a brief measure of dark personality traits. *Assessment, 21*(1), 28–41. https://doi.org/10.1177/1073191113514105

Joseph, J., Sebastian, D. J. et al. (2019). Work-life balance vs work-family balance-an evaluation of scope. *Amity Global HRM Review, 9*, 63. https://doi.org/10.13140/RG.2.2.36194.38084

Judge, T. A. & Piccolo, R. F. (2004). Transformational and transactional leadership: a meta-analytic test of their relative validity. *The Journal of applied psychology, 89*(5), 755. https://doi.org/10.1037/0021-9010.89.5.755

Jussupow, E., Benbasat, I. & Heinzl, A. (2020). Why are we averse towards algorithms? A comprehensive literature review on algorithm aversion. https://aisel.aisnet.org/ecis2020_rp/168

Kagermann, H. (2016). Chancen von Industrie 4.0 nutzen (B. Vogel-Heuser, T. Bauernhansl & M. ten Hompel, Hrsg.). *Handbuch Industrie 4.0 Bd. 4: Allgemeine Grundlagen*, 237–248. ISBN: 978-3-662-53253-9. https://doi.org/10.1007/978-3-662-53254-6_12

Kahai, S. S. (2012). Leading in a digital age: What's different, issues raised, and what we know: When near is far and far is near. In M. C. Bligh & R. E. Riggio (Hrsg.), *Exploring distance in leader-follower relationships* (S. 63–108). Routledge. ISBN: 9780203120637.

Kahn, R. L., Wolfe, D. M., Quinn, R. P., Snoek, J. D. & Rosenthal, R. A. (1964). Organizational stress: Studies in role conflict and ambiguity. *American sociological review, 30*(4), 620–620. https://doi.org/10.2307/2091375

Kaiser, S., Kozica, A., Böhringer, F. & Wissinger, J. (2021). *Digitale Arbeitswelt.* Springer. ISBN: 9783658332242. https://doi.org/10.1007/978-3-658-33224-2

Kane, G. C., Palmer, D., Phillips, A. N., Kiron, D. & Buckley, N. (2015). Strategy, not technology, drives digital transformation. *MIT Sloan Management Review.* https://sloanreview.mit.edu/projects/strategy-drives-digital-transformation/

Kang, D. Y., Hur, W.-M. & Shin, Y. (2023). Smart technology and service employees' job crafting: Relationship between STARA awareness, performance pressure, receiving and giving help, and job crafting. *Journal of Retailing and Consumer Services*, *73*, 103282. https://doi.org/10.1016/j.jretconser.2023.103282

Kauffeld, S., Kauffeld, S. & Sauer, N. C. (2011). Vergangenheit und Zukunft der Arbeits-und Organisationspsychologie (S. Kauffeld, Hrsg.). *Arbeits-, Organisations-und Personalpsychologie: für Bachelor*, 15–28. ISBN: 978-3-642-16998-4. https://doi.org/10.1007/978-3-642-16999-1_2

Keightley, S., Duncan, M. & Gardner, B. (2022). Working from home: Experiences of home-working, health behaviour and wellbeing during the 2020 UK Covid-19 lockdown. *Journal of Occupational and Environmental Medicine*, (65), 10–1097. https://doi.org/10.1097/jom.0000000000002757

Keightley, S., Duncan, M. & Gardner, B. (2023). An intervention to promote positive home-worker health and wellbeing through effective home-working practices: a feasibility and acceptability study. *BMC public health*, *23*(1), 1–13. https://doi.org/10.1186/s12889-023-15347-x

Kelliher, C. & Anderson, D. (2010). Doing more with less? Flexible working practices and the intensification of work. *Human relations*, *63*(1), 83–106. https://doi.org/10.1177/0018726709349199

Kelliher, C., Richardson, J. & Boiarintseva, G. (2019). All of work? All of life? Reconceptualising work-life balance for the 21st century. *Human resource management journal*, *29*(2), 97–112. https://doi.org/10.1111/1748-8583.12215

Kelloway, E. K., Gottlieb, B. H. & Barham, L. (1999). The source, nature, and direction of work and family conflict: a longitudinal investigation. *Journal of occupational health psychology*, *4*(4), 337. https://doi.org/10.1037/1076-8998.4.4.337

Kerksieck, P., Brauchli, R., De Bloom, J., Shimazu, A., Kujanpää, M., Lanz, M. & Bauer, G. F. (2022). Crafting work-nonwork balance involving life domain boundaries: Development and validation of a novel scale across five countries. *Frontiers in Psychology*, *13*, 892120. https://doi.org/10.3389/fpsyg.2022.892120

Khan, O. F. & Fazili, A. I. (2016). Work life balance: A conceptual review. *Journal of Strategic Human Resource Management*, *5*(2). ISBN: 2278-3369.

Kneipp, D. (2006). Berufsverbote in der DDR? Zur Praxis politisch motivierter beruflicher Ausgrenzung im Ost-Berlin der 70er und 80er Jahre. *Potsdamer Bulletin für Zeithistorische Studien*, *36/37*(2), 32–36. ISBN: 1432-4881.

Kocsis, O., Moustakas, K., Fakotakis, N., Vassiliou, C., Toska, A., Vanderheiden, G. C., Stergiou, A., Amaxilatis, D., Pardal, A., Quintas, J. et al. (2019). Smartwork: designing a smart age-friendly living and working environment for office workers. *Proceedings of the 12th ACM International Conference on PErvasive Technologies Related to Assistive Environments*, 435–441. ISBN: 9781450362320. https://doi.org/10.1145/3316782.3322766

Kollmann, T. & Schmidt, H. (2016). *Deutschland 4.0. Wie die digitale Transformation gelingt: Wie die Digitale Transformation gelingt* (H. Schmidt, Hrsg.). Springer-Gabler. ISBN: 978-3-658-11981-2. https://doi.org/10.1007/978-3-658-13145-6

Komlosy, A. (2016). *Arbeit: Eine globalhistorische Perspektive. 13. bis 21. Jahrhundert.* Promedia Verlag. ISBN: 9783853718506.

Kooij, D. T. (2015). Successful aging at work: The active role of employees. *Work, Aging and Retirement, 1*(4), 309–319. https://doi.org/10.1093/workar/wav018

Kossek, E. E. & Lee, K.-H. (2017). Work-family conflict and work-life conflict. *Oxford research encyclopedia of business and management.* Oxford University Press. https://doi.org/10.1093/acrefore/9780190224851.013.52

Kossek, E. E., Petty, R. J., Bodner, T. E., Perrigino, M. B., Hammer, L. B., Yragui, N. L. & Michel, J. S. (2018). Lasting impression: Transformational leadership and family supportive supervision as resources for well-being and performance. *Occupational Health Science, 2*(1), 1–24. https://doi.org/10.1007/s41542-018-0012-x

Kuckartz, U. (2013). *Computergestützte Analyse qualitativer Daten: Eine Einführung in Methoden und Arbeitstechniken.* Springer-Verlag. ISBN: 3322865924.

Kunze, F., Hampel, K. & Zimmermann, S. (2020). *Homeoffice in der Corona-Krise : eine nachhaltige Transformation der Arbeitswelt?* https://kops.uni-konstanz.de/entities/publication/ef733382-a490-4f1f-a608-c04cad6d1530

Kurtessis, J. N., Eisenberger, R., Ford, M. T., Buffardi, L. C., Stewart, K. A. & Adis, C. S. (2017). Perceived organizational support: A meta-analytic evaluation of organizational support theory. *Journal of management, 43*(6), 1854–1884. https://doi.org/10.1177/0149206315575554

Lai, P. C. (2017). The literature review of technology adoption models and theories for the novelty technology. *Journal of Information Systems and Technology Management, 14*(1), 21–38. https://doi.org/10.4301/s1807-17752017000100002

Las Heras, M., Rofcanin, Y., Matthijs Bal, P. & Stollberger, J. (2017). How do flexibility i-deals relate to work performance? Exploring the roles of family performance and organizational context. *Journal of organizational behavior, 38*(8), 1280–1294. https://doi.org/10.1002/job.2203

Lazazzara, A., Tims, M. & De Gennaro, D. (2020). The process of reinventing a job: A meta–synthesis of qualitative job crafting research. *Journal of vocational behavior, 116*, 103267. https://doi.org/10.1016/j.jvb.2019.01.001

Lee, D. (2023). AI-based Healthcare Chatbot. *International Research Journal of Engineering and Technology (IRJET), 10*(2). ISBN: 2395-0072.

Lee, J. W. & Song, Y. (2020). Promoting employee job crafting at work: the roles of motivation and team context. *Personnel Review, 49*(3), 689–708. https://doi.org/10.1108/PR-07-2018-0261

Lee, Y., Kozar, K. A. & Larsen, K. R. (2003). The technology acceptance model: Past, present, and future. *Communications of the Association for Information Systems, 12*(1), 50. https://doi.org/10.17705/1cais.01250

Leiner, D. J. (2019). Too fast, too straight, too weird: Non-reactive indicators for meaningless data in internet surveys. *Survey Research Methods, 13*(3), 229–248. https://doi.org/10.18148/srm/2019.v13i3.7403

Leslie, L. M., Manchester, C. F., Park, T.-Y. & Mehng, S. A. (2012). Flexible work practices: a source of career premiums or penalties? *Academy of Management Journal, 55*(6), 1407–1428. https://doi.org/10.5465/amj.2010.0651

Li, H. & Yang, X. (2018). When a calling is living: Job crafting mediates the relationships between living a calling and work engagement. *Journal of Chinese Human Resource Management, 9*(2), 77–106. https://doi.org/10.1108/jchrm-12-2017-0030

Lichtenthaler, P. W. & Fischbach, A. (2019). A meta-analysis on promotion and prevention focused job crafting. *European Journal of Work and Organizational Psychology, 28*(1), 30–50. https://doi.org/10.1080/1359432X.2018.1527767

Liu, L., Wan, W. & Fan, Q. (2021). How and when telework improves job performance during COVID-19? Job crafting as mediator and performance goal orientation as moderator. *Psychology Research and Behavior Management, 14*, 2181–2195. https://doi.org/10.2147/prbm.s340322

Lo, C. K. (2023). What is the impact of ChatGPT on education? A rapid review of the literature. *Education Sciences, 13*(4), 410. https://doi.org/10.3390/educsci13040410

Lott, Y., Kelliher, C. & Chung, H. (2022). Reflecting the changing world of work? A critique of existing survey measures and a proposal for capturing new ways of working. *Transfer: European Review of Labour and Research, 28*(4). https://doi.org/10.1177/10242589221130597

Lucke, D. (2013). *Akzeptanz: Legitimität in der „Abstimmungsgesellschaft"*. Springer-Verlag. ISBN: 9783663092346.

Lyness, K. S. & Judiesch, M. K. (2008). Can a manager have a life and a career? International and multisource perspectives on work-life balance and career advancement potential. *Journal of Applied Psychology, 93*(4), 789. https://doi.org/10.1037/0021-9010.93.4.789

Mache, S. & Harth, V. (2020). Digitale Transformation in der Arbeitswelt und psychische Gesundheit. *Zentralblatt für Arbeitsmedizin, Arbeitsschutz und Ergonomie, 70*(4), 1–5. https://doi.org/10.1007/s40664-019-00369-3

Majumder, S., Chowdhury, S., Dey, N. & Santosh, K. (2022). Balance Your Work-Life: Personal Interactive Web-Interface. *International Journal of Interactive Multimedia and Artificial Intelligence, 7*(7), 90. https://doi.org/10.9781/ijimai.2021.08.016

Malesza, M., Ostaszewski, P., Büchner, S. & Kaczmarek, M. C. (2019). The adaptation of the Short Dark Triad personality measure–psychometric properties of a German sample. *Current Psychology, 38*(3), 855–864. https://doi.org/10.1007/s12144-017-9662-0

Marsh, E., Vallejos, E. P. & Spence, A. (2022). The digital workplace and its dark side: An integrative review. *Computers in human behavior, 128*, 107118. https://doi.org/10.1016/j.chb.2021.107118

Mason, C., Griffin, M. & Parker, S. (2014). Transformational leadership development: Connecting psychological and behavioral change. *Leadership & Organization Development Journal, 35*(3), 174–194. https://doi.org/10.1108/lodj-05-2012-0063

Matsunaga, M. (2022). Uncertainty management, transformational leadership, and job performance in an AI-powered organizational context. *Communication monographs*, *89*(1), 118–139. https://doi.org/10.1080/03637751.2021.1952633

Mattock, S. L. (2015). Leadership and work–life balance. *Journal of Trauma Nursing*, *22*(6), 306–307. https://doi.org/10.1097/jtn.0000000000000163

Mauno, S., Kinnunen, U. & Ruokolainen, M. (2006). Exploring work-and organization-based resources as moderators between work–family conflict, well-being, and job attitudes. *Work & Stress*, *20*(3), 210–233. https://doi.org/10.1080/02678370600999969

Mayring, P. (2015). *Qualitative Inhaltsanalyse: Grundlagen und Techniken* (12., vollständig überarbeitete und aktualisierte Aufl.). Beltz. ISBN: 9783407293930. http://nbn-resolving.org/urn:nbn:de:bsz:31-epflicht-1136370

McClelland, G. H. & Judd, C. M. (1993). Statistical difficulties of detecting interactions and moderator effects. *Psychological bulletin*, *114*(2), 376. https://doi.org/10.1037/0033-2909.114.2.376

Menachery, T. J. (2018). Employees shaping their own jobs: how to enable job crafting? *Human Resource Management International Digest*, *26*(5), 27–29. https://doi.org/10.1108/hrmid-05-2018-0106

Meske, C. & Junglas, I. (2021). Investigating the elicitation of employees' support towards digital workplace transformation. *Behaviour & Information Technology*, *40*(11), 1120–1136.

Michaelis, B., Stegmaier, R. & Sonntag, K. (2010). Shedding light on followers' innovation implementation behavior: The role of transformational leadership, commitment to change, and climate for initiative. *Journal of Managerial Psychology*, *25*(4), 408–429. https://doi.org/10.1108/02683941011035304

Michaels, E., Handfield-Jones, H. & Axelrod, B. (2001). *The war for talent*. Harvard Business Press. ISBN: 9781578514595.

Mondo, M., Cicotto, G., Pileri, J., Cois, E. & De Simone, S. (2023). Promote Well-Being and Innovation in Sustainable Organizations: The Role of Job Crafting as Mediator. *Sustainability*, *15*(11), 8899. https://doi.org/10.3390/su15118899

Müller, E. B. (2017). Job crafting leadership. *Struktur und Kultur einer Leadership-Organisation: Holistik, Wertschätzung, Vertrauen, Agilität und Lernen*, 141–156. https://doi.org/10.1007/978-3-658-12554-7_8

Munir, F., Nielsen, K., Garde, A. H., Albertsen, K. & Carneiro, I. G. (2012). Mediating the effects of work–life conflict between transformational leadership and health-care workers' job satisfaction and psychological wellbeing. *Journal of Nursing Management*, *20*(4), 512–521. https://doi.org/10.1111/j.1365-2834.2011.01308.x

Neirotti, P., Raguseo, E. & Gastaldi, L. (2019). Designing flexible work practices for job satisfaction: the relation between job characteristics and work disaggregation in different types of work arrangements. *New Technology, Work and Employment*, *34*(2), 116–138. https://doi.org/10.1111/ntwe.12141

Nelson, M. R. (1994). We have the information you want, but getting it will cost you! held hostage by information overload. *XRDS: Crossroads, The ACM Magazine for Students, 1*(1), 11–15. https://doi.org/10.1145/197177.197183

Nemteanu, M.-S. & Dabija, D.-C. (2023). Negative impact of telework, job insecurity, and work–life conflict on employee behaviour. *International journal of environmental research and public health, 20*(5), 4182. https://doi.org/10.3390/ijerph20054182

Nerdinger, F. W., Blickle, G., Schaper, N., Nerdinger, F. W. & Schaper, N. (2014). Formen des Arbeitsverhaltens. *Arbeits-und Organisationspsychologie*, 441–459. https://doi.org/10.1007/978-3-642-41130-4_25

Neubert, M. J., Kacmar, K. M., Carlson, D. S., Chonko, L. B. & Roberts, J. A. (2008). Regulatory focus as a mediator of the influence of initiating structure and servant leadership on employee behavior. *Journal of Applied Psychology, 93*(6), 1220. https://doi.org/10.1037/a0012695

Ng, D. T. K., Leung, J. K. L., Chu, S. K. W. & Qiao, M. S. (2021). Conceptualizing AI literacy: An exploratory review. *Computers and Education: Artificial Intelligence, 2*, 100041. https://doi.org/10.1016/j.caeai.2021.100041

Ng, T. W. (2017). Transformational leadership and performance outcomes: Analyses of multiple mediation pathways. *The leadership quarterly, 28*(3), 385–417. https://doi.org/10.1016/j.leaqua.2016.11.008

Nielsen, K. & Yarker, J. (2020). Job crafting as a work adjustment strategy for workers returning after long-term sickness absence due to common mental disorders. *International Journal of Rehabilitation Research, 43*(2), 154–158. https://doi.org/10.1097/mrr.0000000000000398

Ninaus, K., Diehl, S., Terlutter, R., Chan, K. & Huang, A. (2015). Benefits and stressors–Perceived effects of ICT use on employee health and work stress: An exploratory study from Austria and Hong Kong. *International journal of qualitative studies on health and well-being, 10*(1), 28838. https://doi.org/10.3402/qhw.v10.28838

Nissinen, T. S., Maksniemi, E. I., Rothmann, S. & Lonka, K. M. (2022). Balancing work life: job crafting, work engagement, and workaholism in the finnish public sector. *Frontiers in Psychology, 13*, 817008. https://doi.org/10.3389/fpsyg.2022.817008

Olalere, M., Abdullah, M. T., Mahmod, R. & Abdullah, A. (2015). A review of bring your own device on security issues. *SAGE Open, 5*(2), 2158244015580372. https://doi.org/10.1177/2158244015580372

Olsen, K. M., Hildrum, J., Kummen, K. & Leirdal, C. (2023). How do young employees perceive stress and job engagement while working from home? Evidence from a telecom operator during COVID-19. *Employee Relations: The International Journal, 45*(3), 762–775. https://doi.org/10.1108/er-05-2022-0230

O'Meara, A., Davies, J. & Hammond, S. (2011). The psychometric properties and utility of the Short Sadistic Impulse Scale (SSIS). *Psychological assessment, 23*(2), 523. https://doi.org/10.1037/a0022400

Oprea, B. T., Barzin, L., Virga, D., Iliescu, D. & Rusu, A. (2019). Effectiveness of job crafting interventions: A meta-analysis and utility analysis. *European Journal of Work and Organizational Psychology, 28*(6), 723–741. https://doi.org/10.1080/1359432x.2019.1646728

Organ, D. W. (1988). *Organizational citizenship behavior: The good soldier syndrome.* (Bd. 33). Lexington books/DC heath; com. https://doi.org/10.2307/2393071

Ortiz-Bonnin, S., Blahopoulou, J., Garcia-Buades, M. E. & Montanez-Juan, M. (2023). Work-life balance satisfaction in crisis times: from luxury to necessity–The role of organization's responses during COVID-19 lockdown. *Personnel Review, 52*(4), 1033–1050. https://doi.org/10.1108/PR-07-2021-0484

Ott, H. & Schäfer, H. (1984). Wirtschafts-Ploetz: die Wirtschaftsgeschichte zum Nachschlagen. ISBN: 3876400732.

Özbilgin, M. F., Beauregard, T. A., Tatli, A. & Bell, M. P. (2011). Work–life, diversity and intersectionality: A critical review and research agenda. *International Journal of Management Reviews, 13*(2), 177–198. https://doi.org/10.1111/j.1468-2370.2010.00291.x

Park, Y., Fritz, C. & Jex, S. M. (2011). Relationships between work-home segmentation and psychological detachment from work: the role of communication technology use at home. *Journal of occupational health psychology, 16*(4), 457. https://doi.org/10.1037/a0023594

Parker, S. K. & Grote, G. (2022). Automation, algorithms, and beyond: Why work design matters more than ever in a digital world. *Applied Psychology, 71*(4), 1171–1204. https://doi.org/https://doi.org/10.1111/apps.12241

Parry, K. W. & Sinha, P. N. (2005). Researching the trainability of transformational organizational leadership. *Human Resource Development International, 8*(2), 165–183. https://doi.org/10.1080/13678860500100186

Paulhus, D. L. & Williams, K. M. (2002). The dark triad of personality: Narcissism, Machiavellianism, and psychopathy. *Journal of research in personality, 36*(6), 556–563. https://doi.org/10.1016/s0092-6566(02)00505-6

Pawlicka, A., Pawlicki, M., Tomaszewska, R., Choras, M. & Gerlach, R. (2020). Innovative machine learning approach and evaluation campaign for predicting the subjective feeling of work-life balance among employees. *PloS one, 15*(5), e0232771. https://doi.org/10.1371/journal.pone.0232771

Perez, F., Conway, N. & Roques, O. (2022). The autonomy tussle: AI technology and employee job crafting responses. *Relations industrielles, 77*(3). https://doi.org/10.7202/1094209ar

Perrigino, M. B., Dunford, B. B. & Wilson, K. S. (2018). Work–family backlash: The "dark side" of work–life balance (WLB) policies. *Academy of Management Annals, 12*(2), 600–630. https://doi.org/10.5465/annals.2016.0077

Petrou, P., Demerouti, E., Peeters, M. C., Schaufeli, W. B. & Hetland, J. (2012). Crafting a job on a daily basis: Contextual correlates and the link to work engagement. *Journal of organizational behavior, 33*(8), 1120–1141. https://doi.org/10.1002/job.1783

Petrou, P., Demerouti, E. & Schaufeli, W. B. (2018). Crafting the change: The role of employee job crafting behaviors for successful organizational change. *Journal of management, 44*(5), 1766–1792. https://doi.org/10.1177/0149206315624961

Petry, T. (2019). *Digital Leadership: Erfolgreiches Führen in Zeiten der Digital Economy.* Haufe. ISBN: 3648080571.

Philip, J. (2021). Viewing digital transformation through the lens of transformational leadership. *Journal of Organizational Computing and Electronic Commerce, 31*(2), 114–129. https://doi.org/10.1080/10919392.2021.1911573

Philip, J. & Gavrilova Aguilar, M. (2022). Student perceptions of leadership skills necessary for digital transformation. *Journal of Education for Business, 97*(2), 86–98. https://doi.org/10.1080/08832323.2021.1890540

Philip, J., Gilli, K. & Knappstein, M. (2023). Identifying key leadership competencies for digital transformation: evidence from a cross-sectoral Delphi study of global managers. *Leadership & Organization Development Journal, 44*(ahead-of-print), 392–406. https://doi.org/10.1108/lodj-02-2022-0063

Pospeschill, M. (2022). *Testtheorie, Testkonstruktion, Testevaluation.* UTB. https://doi.org/10.36198/9783838558332

Prainsack, B. & Buyx, A. (2018). The value of work: Addressing the future of work through the lens of solidarity. *Bioethics, 32*(9), 585–592. https://doi.org/10.1111/bioe.12507

Prasad, B. & Junni, P. (2016). CEO transformational and transactional leadership and organizational innovation: The moderating role of environmental dynamism. *Management Decision, 54*(7), 1542–1568. https://doi.org/10.1108/md-11-2014-0651

Purvanova, R. K. & Bono, J. E. (2009). Transformational leadership in context: Face-to-face and virtual teams. *The leadership quarterly, 20*(3), 343–357. https://doi.org/10.1016/j.leaqua.2009.03.004

Radha, K. & Rohith, M. (2021). An Experimental Analysis of Work-Life Balance Among The Employees using Machine Learning Classifiers. *International Journal of Computer Trends and Technology, 69*(4), 39–48. https://doi.org/10.14445/22312803/ijctt-v69i4p108. arXiv: 2105.07837 [cs.CY]

Ragu-Nathan, T., Tarafdar, M., Ragu-Nathan, B. S. & Tu, Q. (2008). The consequences of technostress for end users in organizations: Conceptual development and empirical validation. *Information systems research, 19*(4), 417–433. https://doi.org/10.1287/isre.1070.0165

Raguseo, E., Gastaldi, L. & Neirotti, P. (2016). Smart work: Supporting employees' flexibility through ICT, HR practices and office layout. *Evidence-based HRM: a Global Forum for Empirical Scholarship, 4*(3), 240–256. https://doi.org/10.1108/ebhrm-01-2016-0004

Rai, A. (2018). Job crafting intervention: Fostering individual job redesign for sustainable organisation. *Industrial and Commercial Training, 50*(4), 200–208. https://doi.org/10.1108/ict-11-2017-0089

Rammstedt, B., Kemper, C., Klein, M. C., Beierlein, C. & Kovaleva, A. (2013). Eine kurze Skala zur Messung der fünf Dimensionen der Persönlichkeit (BFI-10). *Methoden, Daten, Analysen (mda)*, *7*(2), 233–249. https://doi.org/10.12758/mda.2013.013

Reddy, P., Sharma, B. & Chaudhary, K. (2020). Digital literacy: A review of literature. *International Journal of Technoethics (IJT)*, *11*(2), 65–94. https://doi.org/10.4018/ijt.20200701.oa1

Reis, J., Amorim, M., Melao, N. & Matos, P. (2018). Digital transformation: a literature review and guidelines for future research (A. Rocha, H. Adeli, L. P. Reis & S. Costanzo, Hrsg.). *Trends and Advances in Information Systems and Technologies: Volume 1 6*, *745*, 411–421. ISBN: 978-3-319-77702-3. https://doi.org/10.1007/978-3-319-77703-0_41

Renn, O. (2005). Technikakzeptanz: Lehren und Rückschlüsse der Akzeptanzforschung für die Bewältigung des technischen Wandels. *TATuP - Zeitschrift für Technikfolgenabschätzung in Theorie und Praxis*, *14*(3), 29–38. https://doi.org/10.14512/tatup.14.3.29

Renn, O. & Zwick, M. M. (1997). *Risiko-und Technikakzeptanz.* Springer. https://doi.org/10.1007/978-3-642-59107-5

Robbins, S., Judge, T. A., Millett, B. & Boyle, M. (2013, August). *Organisational behaviour.* Pearson Higher Education AU. ISBN: 9781442561670. https://doi.org/10.1201/9780429084164-7

Roberts, K. (2007). Work-life balance–the sources of the contemporary problem and the probable outcomes: A review and interpretation of the evidence. *Employee Relations*, *29*(4), 334–351. https://doi.org/10.1108/01425450710759181

Rogalla, I. & Weber, H. (2004). *Diagonale Karriere. Verbindungen zwischen öffentlich-rechtlichen Abschlüssen, privatwirtschaftlicher Zertifizierung und Hochschulausbildung.* https://publica.fraunhofer.de/entities/publication/aef250c4-f98e-4da6-b754-564f7cfd005a/details

Rondan-Cataluna, F. J., Arenas-Gaitan, J. & Ramirez-Correa, P. E. (2015). A comparison of the different versions of popular technology acceptance models: A non-linear perspective. *Kybernetes. The International Journal of Cybernetics, Systems and Management Sciences*, *44*(5), 788–805. https://doi.org/10.1108/k-09-2014-0184

Rubin, R. S., Dierdorff, E. C., Bommer, W. H. & Baldwin, T. T. (2009). Do leaders reap what they sow? Leader and employee outcomes of leader organizational cynicism about change. *The leadership quarterly*, *20*(5), 680–688. https://doi.org/10.1016/j.leaqua.2009.06.002

Russell, S. J. & Norvig, P. (2010). *Artificial intelligence a modern approach* (3. ed.). Pearson Education, Inc. ISBN: 0-13-604259-7.

Saim, M. A. S. M., Rashid, W. E. W. & Maon, S. N. (2021). Technostress creator and work life balance: a systematic literature review. *Revista Romana de Informatica si Automatica*, *31*(1), 77–88. https://doi.org/10.33436/v31i1y202106

Santuzzi, A. M. & Barber, L. K. (2018). Workplace telepressure and worker well-being: The intervening role of psychological detachment. *Occupational Health Science*, *2*(4), 337–363. https://doi.org/10.1007/s41542-018-0022-8

Saugbacs, M. & Erdougan, F. A. (2022). Digital leadership: a systematic conceptual literature review. *İstanbul Kent Üniversitesi İnsan ve Toplum Bilimleri Dergisi, 3*(1), 17–35. https://dergipark.org.tr/en/pub/itbfkent/issue/68585/1024253

Schäfer, M. & Keppler, D. (2013). Modelle der technikorientierten Akzeptanzforschung. https://doi.org/10.14279/depositonce-4461

Schermuly, C. (2016). *New work-gute Arbeit gestalten: psychologisches Empowerment von Mitarbeitern* (Bd. 10167). Haufe-Lexware. ISBN: 9783648090671. https://doi.org/10.34157/9783648150030

Schiuma, G., Schettini, E., Santarsiero, F. & Carlucci, D. (2022). The transformative leadership compass: six competencies for digital transformation entrepreneurship. *International Journal of Entrepreneurial Behavior & Research, 28*(5), 1273–1291. https://doi.org/10.1108/IJEBR-01-2021-0087

Schlick, C., Bruder, R. & Luczak, H. (2018). *Arbeitswissenschaft.* Springer-Verlag. https://doi.org/10.1007/978-3-662-56037-2

Schnell, N. & Schnell, A. (2021). *New work hacks.* Springer. https://doi.org/10.1007/978-3-658-33009-5

Schröder, J.-P. (2008). Now that I'm head of the department–What's next? *Zeitschrift für Herz-, Thorax-und Gefäßchirurgie, 22*(6), 317–321. https://doi.org/10.1007/s00398-008-0658-9

Schuetz, S. & Venkatesh, V. (2020). The rise of human machines: How cognitive computing systems challenge assumptions of user-system interaction. *Journal of the Association for Information Systems, 21*(2), 460–482. https://doi.org/10.17705/1jais.00608

Schwartz, R., Dodge, J., Smith, N. A. & Etzioni, O. (2020, November). Green AI. https://doi.org/10.1145/3381831. arXiv: 1907.10597 [cs.CY]

Schyns, B., Braun, S. & Neves, P. (2020). Call for Papers:"Dark Personality in the Workplace" (B. Schyns, S. Braun & P. Neves, Hrsg.). https://doi.org/10.1027/2151-2604/a000391

Secunda, P. M. (2019). The employee right to disconnect. *Notre Dame Journal od International & Comparative Law, 9*, 1. https://scholarship.law.nd.edu/ndjicl/vol9/iss1/3

Seibert, S. E., Wang, G. & Courtright, S. H. (2011). Antecedents and consequences of psychological and team empowerment in organizations: a meta-analytic review. *The Journal of applied psychology, 96*(5), 981. https://doi.org/10.1037/a0022676

Selker, R. (2019a). *medmod: Simple Mediation and Moderation Analysis* [R package version 1.1.0]. https://github.com/raviselker/medmod

Selting, M., Auer, P., Barth-Weingarten, D., Bergmann, J. R., Bergmann, P., Birkner, K., Couper-Kuhlen, E., Deppermann, A., Gilles, P., Günthner, S. et al. (2009). Gesprächsanalytisches transkriptionssystem 2 (GAT 2). *Gesprächsforschung: Online-Zeitschrift zur verbalen Interaktion.* http://www.gespraechsforschung-ozs.de/heft2009/px-gat2.pdf

Seo, M.-g., Taylor, M. S., Hill, N. S., Zhang, X., Tesluk, P. E. & Lorinkova, N. M. (2012). The role of affect and leadership during organizational change. *Personnel psychology, 65*(1), 121–165. https://doi.org/10.1111/j.1744-6570.2011.01240.x

Shanafelt, T. D. & Noseworthy, J. H. (2017). Executive leadership and physician well-being: nine organizational strategies to promote engagement and reduce burnout. *Mayo Clinic Proceedings, 92*(1), 129–146. https://doi.org/10.1016/j.mayocp.2016.10.004

Sheppard, G. (2016). *Work-life balance programs to improve employee performance* (Diss.). Walden University. https://scholarworks.waldenu.edu/dissertations/2058

Shirmohammadi, M., Chan Au, W. & Beigi, M. (2022). Antecedents and outcomes of work-life balance while working from home: A review of the research conducted during the COVID-19 pandemic. *Human Resource Development Review, 21*(4), 473–516. https://doi.org/10.1177/15344843221125834

Sirgy, M. J. & Lee, D.-J. (2018). Work-life balance: An integrative review. *Applied Research in Quality of Life, 13*(1), 229–254. https://doi.org/10.1007/s11482-017-9509-8

Sjödin, D. R., Parida, V., Leksell, M. & Petrovic, A. (2018). Smart Factory Implementation and Process Innovation: A Preliminary Maturity Model for Leveraging Digitalization in Manufacturing Moving to smart factories presents specific challenges that can be addressed through a structured approach focused on people, processes, and technologies. *Research-technology management, 61*(5), 22–31. https://doi.org/10.1080/08956308.2018.1471277

Soffia, M., Wood, A. J. & Burchell, B. (2022). Alienation is not 'bullshit': An empirical critique of Graeber's theory of BS jobs. *Work Employment And Society, 36*(5), 816–840. https://doi.org/10.1177/09500170211015067

Sonntag, K., Frieling, E. & Stegmaier, R. (2012). *Lehrbuch Arbeitspsychologie.* Hogrefe AG. ISBN: 9783456950020.

Sostero, M., Milasi, S., Hurley, J., Fernandez-Macias, E. & Bisello, M. (2020). *Teleworkability and the COVID-19 crisis: a new digital divide?* (Techn. Ber.). JRC working papers series on labour, education und technology. http://hdl.handle.net/10419/231337

Spieler, I., Scheibe, S. & Stamov Roßnagel, C. (2018). Keeping work and private life apart: Age-related differences in managing the work–nonwork interface. *Journal of organizational behavior, 39*(10), 1233–1251. https://doi.org/10.1002/job.2283

Spreitzer, G. M. (2008). Taking stock: A review of more than twenty years of research on empowerment at work. *Handbook of organizational behavior, 1*, 54–72. ISBN: 9781412923859, 9781849200448. https://doi.org/10.4135/9781849200448.n4

Staudinger, U. M. & Bowen, C. E. (2011). A systemic approach to aging in the work context. *Zeitschrift für Arbeitsmarktforschung, 44*(4), 295–306. https://doi.org/10.1007/s12651-011-0086-2

Steinke, I. (2000). *Gütekriterien qualitativer Forschung* (Flick, U., von Kardorff, E. & Steinke, I., Hrsg.). Rowohlt Taschenbuch. ISBN: 3499556286.

Stone, K. V. (2004). *From widgets to digits: Employment regulation for the changing workplace.* Cambridge University Press. ISBN: 9780521829106. https://doi.org/10.1017/CBO9780511617089

Strahan, R. F. (1982). Assessing magnitude of effect from rank-order correlation coefficients. *Educational and Psychological Measurement, 42*(3), 763–765. https://doi.org/10.1177/001316448204200306

Strich, F., Mayer, A.-S. & Fiedler, M. (2021). What do I do in a world of artificial intelligence? Investigating the impact of substitutive decision-making AI systems on employees' professional role identity. *Journal of the Association for Information Systems, 22*(2), 9. https://doi.org/10.17705/1jais.00663

Strong, N. & Terblanche, N. (2020). Chatbots as an instance of an artificial intelligence coach (R. Wegener, Hrsg.). *Coaching im digitalen Wandel*, 51–62. ISBN: 978-3-525-40742-4. https://doi.org/10.13109/9783666407420.51

Sturges, J. (2012). Crafting a balance between work and home. *Human relations, 65*(12), 1539–1559. https://doi.org/10.1177/0018726712457435

Sturm, M., Reiher, S., Heinitz, K. & Soellner, R. (2011). Transformationale, transaktionale und passiv-vermeidende Führung. *Zeitschrift für Arbeits- und Organisationspsychologie A&O, 55*(2), 88–104. https://doi.org/10.1026/0932-4089/a000049

Sunar, A. S. & Tümen, V. (2023). Predicting the Work-Life Balance of Employees Based on the Ensemble Learning Method. *Bitlis Eren Üniversitesi Fen Bilimleri Dergisi, 12*(2), 344–353. https://doi.org/10.17798/bitlisfen.1196174

Sure, M. (2023). Dunkle Triade im Top-Management. Eine explorative Multifallstudie zu Präsenz und Auswirkungen von Narzissmus, Machiavellismus und Psychopathie in der obersten Führungsebene deutscher Unternehmen. *Journal of Business and Media Psychology*, 22–31. https://doi.org/10.53189/2191-5814_JBMP

Syrek, C. J., Apostel, E. & Antoni, C. H. (2013). Stress in highly demanding IT jobs: Transformational leadership moderates the impact of time pressure on exhaustion and work–life balance. *Journal of occupational health psychology, 18*(3), 252. https://doi.org/10.1037/a0033085

Szebel, A. (2015). *Veränderungskompetenz von Mitarbeitern. Eine empirische Untersuchung zur differentiellen Konstrukterschließung der individuellen Veränderungskompetenz von Mitarbeitern unter besonderer Berücksichtigung des Einflusses dispositionaler Persönlichkeitsfaktoren* (Diss.). Universität zu Köln. urn:nbn:de:hbz:38-61832

Tagscherer, F. & Carbon, C.-C. (2023). Leadership for successful digitalization: A literature review on companies' internal and external aspects of digitalization. *Sustainable Technology and Entrepreneurship, 2*(2), 100039. https://doi.org/10.1016/j.stae.2023.100039

Tarafdar, M., Tu, Q., Ragu-Nathan, B. S. & Ragu-Nathan, T. (2007). The impact of technostress on role stress and productivity. *Journal of Management Information Systems, 24*(1), 301–328. https://doi.org/10.2753/mis0742-1222240109

Tarafdar, M., Tu, Q. & Ragu-Nathan, T. (2010). Impact of technostress on end-user satisfaction and performance. *Journal of Management Information Systems, 27*(3), 303–334. https://doi.org/10.2753/mis0742-1222270311

Terblanche, N., Molyn, J., de Haan, E. & Nilsson, V. O. (2022). Comparing artificial intelligence and human coaching goal attainment efficacy. *PloS one*, *17*(6), e0270255. https://doi.org/10.1371/journal.pone.0270255

Thesmar, D., Sraer, D., Pinheiro, L., Dadson, N., Veliche, R. & Greenberg, P. (2019). Combining the power of artificial intelligence with the richness of healthcare claims data: opportunities and challenges. *PharmacoEconomics*, *37*, 745–752. https://doi.org/10.1007/s40273-019-00777-6

Thomas, K. J. (2014). Workplace technology and the creation of boundaries: The role of VHRD in a 24/7 work environment. *Advances in Developing Human Resources*, *16*(3), 281–295. https://doi.org/10.1177/1523422314532092

Tims, M. & Bakker, A. B. (2010). Job crafting: Towards a new model of individual job redesign. *SA Journal of Industrial Psychology*, *36*(2), 1–9. https://doi.org/10.4102/sajip.v36i2.841

Tims, M., Bakker, A. B. & Derks, D. (2012). Development and validation of the job crafting scale. *Journal of vocational behavior*, *80*(1), 173–186. https://doi.org/10.1016/j.jvb.2011.05.009

Tims, M., Twemlow, M. & Fong, C. Y. M. (2022). A state-of-the-art overview of job-crafting research: current trends and future research directions. *Career Development International*, *27*(1), 54–78. https://doi.org/10.1108/cdi-08-2021-0216

Tiratelli, M. (2022). Where Did the Bullshit Jobs Go? *Catalyst: A Journal of Theory & Strategy*, *6*(3). https://catalyst-journal.com/2023/01/where-did-the-bullshit-jobs-go

Titareva, T. (2021). Leadership in an Artificial Intelligence Era. *Presented at Leading Change Conference*. https://commons.lib.jmu.edu/leadcc/2021/1A-Tech-and-Leadership/1/

Tremblay, M. A., Blanchard, C. M., Taylor, S., Pelletier, L. G. & Villeneuve, M. (2009). Work Extrinsic and Intrinsic Motivation Scale: Its value for organizational psychology research. *Canadian Journal of Behavioural Science/Revue canadienne des sciences du comportement*, *41*(4), 213. https://doi.org/10.1037/a0015167

Trenerry, B., Chng, S., Wang, Y., Suhaila, Z. S., Lim, S. S., Lu, H. Y. & Oh, P. H. (2021). Preparing workplaces for digital transformation: An integrative review and framework of multi-level factors. *Frontiers in Psychology*, *12*(12), 822. https://doi.org/10.3389/fpsyg.2021.620766

Trkulja, V. & Trkulja, V. (2010). *Die Digitale Kluft*. Springer. https://doi.org/10.1007/978-3-531-92367-3_3

Tuan, L. T. (2022). Employee mindfulness and proactive coping for technostress in the COVID-19 outbreak: The roles of regulatory foci, technostress, and job insecurity. *Computers in human behavior*, *129*, 107148. https://doi.org/10.1016/j.chb.2021.107148

Van den Berg, A. & Struwig, M. (2017). Guidelines for Researchers Using an Adapted Consensual Qualitative Research Approach in Management Research. *Electronic Journal of Business Research Methods*, *15*(2). https://api.semanticscholar.org/CorpusID:158783103

Van Esch, P., Black, J. S. & Ferolie, J. (2019). Marketing AI recruitment: The next phase in job application and selection. *Computers in human behavior, 90*, 215–222. https://doi.org/10.1016/j.chb.2018.09.009

van Laar, E., van Deursen, A. J., van Dijk, J. A. & de Haan, J. (2017). The relation between 21st-century skills and digital skills: A systematic literature review. *Computers in human behavior, 72*, 577–588. https://doi.org/10.1016/j.chb.2017.03.010

van Laar, E., van Deursen, A. J., van Dijk, J. A. & de Haan, J. (2019). Determinants of 21st-century digital skills: A large-scale survey among working professionals. *Computers in human behavior, 100*, 93–104. https://doi.org/10.1016/j.chb.2019.06.017

van Wingerden, J., Bakker, A. B. & Derks, D. (2017). The longitudinal impact of a job crafting intervention. *European Journal of Work and Organizational Psychology, 26*(1), 107–119. https://doi.org/10.1080/1359432X.2016.1224233

van Zoonen, W., Sivunen, A. & Rice, R. E. (2022). Benefits and drawbacks of communication visibility: from vicarious learning and supplemental work to knowledge reuse and overload. *Journal of Knowledge Management, 26*(ahead-of-print), 214–233. https://doi.org/10.1108/jkm-12-2021-0924

Vayre, E. & Vonthron, A.-M. (2019). Identifying work-related internet's uses—at work and outside usual workplaces and hours—and their relationships with work–home interface, work engagement, and problematic internet behavior. *Frontiers in Psychology, 10*, 2118. https://doi.org/10.3389/fpsyg.2019.02118

Venkatesh, V. (2000). Determinants of perceived ease of use: Integrating control, intrinsic motivation, and emotion into the technology acceptance model. *Information systems research, 11*(4), 342–365. https://doi.org/10.2139/ssrn.4062395

Venkatesh, V. & Bala, H. (2008). Technology acceptance model 3 and a research agenda on interventions. *Decision sciences, 39*(2), 273–315. https://doi.org/10.1111/j.1540-5915.2008.00192.x

Venkatesh, V. & Davis, F. D. (1996). A model of the antecedents of perceived ease of use: Development and test. *Decision sciences, 27*(3), 451–481. https://doi.org/10.1111/j.1540-5915.1996.tb00860.x

Venkatesh, V., Morris, M. G., Davis, G. B. & Davis, F. D. (2003). User acceptance of information technology: Toward a unified view. *MIS quarterly, 27*(3), 425–478. https://doi.org/10.2307/30036540

Venkatesh, V., Thong, J. Y. & Xu, X. (2012). Consumer acceptance and use of information technology: extending the unified theory of acceptance and use of technology. *MIS quarterly, 36*(1), 157–178. https://doi.org/10.2307/41410412

Verhoef, P. C., Broekhuizen, T., Bart, Y., Bhattacharya, A., Dong, J. Q., Fabian, N. & Haenlein, M. (2021). Digital transformation: A multidisciplinary reflection and research agenda. *Journal of business research, 122*, 889–901. https://doi.org/10.1016/j.jbusres.2019.09.022

Vial, G. (2021). Understanding digital transformation: A review and a research agenda. *Managing Digital Transformation*, 13–66. https://doi.org/10.1016/j.jsis.2019.01.003

Vilhelmson, B. & Thulin, E. (2016). Who and where are the flexible workers? Exploring the current diffusion of telework in Sweden. *New Technology, Work and Employment, 31*(1), 77–96. https://doi.org/10.1111/ntwe.12060

Vinoodhini, D. et al. (2022). Effective Classification Of Ibm Hr Analytics Employee Attrition Using Sampling Techniques. *2022 Second International Conference on Advances in Electrical, Computing, Communication and Sustainable Technologies (ICAECT)*, 1–6. https://doi.org/10.1109/icaect54875.2022.9808057

Voß, G. G. (2010). Was ist Arbeit? Zum Problem eines allgemeinen Arbeitsbegriffs. *Handbuch Arbeitssoziologie*, 23–80. https://doi.org/10.1007/978-3-531-92247-8_2

Voydanoff, P. (2005). Toward a conceptualization of perceived work-family fit and balance: A demands and resources approach. *Journal of marriage and family, 67*(4), 822–836. https://doi.org/10.1111/j.1741-3737.2005.00178.x

Vuong, T., Andolina, S., Jacucci, G., Daee, P., Klouche, K., Sjöberg, M., Ruotsalo, T. & Kaski, S. (2022). EntityBot: Actionable Entity Recommendations for Everyday Digital Task. *CHI Conference on Human Factors in Computing Systems Extended Abstracts*, (Article 208), 1–4. ISBN: 9781450391566. https://doi.org/10.1145/3491101.3519910

Wackernagel, S. & Haner, U.-E. (2022). Ergebnisbericht zur Studie» Transformation von Arbeitswelten «. *Faktoren für einen erfolgreichen Wandel in Organisationen.* https://doi.org/10.24406/publica-fhg-299774

Waller, A. D. & Ragsdell, G. (2012). The impact of e-mail on work-life balance. *Aslib Proceeding, 64*(2), 154–177. https://doi.org/10.1108/00012531211215178

Walo, S. (2023). 'Bullshit'After All? Why People Consider Their Jobs Socially Useless. *Work Employment And Society, 37*(5), 09500170231175771. https://doi.org/10.1177/09500170231175771

Walsh, M. M., Carleton, E. L., Ziemer, J. & Ortynsky, M. (2023). The salience of remote leadership: implications for follower self-control and work-life balance. *International Journal of Manpower, ahead-of-print*(ahead-of-print). https://doi.org/10.1108/ijm-12-2022-0652

Wamba-Taguimdje, S.-L., Fosso Wamba, S., Kala Kamdjoug, J. R. & Tchatchouang Wanko, C. E. (2020). Influence of artificial intelligence (AI) on firm performance: the business value of AI-based transformation projects. *Business Process Management Journal, 26*(7), 1893–1924. https://doi.org/10.1108/bpmj-10-2019-0411

Wang, G., Oh, I.-S., Courtright, S. H. & Colbert, A. E. (2011). Transformational Leadership and Performance Across Criteria and Levels: A Meta-Analytic Review of 25 Years of Research. *Group & Organization Management, 36*(2), 223–270. https://doi.org/10.1177/1059601111401017. 10.1177/1059601111401017

Wang, H., Demerouti, E. & Bakker, A. B. (2016). A review of job crafting research. *Proactivity at work: Making things happen in organizations, 77*, 95–122. https://doi.org/10.4324/9781315797113

Wayne, J. H., Vaziri, H. & Casper, W. J. (2021). Work-nonwork balance: Development and validation of a global and multidimensional measure. *Journal of vocational behavior, 127*, 103565. https://doi.org/10.1016/j.jvb.2021.103565

Weber, T., Bertschek, I., Ohnemus, J. & Ebert, M. (2018). Monitoring-Report Wirtschaft DIGITAL 2018. Bundesministerium für Wirtschaftund Energie (BMWi), Öffentlichkeitsarbeit. https://www.bmwk.de/Redaktion/DE/Publikationen/Digitale-Welt/monitoring-report-wirtschaft-digital-2018-langfassung.pdf?__blob=publicationFile&v=4

Wessels, C., Schippers, M. C., Stegmann, S., Bakker, A. B., Van Baalen, P. J. & Proper, K. I. (2019). Fostering flexibility in the new world of work: a model of time-spatial job crafting. *Frontiers in psychology, 10*, 505. https://doi.org/10.3389/fpsyg.2019.00505

Whiston, S. C. & Cinamon, R. G. (2015). The work–family interface: Integrating research and career counseling practice. *The Career Development Quarterly, 63*(1), 44–56. https://doi.org/10.1002/j.2161-0045.2015.00094.x

Whitfield, K. & Poole, M. (1997). Organizing employment for high performance: theories, evidence and policy. *Organization Studies, 18*(5), 745–764. https://doi.org/10.1177/017084069701800502

Wiklund, J. (2022). Working in bed—A commentary on "automation, algorithms, and beyond: Why work design matters more than ever in a digital world" by Parker and Grote. *Applied Psychology, 71*(4), 1210–1214. https://doi.org/10.1111/apps.12261

Williams, G. (2020). Management millennialism: Designing the new generation of employee. *Work, Employment and Society, 34*(3), 371–387. https://doi.org/10.1177/0950017019836891

Wittwer, W. (2010). Vom Betroffenen zum Change Agent–Management von Entwicklungs-und Veränderungsprozessen durch individuelle Veränderungskompetenz. *Human Ressource im Wandel. Veränderungskompetenz entwickeln, Bielefeld*, 159–180. ISBN: 3763942300.

Wood, J., Oh, J., Park, J. & Kim, W. (2020). The relationship between work engagement and work–life balance in organizations: A review of the empirical research. *Human Resource Development Review, 19*(3), 240–262. https://doi.org/10.1177/1534484320917560

Wrzesniewski, A. & Dutton, J. E. (2001). Crafting a job: Revisioning employees as active crafters of their work. *Academy of management review, 26*(2), 179–201. https://doi.org/10.5465/amr.2001.4378011

Yap, W. M. & Badri, S. K. Z. (2020). What makes millennials happy in their workplace? *Asian Academy of Management Journal, 25*(1). https://doi.org/10.21315/aamj2020.25.1.6

Zangiacomi, A., Pessot, E., Fornasiero, R., Bertetti, M. & Sacco, M. (2020). Moving towards digitalization: a multiple case study in manufacturing. *Production Planning & Control, 31*(2-3), 143–157. https://doi.org/10.1080/09537287.2019.1631468

Zhang, F. & Parker, S. K. (2019). Reorienting job crafting research: A hierarchical structure of job crafting concepts and integrative review. *Journal of organizational behavior, 40*(2), 126–146. https://doi.org/10.1002/job.2332

Zheng, C., Kashi, K., Fan, D., Molineux, J. & Ee, M. S. (2016). Impact of individual coping strategies and organisational work–life balance programmes on Australian employee well-being. *The International Journal of Human Resource Management, 27*(5), 501–526. https://doi.org/10.1080/09585192.2015.1020447

Zhu, J., Zhang, B., Xie, M. & Cao, Q. (2022). Digital leadership and employee creativity: The role of employee job crafting and person-organization fit. *Frontiers in Psychology, 13*, 827057. https://doi.org/10.3389/fpsyg.2022.827057

Zhu, J., Liao, Z., Yam, K. C. & Johnson, R. E. (2018). Shared leadership: A state-of-the-art review and future research agenda. *Journal of organizational behavior, 39*(7), 834–852. https://doi.org/10.1002/job.2296

Zinke, N. (2022). *Dunkle Persönlichkeit und Kollaboration in virtuellen Kontexten: Dark Traits im virtuellen Arbeitskontext* (Diss.). https://d-nb.info/125099540X/34

Zirar, A. (2023). Can artificial intelligence's limitations drive innovative work behaviour? *Review of Managerial Science, 17*(6), 1–30. https://doi.org/10.1007/s11846-023-00621-4

Anhang

A Fragebogenszenarien und Interviewleitfäden

Szenarien in Studie S1

Hohe Qualität der Veränderungskommunikation (SZ1): Stellen Sie sich vor, in Ihrem Unternehmen wird ein digitaler Instantmessaging-Dienst zur Kommunikation in den Arbeitsgruppen eingeführt (z. B. Slack oder Microsoft Teams). In diesem Programm können Sie z. B. mit Einzelpersonen oder Gruppen aus Ihrem Unternehmen chatten oder Dokumente austauschen. Es gibt eine optionale Informationsveranstaltung und Ihnen werden die Gründe für die Einführung nahegebracht. Außerdem wird per E-Mail eine Zusammenfassung der wichtigsten Änderungen und Funktionen an die Mitarbeiter verschickt. Für den Fall, dass die Mitarbeiter anschließend noch Fragen zu dem Programm haben, können sie sich an eine bestimmte Person im Unternehmen wenden, die als Ansprechpartner für das Programm dient.

Niedrige Qualität der Veränderungskommunikation (SZ2): Stellen Sie sich vor, Sie treffen sich in der Mittagspause mit Ihren Arbeitskollegen. Dabei erfahren Sie nebenbei, dass im Unternehmen ein digitaler Instantmessaging-Dienst (z. B. Slack oder Microsoft Teams) zur Kommunikation in den Arbeitsgruppen eingeführt wird. In diesem Programm können Sie z. B. mit Einzelpersonen oder Gruppen aus Ihrem Unternehmen chatten oder Dokumente austauschen. Zuvor haben Sie darüber noch nichts erfahren und es stehen Ihnen auch keine Informationsmaterialien über die Änderung zur Verfügung. Auch über die Gründe der Änderung finden Sie zunächst nichts heraus.

Szenarien in Studie S4

Analoges Szenario (SZ1): Stellen Sie sich bitte vor, Sie hätten vor 2 Monaten eine neue Stelle angetreten. Das Unternehmen, in dem Sie jetzt arbeiten, ist allgemein nicht sehr digital. Neben Desktop-PCs an den jeweiligen Arbeitsplätzen gibt es einen Drucker, ein Faxgerät und pro Arbeitsplatz ein Festnetztelefon. Auch die Software im Arbeitsalltag ist eher gewöhnlich. Es gibt z. B. ein E-Mail-Programm sowie Programme für Tabellenkalkulation und Textverarbeitung. Außerdem gibt es Weiter- und Fortbildungen, die in Präsenz stattfinden. Die Arbeit kann nur im Unternehmen selbst ausgeführt werden. Es besteht keine Möglichkeit, von zuhause aus zu arbeiten.

Digitales Szenario (SZ2): Stellen Sie sich bitte vor, Sie hätten vor 2 Monaten eine neue Stelle angetreten. Stellen Sie sich vor, Sie hätten vor zwei Monaten eine neue Stelle angetreten. Das Unternehmen, in dem Sie jetzt arbeiten, ist allgemein sehr digital. Neben Laptops an den jeweiligen Arbeitsplätzen hat jeder Mitarbeiter ein Tablet und ein Smartphone erhalten. Auch die Software im Arbeitsalltag ist sehr innovativ. Es gibt z. B. aufeinander abgestimmte Cloud-Services, von denen manche auf künstlicher Intelligenz basieren. Außerdem gibt es eine digitale Weiter- und Fortbildungsplattform. Die Arbeit kann flexibel überall hin mitgenommen werden. Es besteht die Möglichkeit, von zuhause aus zu arbeiten.

Leitfaden Fokusgruppe S5

Hallo und herzlich willkommen zu unserer Gruppendiskussion. Vielen Dank, dass ihr alle da seid! Bedient euch an Snacks und Getränken. Wie ihr ja bereits wisst, möchte ich heute erfahren, was eure Meinung zum Thema digitale Transformation der Arbeitswelt ist. Einleitend möchte ich euch ein Video präsentieren, um euch ein wenig auf das Thema einzustellen. Nachdem wir uns das Video angeschaut haben, werde ich euch eine Frage stellen, über die ihr dann direkt diskutieren könnt. Die Diskussion sollte etwa eine Stunde lang dauern. Was besprochen wird, zeichnen wir auf, um hinterher damit weiterarbeiten zu können. Keine Sorge, es wird nichts veröffentlicht, die Aufzeichnung wird nach der Auswertung auch wieder gelöscht. Das Gesagte wird bei der Auswertung transkribiert und anonymisiert. Die Videoaufnahme brauche ich, um hinterher zuordnen zu können, wer was gesagt hat. Ich möchte euch bitten, eure Meinung einfach frei kundzugeben. Ihr könnt nichts Falsches sagen, fühlt euch ruhig frei von euren Erfahrungen mit digitaler Transformation zu erzählen. Gibt es Fragen? Ich möchte euch bitten, diese Einverständniserklärung auszufüllen und zu unterschreiben, wenn ihr mit allen Punkten einverstanden seid. [Video] Ich werde jetzt die Aufnahme starten. Aufnahme starten. Auf die Uhr schauen (evtl. Timer starten) Würdet ihr euch kurz vorstellen (Name, Beruf)?

• Was ist bei euch auf der Arbeit schon digital? Was wurde digitalisiert? (Verwendung von Smartphones/ digitalen Kommunikationsplattformen) Gab es das schon immer? Wie wurde das eingeführt? Gab es eine Rundmail? Schulungen?
• Würdet ihr sagen, dass die Einführung erfolgreich war? Warum war die Einführung erfolgreich? Was hätte besser gemacht werden können? Wie würdet ihr euch die Einführung eines neuen Mediums wünschen?
• Wie würdet ihr allgemein beurteilen, ob eine Umstellung erfolgreich war? Wie würdet ihr das persönlich bewerten? Was glaubt ihr, wie würde ein Arbeitgeber das bewerten? Wir haben gerade darüber gesprochen, was bei euch auf der Arbeit schon digital ist, wie es eingeführt wurde und ob es erfolgreich eingeführt wurde. Darauf möchte ich jetzt näher eingehen. Die nächste Frage lautet:
• Welche Kriterien machen eine erfolgreiche Transformation aus? Jetzt würde ich euch bitten, gemeinsam zu sammeln und auch aufzuschreiben, welche Kriterien für euch wichtig sind. (Kärtchen Arbeitnehmer) Ist es besonders wichtig, dass ihr eure Zeit flexibel einteilen könnt? Ihr Zeit für eure Familie habt? Ihr selber bestimmen könnt, wie ihr die Umsetzung eurer Aufgaben gestaltet? Eure Kollegen immer erreichbar sind? Es ruhig ist? Ihr euch bei einem Kaffee mit Kollegen unterhalten könnt? Es Spaß macht mit der Technologie (vorher genanntes) umzugehen? Welche Kriterien sind euch besonders wichtig? Kärtchen aufhängen und der Wichtigkeit nach sortieren. Jetzt würde ich euch bitten, euch in einen Arbeitgeber zu versetzen. Welche Kriterien für eine erfolgreiche Transformation würde er/sie anlegen? (Kärtchen Arbeitgeber / Klebepunkte in der AG-Farbe, falls Kriterium schon genannt wurde) Fallen euch noch weitere Perspektiven ein? (Kärtchen: neue Farbe für neue Perspektive) Was ist mit Gewerkschaften oder der Politik? Wem, von den Interessenvertretern, die vorher genannt wurden, ist welches Kriterium besonders wichtig?
• Welches Konfliktpotenzial gibt es? Haben beispielsweise Arbeitnehmer auf gewisse Dinge eine andere Sichtweise als Arbeitnehmer? Wie können hier Konflikte vermieden werden? Welche Ansichten unterscheiden sich, je nachdem, wessen Perspektive man sich ansieht? Könntet ihr euch negative Konsequenzen der digitalen Transformation vorstellen? Wie könnte man das vorbeugen?

Leitfaden Interview S5

Vielen Dank für Ihre Bereitschaft zu diesem Interview. Die Interviews sind Teil meiner Masterarbeit, in der ich die digitale Transformation in Unternehmen untersuche. Im Folgenden möchte ich Ihnen Fragen zum digitalen Status quo in Ihrem Unternehmen stellen, welche Voraussetzungen und Faktoren die digitale Transformation beeinflussen und welche Rolle künstliche Intelligenz in der digitalen Transformation einnimmt. So viel zum Einstieg. Haben Sie bisher Fragen oder können wir mit unserem Gespräch beginnen?

- Was verstehen Sie unter dem Begriff digitale Transformation? Nachfragen: Abgrenzung zu Digitalisierung? Oder synonym? Definition digitale Transformation vorlesen.
- Kommen Sie in Ihrem Berufsalltag mit der digitalen Transformation in Berührung? Nachfragen: In welchen Bereichen bzw. Prozessen?
- Was ist Ihre Einschätzung: Wie viele digital transformierten Prozesse gibt es in Ihrem Unternehmen?
- Was sind Ihre bisherigen Erfahrungen in Bezug auf die digitale Transformation?
- Welche Technologien bzw. Konzepte stufen Sie als besonders relevant in diesem Zusammenhang ein?
- Welche Vorteile bzw. Chancen sehen Sie in Bezug auf die digitale Transformation?
- Welche Nachteile bzw. Herausforderungen ergeben sich mit der digitalen Transformation?
- Was macht in Ihren Augen eine erfolgreiche digitale Transformation aus? (Welche Kriterien?)
- Welche Voraussetzungen sind notwendig um dieses Ziel - erfolgreiche digitale Transformation - umzusetzen? (Welche Anforderungen?)
- Welche Herausforderungen sehen Sie in Zukunft als Unternehmen auf sich zukommen?
- Wie definieren Sie künstliche Intelligenz? Nachfrage: Können Sie ein Beispiel nennen? Definition KI vorlesen.
- Betrachten Sie künstliche Intelligenz als Teil der digitalen Transformation?
- Was ist Ihre Einstellung zu künstlicher Intelligenz?
- Welche Vorteile bzw. Chancen sehen Sie beim Einsatz von künstlicher Intelligenz? Nachfrage: Auch in Bezug auf die Integration in das eigene Unternehmen?
- Welche Nachteile bzw. Herausforderung sehen Sie beim Einsatz von künstlicher Intelligenz? Nachfrage: Auch in Bezug auf die Integration in das eigene Unternehmen.
- Wird in Ihrem Unternehmen bereits künstliche Intelligenz eingesetzt?
- Können Sie sich vorstellen in Zukunft künstliche Intelligenz in Ihrem Unternehmen einzusetzen? In welchen Bereichen?
- Was glauben Sie: Welche Rolle wird künstliche Intelligenz in Zukunft auf dem Arbeitsmarkt spielen?

Szenarien in Studie S5

Job Crafting ohne KI: Einer Kollegin ist aufgefallen, dass Ihr Unternehmen digitaler werden könnte. Sie überreicht der Führungsebene einen Vorschlag, damit ihr Arbeitsplatz mehr mit ihren eigenen Werten übereinstimmt und sie sich demnach zufriedener fühlt. Die Führungsebene ist begeistert von dieser Eigeninitiative. Der Vorschlag wird umgesetzt und honoriert, um auch andere Mitarbeiter zum Einreichen von Vorschlägen zu motivieren. Ist dies eine geeignete Maßnahme, um Mitarbeiter zur mehr Eigeninitiative zu motivieren?

Job Crafting mit KI: Ihr Unternehmen möchte die Mitarbeiter zu mehr Eigeninitiative motivieren. Hierzu wird eine künstliche Intelligenz (KI) eingesetzt: Die CraftKI ©. Diese künstliche Intelligenz wird auf ihrem Arbeitsgerät installiert und gibt ihnen präzise Hinweise, an welchen Stellen im Unternehmen es gerade Verbesserungspotenzial gibt. Die KI stellt dann z. B. fest, dass Ihr Unternehmen digitaler werden könnte und fragt Sie nach Verbesserungsvorschlägen. Ist die CraftKI ©eine geeignete Maßnahme, um Mitarbeiter zu mehr Eigeninitiative zu motivieren?

Transformational Leadership ohne KI: Ihrer Geschäftsführerin ist aufgefallen, dass einige Mitarbeiter bei digitalen Themen besonders viel mitgestalten und eine „digitale Vorbildfunktion" für andere einnehmen. Um das Unternehmen zu optimieren, können mit diesen Mitarbeitern regelmäßige Gespräche geführt werden. Sind Gespräche mit „digitalen Vorbildern" eine geeignete Maßnahme, um die digitale Arbeitskultur zu verbessern?

Transformational Leadership mit KI: Ihr Unternehmen möchte Mitarbeiter unterstützen, die bei digitalen Themen besonders viel mitgestalten und eine „digitale Vorbildfunktion“ für andere einnehmen. Um dieses Verhalten zu unterstützen, wird eine künstliche Intelligenz eingesetzt: Der Virtual Coach ©. Diese künstliche Intelligenz wird auf ihrem Arbeitsgerät installiert und gibt ihnen präzise und situationsbezogene Ratschläge, wie Sie eine Rolle als digitales Vorbild ausfüllen können. Ist der KI-basierte virtual Coach ©eine geeignete Maßnahme, um die digitale Arbeitskultur zu verbessern?

Work-Life Balance ohne KI: Um die Work/Life-Balance der Mitarbeiter zu verbessern, gibt Ihr Arbeitgeber Ihnen die Möglichkeit einer 4:1 Woche. Das bedeutet: 4 Tage im Büro arbeiten, 1 Tag von zuhause aus. Sie können selbst flexibel entscheiden, welcher Tag das sein wird. Ist die Einführung einer 4:1 Woche eine geeignete Maßnahme, um das Verhältnis zwischen Arbeit und Freizeit zu verbessern?

Work-Life Balance mit KI: Stellen Sie sich vor, Sie erhalten die Möglichkeit, beliebig oft im Homeoffice arbeiten. Um Sie zu unterstützen, wird Ihr Arbeitsalltag von einer künstlichen Intelligenz begleitet, dem Work-Life Mate ©. Diese künstliche Intelligenz wird auf Ihrem Arbeitsgerät installiert. Der Work-Life Mate erinnert Sie an regelmäßige Pausen und Bewegungseinheiten und gibt gute Vorschläge für den persönlichen Kontakt mit Kollegen uvm. Den Umfang der Unterstützung bestimmen Sie selbst. Ist der KI-basierte Work/Life-Mate ©eine geeignete Maßnahme, um das Verhältnis zwischen Arbeit und Freizeit zu verbessern?

B Liste der Operationalisierungen

Abk.		Konstrukt	Studie
AVB		Allgemeine Veränderungsbereitschaft, Szebel (2015)	S2, S3
		• (-) Ich stehe Veränderungen grundsätzlich misstrauisch gegenüber. • Veränderungsmaßnahmen stimmen mich normalerweise optimistisch. • Wenn ich von irgendwelchen Änderungen und neuen Dingen höre, bleibe ich in der Regel erst einmal gelassen. • Veränderungen bringen einem in der Regel auch persönlich etwas. • (-) Sobald sich Dinge bei der Arbeit oder im Studium ändern, bekomme ich Angst. • Ich bin sehr froh, dass sich im Leben ständig Veränderungen ergeben. • (-) Wenn Dinge nicht nach Plan verlaufen, ärgert mich das.	
ATI		Technikaffinität, *Affinity towards Technology Interaction*, Franke et al. (2019)	S3, S4, S5
		• Ich beschäftige mich gern genauer mit technischen Systemen. • Ich probiere gern die Funktionen neuer technischer Systeme aus. • (-) In erster Linie beschäftige ich mich mit technischen Systemen, weil ich muss. • Wenn ich ein neues technisches System vor mir habe, probiere ich es intensiv aus. • Ich verbringe sehr gern Zeit mit dem Kennenlernen eines neuen technischen Systems. • (-) Es genügt mir, dass ein technisches System funktioniert, mir ist es egal, wie oder warum. • Ich versuche zu verstehen, wie ein technisches System genau funktioniert. • (-) Es genügt mir, die Grundfunktionen eines technischen Systems zu kennen. • Ich versuche, die Möglichkeiten eines technischen Systems vollständig auszunutzen.	
Big5		Persönlichkeit, Rammstedt et al. (2013)	S3
	B5E	Extraversion	
		• Ich gehe aus mir heraus, bin gesellig. • (-) Ich bin eher zurückhaltend, reserviert.	
	B5O	Offenheit	
		• Ich habe eine aktive Vorstellungskraft, bin phantasievoll. • (-) Ich habe nur wenig künstlerisches Interesse.	
	B5G	Gewissenhaftigkeit	
		• Ich erledige Aufgaben gründlich. • (-) Ich bin bequem, neige zur Faulheit.	
	B5V	Verträglichkeit	
		• (-) Ich neige dazu, andere zu kritisieren. • Ich schenke anderen leicht Vertrauen, glaube an das Gute in Menschen.	
	B5N	Neurotizismus	
		• Ich werde leicht nervös und unsicher. • (-) Ich bin entspannt, lasse mich durch Stress nicht aus der Ruhe bringen.	

(Fortsetzung auf nächster Seite)

Liste der verwendeten Items (Fortsetzung)

Abk.	Konstrukt	Studie
Dark4	Dunkle Persönlichkeit	S3
D4S	Sadismus, (O'Meara et al., 2011) • Manchmal ist es notwendig Leute zu demütigen, damit sie nicht aus der Reihe tanzen. • Manchmal stelle ich mir vor, andere zu verletzen. • Manchmal machen mich Menschen so wütend, dass ich mich rächen möchte. • Ich glaube insgeheim haben alle Gewaltphantasien.	
D4N	Narzissmus, (Malesza et al., 2019) • Ich weiß, dass ich besonders bin, da es mir alle ständig sagen. • (-) Ich fühle mich verlegen, wenn mir jemand ein Kompliment macht. • Ich mag es mit wichtigen Leuten bekannt gemacht zu werden. • Ich beharre darauf, den Respekt zu bekommen, den ich verdiene.	
D4M	Machiavellismus, (Malesza et al., 2019) • Es ist nicht klug, seine Geheimnisse zu verraten. • Was immer es auch kostet, du musst die wichtigen Personen auf deine Seite bringen. • Es gibt Dinge, die du vor anderen Leuten verbergen solltest, um dein Ansehen zu wahren. • Stell sicher, dass deine Pläne dir und nicht anderen nützen.	
D4P	Psychopathie, (Malesza et al., 2019) • Manchmal kann ich gemein zu anderen sein. • (-) Ich bin noch nie mit dem Gesetz in Konflikt gekommen. • (-) Ich meide gefährliche Situationen. • Ich würde alles sagen, um zu bekommen, was ich will.	
DigiV	Annahme einer digitalen Vorbildfunktion • Ich glaube, dass ich eine gute „digitale Führungsperson" wäre. • Ich wäre in der Lage, auf der Arbeit eine Art „digitale Vorbildfunktion" einzunehmen. • Ich traue mir zu, meinen Arbeitgeber digital weiterzubringen. • Ich bringe auf der Arbeit eine gewisse Offenheit für Veränderung und Innovation mit. • Ich traue mir zu, ein digitaler Mitgestalter werden zu können. • Ich traue mir zu, für meine Kolleg*innen als Ansprechperson für digitale Technologien/Themen zu fungieren.	S3
EVAL	Evaluationskriterien für DTA-Interventionen	S5
SPQ_JC	Spezifische Qualität Job Crafting • Durch die Maßnahme fühle ich mich motivierter, eigene Vorschläge einzureichen. • Durch die Maßnahme fühle ich mich motivierter, meine Arbeitsweise zu optimieren. • Durch die Maßnahme fühle ich mich aufgeschlossener, Eigeninitiative zu ergreifen. • Durch die Maßnahme fühle ich mich optimistischer, dass meine eigenen Vorschläge angenommen werden.	
SPQ_TL	Spezifische Qualität Transformational Leadership • Die Maßnahme hilft mir dabei, ein digitales Vorbild zu werden. • Durch die Maßnahme werden meine kreativen und innovativen Fähigkeiten gestärkt. • Die Maßnahme hilft mir dabei, mehr Offenheit für Innovation zu entwickeln. • Die Maßnahme hilft mir dabei, mehr Verantwortung zu übernehmen. • Die Maßnahme stärkt meinen Teamgeist.	

(Fortsetzung auf nächster Seite)

Abk.	Konstrukt	Studie
SPQ_WLB	Spezifische Qualität Work-Life Balance • Ich denke, dass ich durch die Maßnahme weniger gestresst sein werde. • Durch die Maßnahme werde ich Arbeit und Privatleben besser vereinbaren können. • Meine Work-Life Balance wird sich durch die Maßnahme verbessern. • Die Maßnahme wird gut zum Rest meines Lebens passen. • Durch die neue Maßnahme werde ich Arbeitsverpflichtungen seltener in meiner Freizeit erledigen. • (-) Die Maßnahme hat auf meine Anspannung nach der Arbeit keinen Einfluss.	
PU	Arbeitsqualität, adaptiert von Venkatesh et al. (2003) • Die Maßnahme führt zu einer Verbesserung meiner Arbeitsqualität. • Dank der Maßnahme kann ich genauer und präziser arbeiten.	
EE	Arbeitserleichterung, adaptiert von Venkatesh et al. (2003) • Die Maßnahme erleichtert mir die Arbeit. • Meine Arbeit ist durch die Maßnahme weniger aufwändig.	
MM	Mitgestaltungsmotivation, adaptiert von (Szebel, 2015) • Die Maßnahme wirkt sich positiv auf die Motivation aus, die Veränderung mitzumachen. • Ich bin dank der Maßnahme motiviert, Veränderungen mitzugestalten.	
VA	Veränderungsadaption • Die Maßnahme wirkt sich positiv auf das Erlernen geänderter Abläufe aus. • Die Maßnahme sorgt dafür, dass ich neue Gewohnheiten aufbauen kann.	
ZU	Zufriedenheit • Die Maßnahme steigert meine Zufriedenheit. • Die Maßnahme stimmt mich positiv.	
FIN	Wirtschaftlichkeit • Mittel- und langfristig profitiert das Unternehmen finanziell von der Maßnahme. • Die Maßnahme bringt einen wirtschaftlichen Vorteil.	
ATM	Einstellung ggü. der Maßnahme, adaptiert von Venkatesh et al. (2003) • Die Maßnahme ist gut. • Ich bewerte die Maßnahme als positiv. • Die Maßnahme führt nicht zu einer allgemeinen Verbesserung.	
JC	Job Crafting, übersetzt nach Petrou et al. (2012)	S1
LSR	Ressourcen, *Level of seeking resources* Die Art, wie diese Änderung in meinem Unternehmen an mich kommuniziert wird, bringt mich dazu ... • ... Kollegen um Rat zu dem neu eingeführten Programm zu fragen. • ... meinen Vorgesetzten um Rat zu dem neu eingeführten Programm zu fragen. • ... dass ich versuche, Neues zu dem eingeführten Programm zu lernen.	

(Fortsetzung auf nächster Seite)

Liste der verwendeten Items (Fortsetzung)

Abk.		Konstrukt	Studie
	LSC	Herausforderungen, *Level of seeking challenges* Die Art, wie diese Änderung in meinem Unternehmen an mich kommuniziert wird, bringt mich dazu ... • ... dass ich noch mehr Funktionen des Programms kennenlernen möchte, sobald ich die Grundlagen verstanden habe. • ... dass ich mich aktiv daran beteiligen möchte, das neue Programm im Unternehmen zu etablieren. • ... dass ich anderen Leuten dabei helfe, das Programm zu verstehen.	
	LRD	Anforderungen, *Level of reducing demands* Die Art, wie diese Änderung in meinem Unternehmen an mich kommuniziert wird, bringt mich dazu ... • ... dass ich versuche, die Einarbeitung in das Programm für mich so zu gestalten, dass sie mental wenig anspruchsvoll ist. • ... dass ich versuche, die Einarbeitung in das Programm für mich so zu gestalten, dass sie emotional wenig anspruchsvoll ist. • ... dass ich versuche, die Nutzung des Programms für mich so simpel wie möglich zu halten.	
JCS		*Job Crafting Scale*, übersetzt nach Tims et al. (2012)	S1, S2, S3, S4
	ISTR	Strukturelle Ressourcen, *Increasing structural resources* • Ich nutze im Job meine vollen Kapazitäten. • Ich möchte mich beruflich weiterentwickeln. • Ich motiviere mich selbst, stets bessere Leistungen zu erbringen und an mir zu arbeiten.	
	ISCR	Soziale Ressourcen, *Increasing social resources* • Ich frage meine Kollegen regelmäßig um Rat. • Ich frage meinen Vorgesetzten regelmäßig, ob er mit meiner Arbeit zufrieden ist. • Ich bitte andere regelmäßig um Feedback zu meiner Arbeitsleistung.	
	ICJD	Herausforderungen, *Increasing challenging job demands* • Ich erfahre regelmäßig von neuen Entwicklungen auf der Arbeit und probiere neue Arbeitsweisen gerne aus. • Ich übernehme regelmäßig zusätzliche Aufgaben bei der Arbeit. • Ich starte regelmäßig neue Projekte.	
KUT		Kontrollüberzeugung im Umgang mit Technik, Beier (2004) • Ich kann ziemlich viele der technischen Probleme, mit denen ich konfrontiert bin, allein lösen. • Es macht mir richtig Spaß, ein technisches Problem zu knacken. • Weil ich mit bisherigen technischen Problemen gut zurecht gekommen bin, blicke ich auch künftigen technischen Problemen optimistisch entgegen. • (-) Ich fühle mich technischen Geräten gegenüber so hilflos, dass ich die Finger von ihnen lasse.	S1, S2

(Fortsetzung auf nächster Seite)

Liste der verwendeten Items (Fortsetzung)

Abk.		Konstrukt	Studie
MLQ5		Transformationale Führung, *Multilevel Leadership Questionnaire*, Bass und Avolio (1995), Übersetzung nach Felfe (2006)	S2, S3
	IIA	Einfluss durch Vorbildlichkeit und Glaubwürdigkeit, *Idealized Influence attributed* Die Person, die ich einschätze... • ...macht mich stolz darauf, mit ihr zu tun zu haben. • ....stellt die eigenen Interessen zurück, wenn es um das Wohl der Gruppe geht.	
	IIB	Hohe Erwartungen und Prinzipien, *Idealized Influence behavior* Die Person, die ich einschätze... • ...spricht mit anderen über ihre wichtigsten Überzeugungen und Werte. • ...macht klar, wie wichtig es ist, sich 100-prozentig für eine Sache einzusetzen.	
	IM	Motivation durch begeisternde Visionen, *Inspirational Motivation* Die Person, die ich einschätze... • ...äußert sich optimistisch über die Zukunft. • ...spricht mit Begeisterung über das, was erreicht werden soll.	
	IS	Anregung und Förderung von kreativem und unabhängigem Denken, *Intellectual Stimulation* Die Person, die ich einschätze... • ...schlägt neue Wege vor, wie Aufgaben/Aufträge bearbeitet werden können. • ...bringt mich dazu, Probleme aus verschiedenen Blickwinkeln zu betrachten.	
	IC	Individuelle Unterstützung und Förderung, *Individualized Consideration* Die Person, die ich einschätze... • ...erkennt meine individuellen Bedürfnisse, Fähigkeiten und Ziele. • ...hilft mir meine Stärken auszubauen.	
MLQ5_S		Transformationale Führung Selbsteinschätzung	S3
	IIA	Einfluss durch Vorbildlichkeit und Glaubwürdigkeit, *Idealized Influence attributed* • Manche meiner Kolleg*innen sind sicher stolz darauf, mit mir zu arbeiten. • Ich stelle meine eigenen Interessen zurück, wenn es um das Wohl meiner Kolleg*innen geht.	
	IIB	Hohe Erwartungen und Prinzipien, *Idealized Influence behavior* • Ich spreche mit Kolleg*innen über ihre wichtigsten Überzeugungen und Werte. • Ich mache auf der Arbeit klar, wie wichtig es ist, sich 100-prozentig für eine Sache einzusetzen.	
	IM	Motivation durch begeisternde Visionen, *Inspirational Motivation* • Ich äußere mich optimistisch über die Zukunft. • Ich spreche mit Begeisterung über das, was erreicht werden soll.	

(Fortsetzung auf nächster Seite)

Liste der verwendeten Items (Fortsetzung)

Abk.		Konstrukt	Studie
	IS	Anregung und Förderung von kreativem und unabhängigem Denken, *Intellectual Stimulation* • Ich schlage neue Wege vor, wie Aufgaben/Aufträge bearbeitet werden können. • Ich bringe meine Kolleg*innen dazu, Probleme aus verschiedenen Blickwinkeln zu betrachten.	
	IC	Individuelle Unterstützung und Förderung, *Individualized Consideration* • Ich erkenne die individuellen Bedürfnisse, Fähigkeiten und Ziele meiner Kolleg*innen. • Ich helfe meinen Kolleg*innen, ihre Stärken auszubauen.	
TS		Technostress, übersetzt nach Tarafdar et al. (2007)	S4
	TS_O	Techno-Überflutung, *Techno-Overload* • Der Einsatz digitaler Arbeitsmittel in meinem Berufsalltag führt dazu, dass ich mehr Arbeit erledigen muss, als ich bewältigen kann. • Der Einsatz digitaler Technologien an meinem Arbeitsplatz führt dazu, dass ich mich an sehr knappe Zeitpläne halten muss.	
	TS_I	Techno-Invasion, *Techno-Invasion* • Durch den Einsatz digitaler Arbeitsmittel an meinem Arbeitsplatz muss ich auch im Urlaub erreichbar sein. • Durch den Einsatz digitaler Arbeitsmittel an meinem Arbeitsplatz muss ich Urlaubstage und Wochenenden opfern, um mir den Umgang mit neuen digitalen Arbeitsmitteln anzueignen.	
	TS_U	Techno-Verunsicherung, *Techno-Uncertainty* • An meinem Arbeitsplatz/In unserem Unternehmen gibt es ständige Änderungen der Computersoftware. • An meinem Arbeitsplatz/In unserem Unternehmen gibt es ständige Änderungen der Computerhardware.	
WEIMS		Arbeitsmotivation, *Work Extrinsic and Intrinsic Motivation Scale*, übersetzt nach Tremblay et al. (2009)	S2
	IM	Intrinsische Motivation Warum üben Sie ihre Arbeit aus? • Weil es mir Spaß bereitet, neue Dinge zu lernen. • Wegen der Zufriedenheit die ich aus der Bewältigung interessanter Herausforderungen ziehe. • Wegen der Zufriedenheit, die ich erlebe, wenn ich schwierige Aufgaben erfolgreich löse.	
	ER	Externale Regulation Warum üben Sie ihre Arbeit aus? • Wegen des Einkommens. • Weil ich damit Geld verdiene. • Weil dieser Job mir Sicherheit garantiert.	

(Fortsetzung auf nächster Seite)

Liste der verwendeten Items (Fortsetzung)

Abk.	Konstrukt	Studie
WLB	Work-Life Balance • (-) Nach Feierabend bin ich oft gestresst. • (-) Es fällt mir schwer, Verpflichtungen aus Arbeit und Privatleben miteinander zu vereinbaren. • Ich bekomme mein Arbeitsleben und Privatleben gut unter einen Hut. • (-) Ich bearbeite berufliche Emails in meiner Freizeit. • Ich würde sagen, dass ich eine gute Work-Life Balance habe. • Ich bin damit zufrieden, wie meine Arbeit und mein Privatleben zusammenpassen. • (-) Ich bin oft in der Situation, dass ich mich zwischen Arbeit und Privatem entscheiden muss.	S1, S2, S4
WLB+	Work-Life Balance Verbesserung • Ich denke, dass ich in der neuen Arbeitssituation weniger gestresst sein werde. • Durch die Arbeitssituation werde ich Arbeit und Privatleben besser vereinbaren können. • Meine Work-Life Balance wird sich durch die neue Situation verbessern. • Die neue Arbeitssituation wird gut zum Rest meines Lebens passen. • Durch die neue Arbeitssituation werde ich Arbeitsverpflichtungen seltener in meiner Freizeit erledigen. • (-) Die Arbeitssituation hat auf meine Anspannung nach der Arbeit keinen Einfluss.	S4
WRFQ	Regulatorischer Fokus, *Work Regulatory Focus Questionnaire*, übersetzt nach Neubert et al. (2008)	S1, S2, S3, S4
PRO	Promotion Fokus • Ich nutze Chancen bei der Arbeit, um das Beste für meine Weiterentwicklung zu erreichen. • Ich neige dazu, Risiken bei der Arbeit einzugehen, um Erfolg zu haben. • Wenn ich die Gelegenheit hätte, an einem Projekt mit hohem Risiko und hoher Belohnung teilzunehmen, würde ich sie auf jeden Fall wahrnehmen. • Wenn mein Job mir keine Weiterentwicklungsmöglichkeiten bieten würde, würde ich mich nach einem neuen Job umsehen. • Die Chance auf Weiterentwicklung ist ein wichtiger Faktor für mich bei der Arbeitsplatzsuche.	
PRE	Prevention Fokus • Ich konzentriere mich darauf, meine Arbeitsaufgaben korrekt abzuschließen, um meinen Arbeitsplatz zu sichern. • Bei der Arbeit konzentriere ich mich darauf, meine Aufgabenbereiche vollständig auszufüllen. • Meine Verpflichtungen auf der Arbeit zu erfüllen ist sehr wichtig für mich. • Ich versuche die Verpflichtungen zu erfüllen, die mir von anderen übertragen werden. • Ich fokussiere mich darauf, Verluste und Rückschläge zu vermeiden.	

C Kategoriedefinitionen und Ankerbeispiele der Qualitativen Analyse

Kategorie	Definition / Ankerbeispiel
Vorbedingungen (Hauptkategorie)	**Definition:** Anforderungen und Bedingungen, die erfüllt sein müssen, um digitale Transformation im Arbeitskontext überhaupt zustande kommen zu lassen, bevor an Evaluation gedacht werden kann.
↳ **Technologiebezogen**	**Definition:** Anforderungen, die konkrete technologische Eigenschaften adressieren.
↳↳ Intuitive Bedienbarkeit	*Also ich brauch keine Schulungen, die fände ich langweilig. Ich probiere am liebsten aus, ohne mir vorher ein Tutorial anzugucken und betreibe learning by doing.* – F01
↳↳ Kompatibilität	*Die technischen Notwendigkeiten und Möglichkeiten müssen da sein, was die Infrastruktur im Unternehmen betrifft.* – I04
↳ **Prozessbezogen**	**Definition:** Anforderungen, die konkrete Eigenschaften der Einführung und Wartung der Technologie, oder die Kommunikation hierüber adressieren.
↳↳ Etikette bei ICT	*Es müssten einfach Regeln aufgestellt werden. Theoretisch könnte der Arbeitgeber sogar einstellen, dass alle Mitarbeiter ab 20 Uhr eben keine Benachrichtigungen mehr über Slack erhalten.* – F01
↳↳ Gründe und Ziele der Transformation	*Bevor man Digitalisierung überhaupt angeht, muss man sich Gedanken darüber machen was der Status Quo ist und was mich an diesem Status Quo stört. Wie sieht ein digitaler Soll-Prozess aus? Und was sind meine meine Faktoren, an denen ich messen kann, ob dieser Soll-Prozess funktioniert?* – I07
↳↳ Klare Definition des Analogen	*Ich muss meine Prozesse dokumentieren damit ich so ein digitales System überhaupt zum Laufen bekomme, weil mir das System in der Standardkonfiguration nicht viel nutzt oder ich meine Prozesse sonst auf die Standardkonfiguration anpassen müsste.* – I10
↳↳ Klare Verantwortlichkeit	*Es ist auch schwierig Feedback zu geben. Wenn etwas nicht richtig funktioniert, an wen wendet man sich denn dann? Dem Chef dem kann man das sagen, aber der setzt sich dann auch nicht mit den Entwicklern zusammen und entscheidet über ein Update. Wenn jetzt etwas nicht so passt wie teilt man das überhaupt den Entwicklern mit?* – F02
↳↳ Evaluationszykel	*Gewisse Dinge müssen ausprobiert werden. Ich glaube das ist ein kontinuierlicher Bewertungsprozess. Sowas passiert oder perfektioniert sich nicht von heute auf morgen.* – I06
↳ **Unternehmensbezogen**	**Definition:** Anforderungen und Rahmenbedingungen, die das digital transformierende Unternehmen oder seine Mitarbeiter betreffen.

(Fortsetzung auf nächster Seite)

Kategoriedefinitionen und Ankerbeispiele der qualitativen Analyse (Fortsetzung)

Kategorie	Definition / Ankerbeispiel
↳↳ Transformationsoffenheit des Unternehmens	*Natürlich muss der muss der Wille im Unternehmen da sein, das ganze Thema überhaupt voranzutreiben.* – I01
↳↳ Transformationsoffenheit der Mitarbeiter	*Da braucht man natürlich Mitarbeiter, die dafür Interesse haben und auch die Kompetenz, den Transformationsprozess zu durchdringen.* – I03
↳↳ Schulung und Training	*Man muss Mitarbeitern Schulung oder Trainings zur Verfügung stellen, denn nur weil ich Tool, Prozess und Menschen zusammengebracht habe heißt das noch nicht, dass Verständnis geschaffen wurde. Deswegen müssen die Mitarbeiter auch trainiert und geschult werden.* – I11
Evaluationskriterien (Hauptkategorie)	**Definition:** Evaluationskriterien, mit denen der Erfolg digitaler Transformation messbar gemacht werden kann.
↳ **Performanz**	**Definition:** Evaluationskriterien, die die Leistung der Technologie oder die Arbeitsleistung der Mitarbeiter adressieren, jedoch keinen finanziellen Bezug aufweisen.
↳↳ Spezifische Qualität	*Wenn ich an Trelloboard denke, dann ist das wesentlich übersichtlicher als ein Flip Chart oder wenn man etwas aufgeschrieben oder hingeklebt hat. Aber das ist ja jetzt sehr spezifisch für jedes einzelne Tool.* – F01
↳↳ Verbesserte Arbeitsqualität	*Effektivität und Reduzierung von Fehlern. Wenn du sehr gute digitale Prozesse hast, dann ist die Chance natürlich auch höher, dass deine Leistung einfach besser ist. Du kannst viel viel mehr sozusagen erreichen. Du kannst bessere Produkte anbieten, kannst schneller sein du ja kannst halt viel viel effektiver arbeiten.* – I13
↳ **Arbeitsaufwand**	**Definition:** Evaluationskriterien, die eine Reduktion des Arbeitsaufwandes für Mitarbeiter adressieren.
↳↳ Allgemeine Arbeitserleichterung	*Digitale Transformation ist erfolgreich, wenn am Ende der Mitarbeiter sagt: „Super! Das erleichtert mir den Alltag.“* – I14
↳↳ Aufgabenunterstützung	*Es muss gar nicht unbedingt schneller gehen, wenn man das Gefühl hat, man bekommt Unterstützung. Wenn in dem Programm mal stehen würde, was die Patienten alles für Operationen hatten! Wie würde ich das feiern, wenn ich das alles mit einem Klick abrufen könnte, wenn ich jemanden neu aufnehme!* – F01
↳ **Wirtschaftlichkeit**	**Definition:** Evaluationskriterien, die finanzielle Aspekte betreffen.
↳↳ Einsparung von Kosten	*In vielen Prozesse werden menschliche Ressourcen nicht ideal eingesetzt. Das kann man automatisieren und dadurch werden gewisse Prozess auch kostengünstiger.* – I08

(Fortsetzung auf nächster Seite)

Kategoriedefinitionen und Ankerbeispiele der qualitativen Analyse (Fortsetzung)

Kategorie	Definition / Ankerbeispiel
↳↳ Amortisation	*Im Endeffekt kostet das Geld und das muss ich auch irgendwie wieder einspielen. Wenn man das gegenrechnen kann, dann ist das auch erfolgreich.* – I08
↳ **Veränderungsadaption**	**Definition:** Evaluationskriterien, die die Fähigkeit der Mitarbeiter adressieren, sich an Veränderungen anzupassen.
	Die Mitarbeiter dürfen sich nicht dagegen sträuben, weil sie ihre Arbeitsweise ändern müssen. – I13
↳ **Zufriedenheit**	**Definition:** Evaluationskriterien, die affektive Bewertungen der Mitarbeiter beinhalten.
	Es gibt softe Kriterien, die ich nicht gut messen kann. Zum Beispiel: Wie zufrieden sind die Mitarbeiter? Fühlen die sich wohl bei der Bedienung der Systeme oder verweigern sie den Einsatz? – I09
↳ **Work-Life Balance**	**Definition:** Evaluationskriterien, die das Verhältnis zwischen Arbeit und Nicht-Arbeit adressieren.
↳↳ Digitale Abgrenzung	*Ich sehe darin auch immer die Gefahr, dass man zu viel erreichbar ist und dass man dann halt keine Freizeit oder eben keine wirkliche Freizeit mehr hat. Ein Kriterium für eine erfolgreiche Transformation wäre, wenn man die nur positive Seite davon hätte.* – F02
↳↳ Überstunden	*Je erfolgreicher der Prozess eingeführt worden ist, desto weniger Überstunden muss der Mitarbeiter leisten und kann dann den Fokus mehr auf seine Work-Life Balance legen.* – I14
↳↳ Vereinbarkeit von Work und Non-Work	*Wenn das erfolgreich funktioniert, kannst du wegen der Zeitersparnis öfter und länger im familiären und privaten Umfeld sein und bist dadurch glücklicher.* – F02
↳ **Akzeptanz**	**Definition:** Evaluationskriterien, die die positive Annahme einer Technologie oder eines Prozesses in Abgrenzung zur Duldung oder in Abgrenzung zur Nutzungsverweigerung adressieren.
	Die Mitarbeiter sollten mit dem System arbeiten wollen, ich muss ihnen nicht vordiktieren müssen, dass sie gefälligst mit dem System zu arbeiten haben. – I09

(Fortsetzung auf nächster Seite)

Kategoriedefinitionen und Ankerbeispiele der qualitativen Analyse (Fortsetzung)

Kategorie	Definition / Ankerbeispiel
↳ **Andere**	**Definition:** Evaluationskriterien, die lediglich vereinzelt zur Sprache kamen und sich nicht in bestehende Kategorien einordnen ließen.
	Vielleicht ist Klimafreundlichkeit noch ein gutes Kriterium. Wenn man 400 km zu irgendeinem Meeting fährt, ist das wesentlich schlechter als das über Skype zu machen. Und das ist ja für die Politik wie auch für den Arbeitnehmer und den Arbeitgeber vorteilhaft, weil das ja auch wieder eine Geldersparnis ist. – F02
Konfliktpotenzial (Hauptkategorie)	**Definition:** Folgen von digitaler Transformation im Arbeitskontext, die als Risiko eingeschätzt werden und das Potenzial für Konflikte aufweisen.
↳ **Vorteil mit Schattenseite**	**Definition:** Konflikte, die daraus entstehen, dass ein eigentlicher Vorteil von digitaler Transformation auch als Nachteil aufgefasst werden kann oder zu Nachteilen führen kann.
↳↳ Flexibilität vs. Erreichbarkeit	*Man kann im Homeoffice dann arbeiten, wenn man gerade Zeit hat. Wobei das die Gefahr birgt, dass man halt zu viel arbeitet.* – F02
↳↳ Datenanalyse vs. Datenmissbrauch	*Es ist ja praktisch, wenn alle Daten online irgendwie erfasst und gesammelt werden. Auf der anderen Seite ist die Frage, ob man wirklich möchte, dass immer Daten gesendet werden und man eventuell auch überwacht wird.* – F02
↳↳ Unternehmensgewinn vs. Gehalt	*Wenn da eine Geldersparnis beim Arbeitgeber besteht, dann will der Arbeitnehmer davon ja auch was sehen. Aber das tut er natürlich nicht.* – F02
↳ **Gruppenkonflikte**	**Definition:** Konflikte, die die Gegenüberstellung zweier Gruppen beinhalten, die nicht notwendigerweise klar voneinander abgrenzbar sind.
↳↳ Alt vs. Jung	*Da kommt dann jemand frisch von der Uni und erzählt einem Entwicklungsingenieur, der da schon seit 30 Jahren sitzt, dass jetzt alles digital und besser gemacht werden muss. Dann sagt der „Wer bist du? Das haben wir schon immer so gemacht und das bleibt alles so wie es ist.“* – F02
↳↳ Veränderungsaffin vs. Veränderungsavers	*Alle müssen mitziehen und stützen. Es gibt immer noch sehr sehr viele die sich gegen jegliche Form von Digitalisierung ja sträuben oder wehren.* – I05

(Fortsetzung auf nächster Seite)

Kategoriedefinitionen und Ankerbeispiele der qualitativen Analyse (Fortsetzung)

Kategorie	Definition / Ankerbeispiel
↳↳ Arbeitgeber vs. Arbeitnehmer	*Es ist auf jeden Fall dahingehend Konfliktpotenzial gegeben, dass der Arbeitgeber das Potenzial eines Tools besser einschätzt und der normale Mitarbeiter an der Drehmaschine muss dann auf einmal CNC programmieren und kann das gar nicht.* – F02
↳ **Strukturelle Konflikte**	**Definition:** Konflikte, die auf einer gesamtgesellschaftlichen Ebene stattfinden hierin struktureller Natur sind.
↳↳ Demografischer Wandel	*Zum Beispiel in der Ärzteschaft. Da merkt man es extrem, dass definitiv es zu wenig Anwärter gibt für das, was gebraucht wird. Das ist natürlich ganz gut für den Arbeitgeber, wenn er Personalkosten sparen möchte, aber nicht wenn er eigentlich die Stelle besetzen will.* – F02
↳↳ Angst vor Verlust des Arbeitsplatzes	*Es wird es für viele Leute schwierig noch einen Job zu finden, weil viele Jobs durch automatisierte Prozesse überflüssig werden. Das ist ein volkswirtschaftliches Thema, dass man eher schlechter ausgebildete Leute gar nicht mehr einsetzen kann. Das passt gut zur Diskussion mit dem Grundeinkommen.* – I03
↳ **Fähigkeitskonflikte**	**Definition:** Konflikte, die aus sich verändernden Anforderungen an die Fähigkeiten von Mitarbeitern resultieren.
↳↳ Einfache Aufgaben entfallen	*Die stupiden Arbeiten könnten entfallen und dann bleiben nur noch die anspruchsvollen Tätigkeiten übrig.* – F02
↳↳ Veränderungskompetenz	*Das ist für mich eine der schwierigsten Aufgaben im ganzen Transformationsprozess: Die Mitarbeiter mitzunehmen, die keine schnelle Auffassungsgabe haben oder die nicht dran gewöhnt sind digital zu arbeiten. So nach dem Motto „Du transformierst dich nicht mit uns". Das ist aber eine Qualifikation, die wir jetzt brauchen.* – I11
↳ **Andere**	**Definition:** Konfliktpotenzial, welches lediglich vereinzelt zur Sprache kam und sich nicht in bestehende Kategorien von Konfliktpotenzial einordnen ließ. *Man ist ja völlig abhängig. Wenn wir keinen Strom haben stehen wir erstmal auf der Stelle, weil ja nichts mehr analog ist. Wenn ich alles digitalisiert habe, sind wir natürlich auch angreifbar.* – I05

(Fortsetzung auf nächster Seite)

Kategoriedefinitionen und Ankerbeispiele der qualitativen Analyse (Fortsetzung)

Kategorie	Definition / Ankerbeispiel
KI-bezogene Herausforderungen (Hauptkategorie)	**Definition:** Herausforderungen von digitaler Transformation im Arbeitskontext, welches explizit im Zusammenhang mit dem Einsatz von künstlicher Intelligenz steht.
↳ **Erklärbarkeit**	**Definition:** Herausforderungen, die auf die nicht-Nachvollziehbarkeit von KI-Ergebnissen referenzieren.
	Wenn du das mit künstlicher Intelligenz machst, kommst du auf den gleichen Wert. Aber ich kann dir nicht zeigen, warum das so ist, weil man den Prozess in der KI nicht verstehen kann. Du kannst das Produkt in diesem Fall definitiv schlechter verkaufen. – I13
↳↳ Neue Formen des Umgangs	**Definition:** Herausforderungen, die eine grundsätzlich neue Form des Umgangs mit künstlicher Intelligenz adressieren.
	Künstliche Intelligenz ist mit Sicherheit das nächste große Thema, nachdem das Internet entdeckt wurde. Jetzt haben wir die künstliche Intelligenz. Ich glaube, dass das den Arbeitsmarkt und generell die Welt, in der wir leben, schon noch verändern wird. Aber da sind noch keine Formen des Umgangs gefunden. – I01
↳ **Verschärfung bestehender Herausforderungen**	**Definition:** Herausforderungen, die in Bezug auf digitale Transformation bereits ohne spezifischen KI-Bezug erwähnt wurden und durch KI-Bezug eine besondere Betonung erhalten.
↳↳ Akzeptanz	*Man kann niemanden zu KI zwingen. Wir haben viele Kunden, die auf den persönlichen Kontakt sehr viel Wert legen und KI würde da keine Akzeptanz in der Kundschaft finden.* – I06
↳↳ Verlust von Arbeitsplätzen	*Vor allem den Bereich Personalfreisetzung. Je nach Strukturierung in einem Unternehmen kann ich mir vorstellen, dass sowas auch zu Ängsten bei Mitarbeitern führt.* – I06
↳↳ IT-Sicherheit	*Datensicherheit. Data Security ist einfach dann auch ein riesiges Thema, weil beim Einsatz von künstlicher Intelligenz die Daten ja irgendwo digital abzapfbar sind.* – I08

D Verwendete Software

Arnold, J. B. (2021). *ggthemes: Extra Themes, Scales and Geoms for 'ggplot2'* [R package version 4.2.4]. https://CRAN.R-project.org/package=ggthemes

Bache, S. M. & Wickham, H. (2022). *magrittr: A Forward-Pipe Operator for R* [R package version 2.0.3]. https://CRAN.R-project.org/package=magrittr

Dahl, D. B., Scott, D., Roosen, C., Magnusson, A. & Swinton, J. (2019). *xtable: Export Tables to LaTeX or HTML* [R package version 1.8-4]. https://CRAN.R-project.org/package=xtable

Holland, C. H. (2023). *AachenColorPalette: Palette of colors inspired by RWTH Aachen corporate design.* https://christianholland.github.io/AachenColorPalette/

JASP Team. (2023). JASP (Version 0.17.3). https://jasp-stats.org/

Kassambara, A. (2022). *rstatix: Pipe-Friendly Framework for Basic Statistical Tests* [R package version 0.7.1]. https://CRAN.R-project.org/package=rstatix

Pedersen, T. L. (2022). *patchwork: The Composer of Plots* [R package version 1.1.2]. https://CRAN.R-project.org/package=patchwork

R Core Team. (2022a). *foreign: Read Data Stored by 'Minitab', 'S', 'SAS', 'SPSS', 'Stata', 'Systat', 'Weka', 'dBase', ...* [R package version 0.8-84]. https://CRAN.R-project.org/package=foreign

R Core Team. (2022b). *R: A Language and Environment for Statistical Computing.* R Foundation for Statistical Computing. Vienna, Austria. https://www.R-project.org/

Ren, K. (2021). *rlist: A Toolbox for Non-Tabular Data Manipulation* [R package version 0.4.6.2]. https://CRAN.R-project.org/package=rlist

Revelle, W. (2022a). *psych: Procedures for Psychological, Psychometric, and Personality Research* [R package version 2.2.9]. Northwestern University. Evanston, Illinois. https://CRAN.R-project.org/package=psych

Revelle, W. (2022b). *psych: Procedures for Psychological, Psychometric, and Personality Research* [R package version 2.2.9]. Northwestern University. Evanston, Illinois. https://CRAN.R-project.org/package=psych

Selker, R. (2019b). *medmod: Simple Mediation and Moderation Analysis* [R package version 1.1.0]. https://github.com/raviselker/medmod

Selker, R., Love, J., Dropmann, D. & Moreno, V. (2022). *jmv: The 'jamovi' Analyses* [R package version 2.3.4]. https://CRAN.R-project.org/package=jmv

Sharpsteen, C. & Bracken, C. (2023). *tikzDevice: R Graphics Output in LaTeX Format* [R package version 0.12.4]. https://CRAN.R-project.org/package=tikzDevice

van den Brand, T. (2023). *ggh4x: Hacks for 'ggplot2'* [R package version 0.2.5]. https://CRAN.R-project.org/package=ggh4x

VERBI Software. (2021). *MAXQDA 2022 [computer software].* VERBI Software. Berlin, Germany. https://www.maxqda.com

Warnes, G. R., Bolker, B., Gorjanc, G., Grothendieck, G., Korosec, A., Lumley, T., MacQueen, D., Magnusson, A., Rogers, J. et al. (2022). *gdata: Various R Programming Tools for*